彩图 1【P55，素材（左、中）及最终效果（右）】

彩图 2【P59，素材（左）及最终效果（右）】

素材

添加渐变映射

载入高光

调整色彩平衡

最终效果

彩图 3【任务 3.4 实施过程图解】

彩图 4【P65，素材（左）及最终效果（右）】

彩图 5【P66，素材（左）及最终效果（右）】

素材

红眼工具移至眼部

最终效果

彩图 6【任务 4.2 实施过程图解】

素材

“红”通道的灰度图像

编辑“红”通道后的效果

编辑“绿”通道后的效果

编辑“蓝”通道后的效果

【曲线】调整后的效果

最终效果

彩图 7【任务 9.1 实施过程图解】

彩图 8【P75，素材（左）及最终效果（右）】

彩图 9【P160，素材（左）及最终效果（右）】

素材

涂抹高光区后的效果

最终效果

彩图 10【任务 9.4 实施过程图解】

彩图 11【P169，照片去油光素材（左）与最终效果（右）】

彩图 12【P170，改变车的颜色素材（上）与最终效果（下）】

彩图 13【P170，照片合成素材（左、右上）及最终效果（右下）】

彩图 14【P167，金属光泽特效】

彩图 15【P170，泥塑字特效】

素材

去色后的效果

涂抹时的效果

最终效果

彩图 16【任务 3.1 实施步骤图解】

彩图 17【P225，“绿家园”网页设计最终效果】

彩图 18【P23，飘动的“九格相片”效果】

中等职业教育“十三五”规划教材

数字媒体技术应用专业创新型系列教材

Photoshop CS6 案例教程

王文华　主　编

黄　薇　骆碧茹　陈燕华　副主编

科学出版社

北　京

内 容 简 介

本书是指导初学者使用 Photoshop CS6 中文版软件的入门书籍，书中以案例为载体，全面介绍了该软件的基本操作方法和图像处理技巧。各章内容以讲解案例为主，给出了详尽的操作步骤，着重对读者实际操作能力的培养。每章还配有若干应用实例，旨在提高读者综合运用 Photoshop CS6 进行实际工作的能力。

本书可作为中等职业学校"图形图像处理"与"平面设计"课程的教材，也适合 Photoshop 图形图像处理爱好者及平面设计、广告设计、网页制作、插画设计、包装设计、影视动漫等领域的从业人士阅读，还可供各类培训班学员参考使用。

图书在版编目（CIP）数据

Photoshop CS6 案例教程/王文华主编. —北京：科学出版社，2016

（中等职业教育"十三五"规划教材・数字媒体技术应用专业创新型系列教材）

ISBN 978-7-03-048742-1

Ⅰ. ①P… Ⅱ. ①王… Ⅲ. ①图像处理软件－中等专业学校－教材 Ⅳ. ①TP391.41

中国版本图书馆 CIP 数据核字（2016）第 129073 号

责任编辑：陈砺川 韩 东 / 责任校对：陶丽荣

责任印制：吕春珉 / 封面设计：东方人华设计部

科学出版社 出版

北京东黄城根北街 16 号

邮政编码：100717

http://www.sciencep.com

三河市骏杰印刷有限公司印刷

科学出版社发行 各地新华书店经销

*

2016 年 7 月第 一 版 开本：787×1092 1/16

2021 年 9 月第七次印刷 印张：15 3/4 插 2

字数：305 000

定价：42.00 元

（如有印装质量问题，我社负责调换〈骏杰〉）

销售部电话 010-62136230 编辑部电话 010-62135120-8013

数字媒体技术应用专业创新型系列教材

编写委员会

丛书序 FOREWORD

当今社会信息技术迅猛发展，互联网+、工业4.0、3D打印、VR（虚拟现实）、大数据、云计算等新理念、新技术层出不穷，信息技术的最新应用成果已渗透到人类活动的各个领域，不断改变着人类传统的生产和生活方式，信息技术应用能力已成为当今人们所必须掌握的基本必备能力之一。职业教育是国民教育体系和人力资源开发的重要组成部分，信息技术基础应用能力及其在各个专业领域应用能力的培养，始终是职业教育培养多样化人才、传承技术技能、促进就业创业的重要载体和主要内容。信息技术的不断更新迭代及在不同领域的普及和应用，直接影响着技术技能型人才信息技术能力的培养定位，引领着职业教育领域信息技术类专业课程教学内容与教学方法的改革，使之不断推陈出新、与时俱进。

2014年，国务院出台《国务院关于加快发展现代职业教育的决定》，明确提出要“形成适应发展需求、产教深度融合、中职高职衔接、职业教育与普通教育相互沟通，体现终身教育理念，具有中国特色、世界水平的现代职业教育体系”，要实现“专业设置与产业需求对接，课程内容与职业标准对接，教学过程与生产过程对接，毕业证书与职业资格证书对接，职业教育与终身学习对接”。2014年6月，全国职业教育工作会议在京召开，习近平主席就加快发展职业教育做出重要指示，提出职业教育要“坚持产教融合、校企合作；坚持工学结合、知行合一”。现代职业教育的发展将带来人才培养模式、教育教学方式和办学体制机制的巨大变革，这无疑给职业院校信息技术应用人才的培养提出了新的目标。信息技术类相关专业的教学必须要顺应改革，始终把握技术发展和人才培养的最新动向，推动教育教学改革与产业转型升级相衔接，突出“做中学、做中教”的职业教育特色，强化教育教学实践性和职业性，实现学以致用、用以促学、学用相长。

2009年，教育部颁布了《中等职业学校计算机应用基础教学大纲》；2014年，教育部在2010年新修订的专业目录基础上，相继颁布了计算机应用、数字媒体技术应用、计算机平面设计、计算机动漫与游戏制作、计算机网络技术、网站建设与管理、网络安防系统安装与维护、软件与信息服务、客户信息服务、计算机速录、计算机与数码产品维修等11个计算机类相关专业的教学标准，确定了专业教学方案及核心课程内容的指导意见。

为落实教育部深化职业教育教学改革的要求，使国内优秀中职学校积累的宝贵经验得以推广，“十三五”开局之年，科学出版社组织编写了这套中等职业教育信息技术类创新型规划教材，并将于“十三五”期间陆续出版发行。

本套教材是“以就业为导向，以能力为本位”的“任务引领”型教材，无论是教学体系的构建、课程标准的制定、典型工作任务或教学案例的筛选，还是教材内容、结构的设计与素材的配套，均得到了行业专家的大力支持和指导，他们为本套教材提出了十分有益的建议；

同时，本套教材也倾注了 30 多所国家示范学校和省级示范学校一线教师的心血，他们把多年的教学改革成果、经验收获转化到教材的编写内容及表现形式之中，为教材提供了丰富的素材和鲜活的教学案例，力求符合职业教育的规律和特点，力争为中国职业教学改革与教学实践提供高质量的教材。

本套教材在内容与形式上具有以下特色。

1．行动导向，任务引领。将职业岗位日常工作中典型的工作任务进行拆分，再整合课程专业知识与技能要求，是教材编写时工作任务设计的原则。以工作任务引领知识、技能及职业素养，通过完成典型的任务激发学生成就感，同时帮助学生获得对应岗位所需要的综合职业能力。

2．内容实用，突出能力培养。本套教材根据信息技术的最新发展应用，以任务描述、知识呈现、实施过程、任务评价以及总结与思考等内容作为教材的编写结构，并安排有拓展任务与关联知识点的学习。整个教学过程与任务评价等均突出职业能力的培养，以“做中学，做中教”“理论与实践一体化教学”作为体现教材辅学、辅教特征的基本形态。

3．教学资源多元化、富媒体化。教学信息化进程的快速推进深刻地改变着教学观念与教学方法。基于教材和配套教学资源对改变教学方式的重要意义，科学出版社开发了不同功能的网站，为此次出版的教材提供了丰富的数字资源，包括教学视频、音频、电子教案、教学课件、素材图片、动画效果、习题或实训操作过程等多媒体内容。读者可通过登录出版社提供的网站（www.abook.cn）下载、使用资源，或通过扫描书中提供的二维码，获取丰富的多媒体配套资源。多元化的教学资源不仅方便了传统教学活动的开展，还有助于探索新的教学形式，如自主学习、渗透式学习、翻转课堂等。

4．以学生为本。本套教材以培养学生的职业能力和可持续性发展为宗旨，教材的体例设计与内容的表现形式充分考虑到学生的身心发展规律，案例难易程度适中，重点突出，体例新颖，版式活泼，便于阅读。

当然，任何事物的发展都有一个过程，职业教育的改革与发展也是如此。本套教材的开发是我们探索职业教育教学改革的有益尝试，其中难免存在这样或那样的不足，敬请各位专家、老师和广大同学不吝指正。希望本系列创新型教材的出版助推优秀的教学成果呈现，为我国中等职业教育信息技术类专业人才的培养和现代职业教育教学改革的探索创新做出贡献。

工业和信息化职业教育教学指导委员会委员

计算机专业教学指导委员会副主任委员

前言

PREFACE

目前，在众多的图像处理软件中，应用最广泛的要数 Adobe 公司的旗舰软件 Photoshop 了。该软件广泛应用于平面广告、网页、产品包装、报纸插画、杂志封面等设计领域。

本书是从平面设计行业的特点和实用的角度出发，结合编者多年的设计经验精心编写而成。全书共分 11 章，每一章又分为若干个实例进行讲解，层次清晰，由浅入深，由易到难，使读者能全面了解和掌握 Photoshop CS6 的应用方法与技巧。具体内容包括 Photoshop CS6 基础知识、图像的选取与应用、图像色彩旋律的应用、图像的修饰、图层和蒙版的应用、滤镜特效在设计中的应用、图像变换在设计中的应用、矢量图形的绘制和应用、通道工具的应用、Photoshop 在广告招贴设计中的应用、Photoshop 在网页设计中的应用等内容。通过精彩案例介绍工具及命令的综合运用，读者可在了解 Photoshop 基本功能的同时掌握图像处理技巧，以便得心应手地创作出优秀的艺术作品。

本书特色如下：

1）针对性强。本书从中等职业学校的实际教学需求出发，遵照循序渐进的教学规律，符合学生的认知过程。

2）实用性强。本书针对命令和工具的具体使用方法精心安排了综合实例，力求以功能的介绍为前提，通过实例的讲解来加深读者对所学知识的掌握。对于每一个命令或工具，都首先讲解其基本概念、基本功能和具体使用方法，然后在理论的指引下，讲解一个最贴切的应用实例。

3）精心设计。本书在编写过程中力求体现当前教学改革精神，各节以任务驱动的手法，安排了任务要求、知识点与技能、任务分析、任务实施等环节，并加以适当的重点提示，具有很强的针对性和可操作性。实例设计遵循梯度原则，使读者易于在短期内掌握。

4）知识全面。本书中大量的实例应用，包含了 Photoshop 的大部分图像处理技巧，以及平面设计在各个领域的应用，如海报、网页、包装类等。通过学习这些实例，读者能够迅速掌握各种作品的制作特点和制作技术，快速提升软件应用技能和设计水平，达到事半功倍的学习效果。

为了方便读者的学习，本书配有各章所有实例的源文件和相关素材。（下载网址：http://www.abook.cn）。希望读者能够根据素材、提示进行快速、全面的学习和理解，也希望读者更多地关注本书实例中所体现的设计思路、设计思想和艺术表现技巧，从而提高自身的设计艺术水准和审美能力。

本书由王文华担任主编，黄薇、骆碧茹和陈燕华担任副主编。其中，第 1～3 章由王文华编写，第 4～6 章由黄薇编写，第 7～9 章由陈燕华编写，第 10 章和第 11 章由骆碧茹编写，全书由王文华统稿。

由于时间仓促，书中难免存在种种不妥之处，恳请读者不吝赐教。意见和建议请惠寄至编者邮箱：w_wh@sina.com。

编　者

2016 年 3 月

目 录
CONTENTS

第 1 章　Photoshop CS6 全面了解与初步接触

Photoshop 是设计领域较为常用的软件之一，随着新版本的不断推出，其功能变得越来越强大，应用范围也变得更加广泛。在本章的学习里将揭开 Photoshop CS6 神秘的面纱，了解它在设计领域的作用和新增功能、图像的基础知识，并通过实例熟悉它的工作环境及编辑工具。

本章相关素材在“配套资源”→“第 1 章”→“素材文件”中。

1.1　Photoshop 在设计领域的应用

作为设计领域较为常用的图像编辑软件之一，Photoshop 软件从 1.0 版本到 CS6 版本不断更新，其功能变得日益强大，操作亦越发简便。Photoshop 已经成为设计界图像处理的行业标准。那么，它在设计领域有哪些应用呢？不同类型的设计又有哪些要求？Photoshop CS6 作为较新的版本，它有哪些优点和便捷之处？接下来，就让我们一起来揭开 Photoshop CS6 软件的神秘面纱。

任务要求

通过展示 Photoshop 软件在设计领域的应用，介绍该软件的基本概念与要求，让学生了解该软件的应用范围及图像处理的基础知识。此外，通过学习“修复添加水印效果图片”，熟悉 Photoshop CS6 的操作界面及新增功能。

知识点与技能

1. Photoshop 的设计领域

（1）广告设计

随着科学技术的发展，电脑设计在广告设计中已经占据主导地位。Photoshop 软件则广泛应用于平面广告及招贴设计，人们平时看到的平面广告展板、海报、传单大部分是由 Photoshop 软件制作的。由 Photoshop 软件制作的平面广告更直观，表达更透彻，形象也更加鲜明、生动，便于传达信息。下面来看一组威士伯油漆的创意广告设计，其中一些效果（如图像色彩、油漆流淌效果、光影效果等）都是通过软件后期处理完成，如图 1-1～图 1-4 所示。

图 1-1　橙色

图 1-2　紫色

图 1-3　黄色

图 1-4　红色

（2）电影海报设计

电影海报不仅作为电影的宣传广告，还可作为艺术品收藏。电影海报大多画面精美，即使是同一部电影的海报，各国的版本都会有不同的表现手法，突出不同的主题。而为了表达出精美的画面效果、人物形象、剧情氛围，电影海报常需要用 Photoshop 软件制作，以达到吸引观众的目的，如图 1-5 和图 1-6 所示。

图 1-5　电影海报一

图 1-6　电影海报二

（3）包装设计

随着社会的发展，越来越多的产品除了注重本身的品质外，还特别注重包装设计。不论是食品、服装还是办公用品，都力求实现包装精美，以达到吸引消费者的目的。而精美的包装设计，如封面图案，大多用 Photoshop 软件就能实现设计效果，如图 1-7 和图 1-8 所示。

图 1-7 包装设计一

图 1-8 包装设计二

（4）VI 设计

在商品繁多的时代，只有独特的品质及视觉形象才能吸引消费者，并且充分地表达企业的文化和精神。VI 设计以企业的标志设计为核心，力求简约、大方、醒目，如图 1-9 和图 1-10 所示。VI 设计大多由 Illustrator、CorelDRAW、Photoshop 3 款软件来完成。

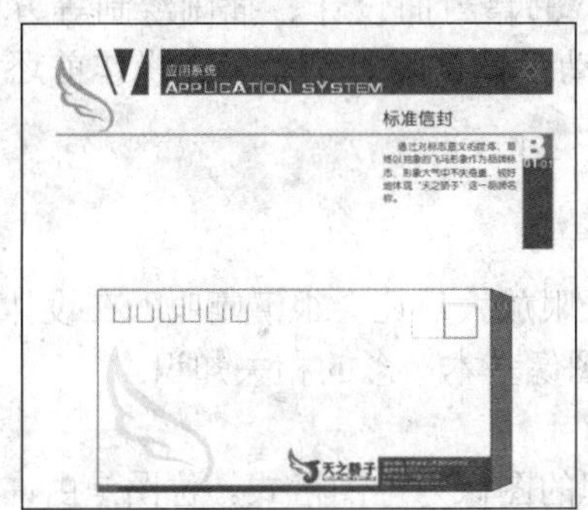

图 1-9 VI 设计一

图 1-10 VI 设计二

（5）视觉创意设计

迷幻般的线条，大胆的用色与配比，夸张的表达方式，以及不失实用主义的图形应用，具备强烈的视觉冲击力，渗透独特的气质，常用于个人的创意设计，可以天马行空，追求独特，如图 1-11 和图 1-12 所示。视觉创意设计常用 Photoshop 与 Illustrator 结合实现。

图 1-11 视觉创意设计一

图 1-12 视觉创意设计二

（6）网页设计

在追求个性的网络信息时代，许多企业、学校、个人都用网页来宣传自己。在众多的网页中，制作精美、充满个性的页面往往令人印象深刻并深受喜爱，有利于网站信息的传播。网页的绘制利用 Photoshop 软件即可实现，如图 1-13 和图 1-14 所示。

图 1-13　网页设计一

图 1-14　网页设计二

除了以上六大方面，Photoshop 软件还应用于影楼后期图像处理（如婚纱照、艺术照、证件照修饰等）、建筑后期上色（如室内装潢）、书籍封面设计、插画绘制等方面。了解 Photoshop 广泛的设计领域后，大家是不是也想动手试试呢？别急，在操作前还需要了解 Photoshop 的基本概念，避免在设计时事倍功半。

2. Photoshop 图像的基本概念

Photoshop 中图像的格式都相同吗？将图片无限放大后还会很清晰吗？在设计不同的作品时需要调整参数吗？带着这些疑问我们来学习图像基本概念的相关知识。

（1）图像的格式

Photoshop 是以点阵图像为主的软件，即处理的图像为位图格式。位图是由许多颜色方格构成的图像，如图 1-15 所示。位图的优点是颜色逼真，但位图放大后会失真，图像的边缘会产生锯齿。而矢量图是由 CorelDRAW、Illustrator 等软件绘制，由数学方式描述的曲线及曲线围成的块制作的图形，其基本单位是锚点和路径。因此，矢量图无论放大或缩小多少，都有平滑的边缘，具有相同的视觉细节和清晰度，如图 1-16 所示。矢量图处理软件多用于标志、图案、文字设计。

图 1-15　位图

图 1-16　矢量图

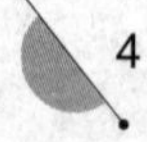

（2）像素的概念

在 Photoshop 中，图像的最基本单位是像素。像素就是一个个带有颜色的小方格，每个小方格拥有自己的独立颜色和位置。我们平时看到的具有丰富色彩的图像就是由千千万万的带有颜色的小方格组成，当把图像无限放大时，可以观察到带有颜色的小方格，也会发现图像模糊失真，如图 1-17 和图 1-18 所示。

图 1-17　位图放大前

图 1-18　位图放大后

（3）分辨率

分辨率是指单位尺寸内所能显示的像素数，分辨率越高，图像就越清晰。不同类型的设计，对分辨率有着不同的要求。例如在进行网页设计和软件界面设计时，由于电脑屏幕的分辨率是 72 或 96dpi，因此将分辨率设置为 72 或 96dpi 就可以了，如图 1-19 所示。

而当设计作品需要印刷时，要求分辨率达到 300dpi 以上，如海报、书籍、请柬招贴等，如图 1-20 所示。如果是进行室外大型喷绘，超过 3m，分辨率设置为 45dpi，而写真喷绘则要求在 72～100dpi。

图 1-19　网页设计

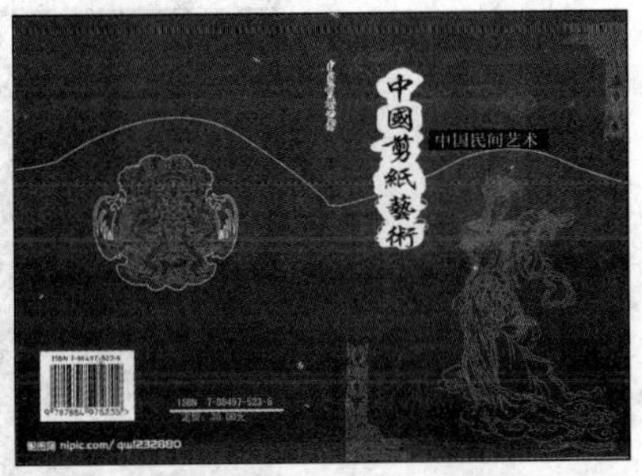

图 1-20　书籍装帧

提示

在新建图像前，一定要根据图像用途，设置图像的分辨率。

3. 修复画笔工具与污点修复画笔工具

了解了图像的重要概念后，通过一个实例来熟悉 Photoshop CS6 的操作环境。先了解下实例中所应用工具的知识点。

01 【修复画笔工具】利用图像自身的样本像素来绘图，将样本像素的纹理、光照、透明度和阴影与所修复的像素进行匹配，使修复后的像素不留痕迹地融入图像的其余部分。

02 【污点修复画笔工具】能够自动在所修饰区域的周围取样以修复图像。

任务分析

打开“素材图片.jpg”，如图 1-21 所示。建立选区，使用【污点修复画笔工具】将水印去除。最终完成作品如图 1-22 所示。

图 1-21 素材图片

图 1-22 最终作品

任务实施

01 双击 Photoshop CS6 软件图标，打开 Photoshop CS6 操作界面，如图 1-23 所示。

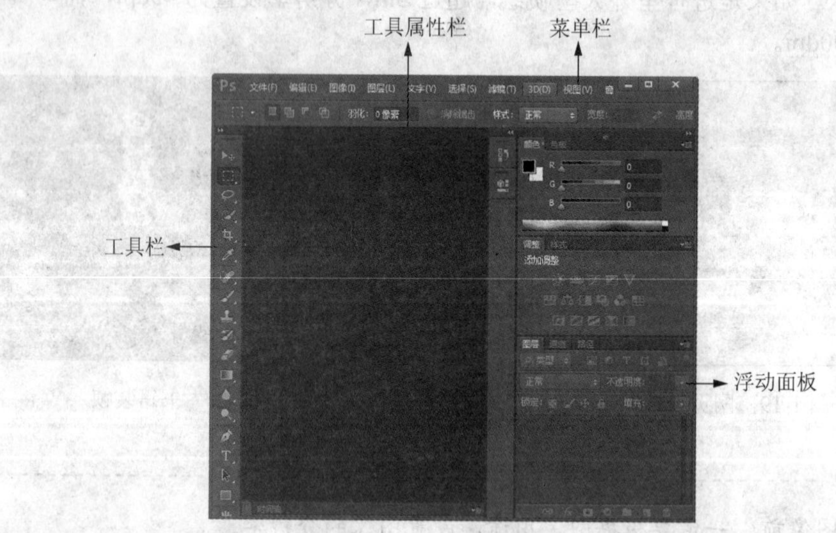

图 1-23 Photoshop CS6 操作界面

02 双击灰色的“绘图工作区”，打开【打开】对话框，如图 1-24 所示。打开图片“竹.jpg”。

03 单击【椭圆选框工具】，将图片右下角的水印文字选中，如图 1-25 所示。

04 单击【污点修复画笔工具】，其属性如图 1-26 所示。在选区内的文字上拖动鼠标，将水印文字去除，效果如图 1-27 和图 1-28 所示。

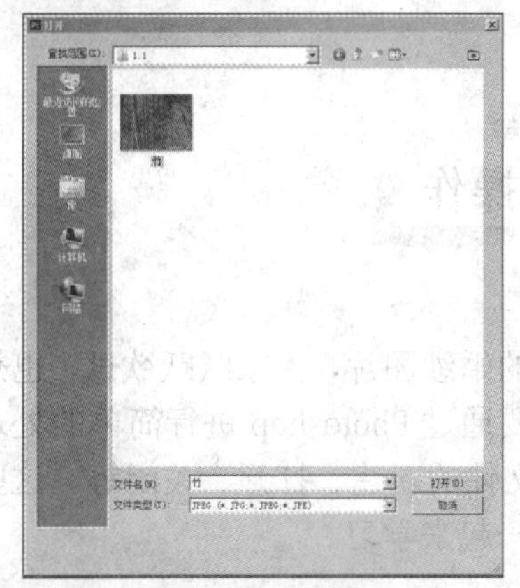

图 1-24 【打开】对话框

图 1-25　选中水印文字

图 1-26 【污点修复画笔工具】属性设置

图 1-27　拖动鼠标将草丛上的文字去除

图 1-28　去除文字后的效果

05 执行【选择】|【取消选择】命令。图像中还有文字“竹之语”影响图片效果，同样使用步骤 3 和步骤 4 的操作方法对其进行修复(建立选区可以使用套索工具)，如图 1-29 所示。最终完成效果如图 1-30 所示。

图 1-29　拖动鼠标将“竹之语”文字选中

图 1-30　最终效果

06 保存图片。执行【文件】|【存储为】命令，将图片重新命名为“竹.psd”，并保存到相应的文件夹中。

1.2　图像的基本操作

在新人的婚纱相册上常常看到一些色调非常漂亮的婚纱图片，大家跃跃欲试，也想把自己的相片制作成那种感觉，那么怎么做呢？其实，只要通过 Photoshop 进行简单的处理就能实现。在进行设计前，首先要进行文件基本操作，如文件的新建、打开、关闭等。这些基本操作看起来很简单，但也是十分重要的，接下来我们一起来学习。

任务要求

通过将素材图片“婚纱.jpg”（图 1-31）做成婚纱相册的内页（图 1-32），学习“婚纱照”相册内页的排版，掌握文件的新建、打开、关闭，以及调整图像大小、画布大小和画布方向等技能。

图 1-31　婚纱.jpg

图 1-32　婚纱相册内页排版效果

知识点与技能

1. 文件的基本操作

(1) 文件的新建

在进行设计前，首先要新建一个图像文件。在【新建】对话框中设置图像的尺寸、分辨率、颜色模式及背景内容等，如图 1-33 所示。

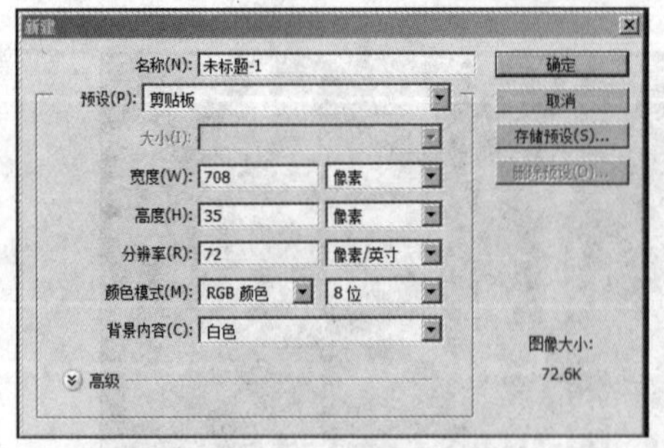

图 1-33 【新建】对话框

【名称】：即图像的名字，在该文本框中可以对图像的名称进行修改，根据设计的需要而设置。系统默认的名称为“未标题-1”。如果不改名称，再次新建图像时，系统将依次命名为“未标题-2”“未标题-3”……

【预设】：Photoshop 默认的尺寸设置，可以根据需要来设置尺寸，如图 1-34 所示。

【宽度】和【高度】：设置图像尺寸大小，单位除了像素外，还有英寸、厘米、毫米、点、派卡和列，如图 1-35 所示。

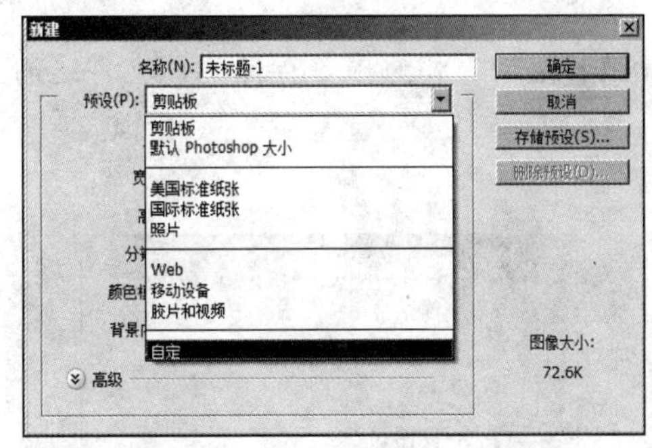

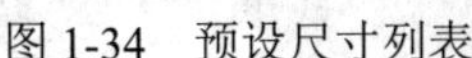
图 1-34　预设尺寸列表

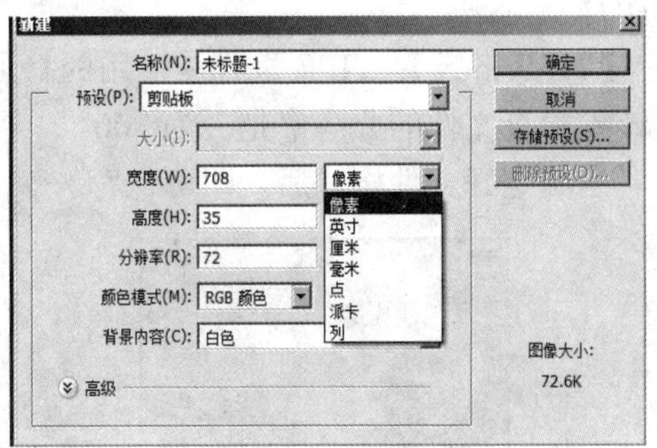

图 1-35　单位列表

【分辨率】：根据设计类型，确定不同的分辨率。

【颜色模式】：颜色模式主要有 RGB 模式、位图模式、灰度模式、CMYK 模式和 Lab 模式。而 RGB 模式是屏幕常用的颜色模式，CMYK 模式主要用于印刷。

【背景内容】：背景常用的颜色为白色，其下拉列表中还包括【背景色】和【透明】两个选项。一般新建文件时，背景内容设置为白色。

（2）文件的打开

新建文件后，需要置入素材图片时，就要执行【文件】|【打开】命令，将所需要的素材在 Photoshop 中打开，如图 1-36 所示。

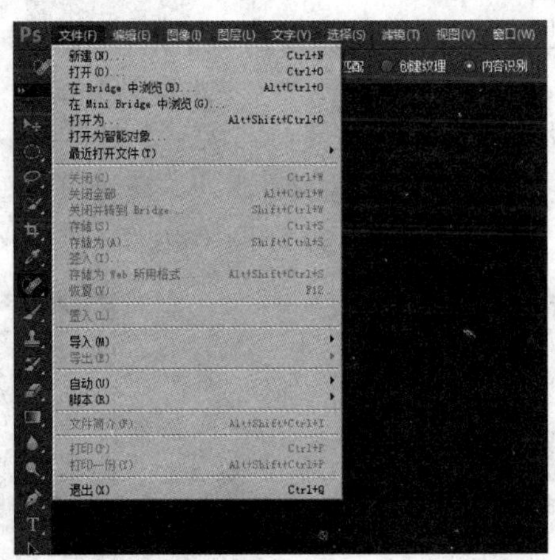

图 1-36　Photoshop 的【打开】命令

此外，在 Photoshop 界面的灰色区域双击，也可以弹出【打开】对话框来打开素材图片，将文件夹中的素材图片拖入操作界面即可。

（3）文件的格式与保存

设计好作品后，就需要保存图像。执行【文件】|【存储】命令即可，如图 1-37 所示。

在“存储为”对话框中，选择文件存放的位置和文件格式，如图 1-38 所示。

【PSD 格式】：PSD 格式是 Photoshop 原始的存储格式，存储为 PSD 的源文件格式可方便日后修改，但其占据的存储空间较大。

【JPG 格式】：JPG 格式是最常用的存储格式，所占据的存储空间较小，常用于网络上传和图片预览。

【TIFF 格式】：TIFF 格式是常用的打印格式，如书籍出版和海报。存储为该文件之前，应该先检查文件的分辨率是否为 300。

当确定好文件格式后，即可保存。

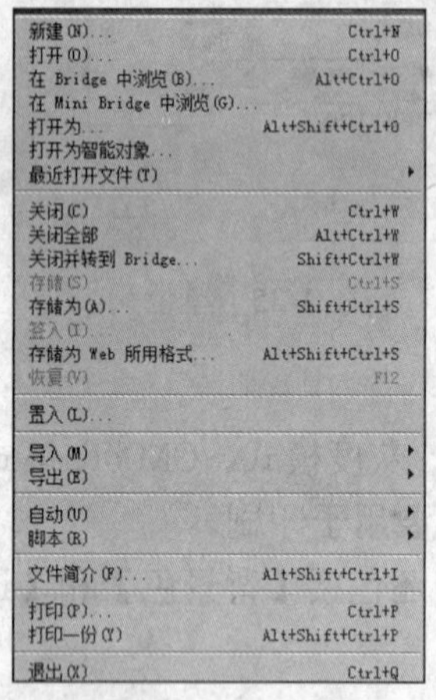

图 1-37 “存储”命令

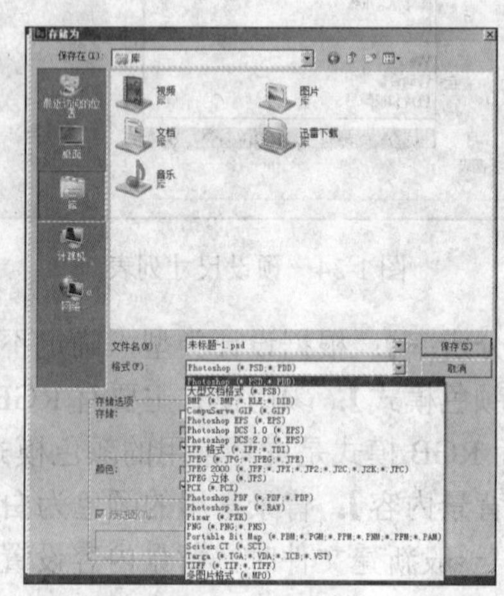

图 1-38 文件格式

2. 画布大小的调整

在编辑图片时，当发现已经设置好的图像大小不符合实际要求时，该如何解决呢？如何对画布的大小进行合理的调整？

执行【图像】|【画布大小】命令，在【画布大小】对话框中，对画布的大小进行设置。选中【相对】复选框，可直接输入想添加的尺寸大小，还可设置画布添加部分的位置。此外，所添加画布的颜色可以自己设置，如图 1-39 和图 1-40 所示。

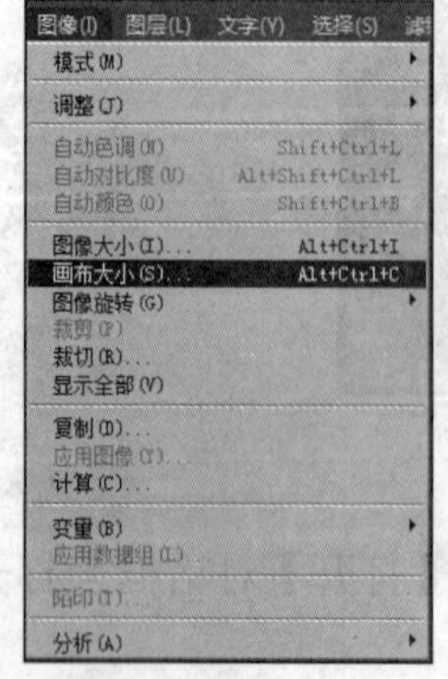

图 1-39 【画布大小】命令

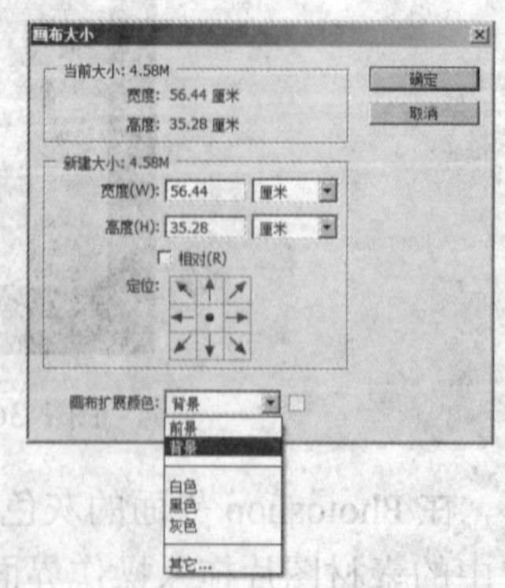

图 1-40 添加画布的颜色

任务分析

新建图像，打开“婚纱.jpg”，将素材处理为圆角矩形后，复制一层。然后利用【直线工具】和【自定形状工具】绘制线条和花朵作为修饰，并且添加文字。最后，为图片添加画框，即可完成作品。

任务实施

01 执行【文件】|【新建】命令，打开【新建】对话框，设置文件大小为 800×600 像素，分辨率为 72 像素/英寸，背景为白色，如图 1-41 所示。

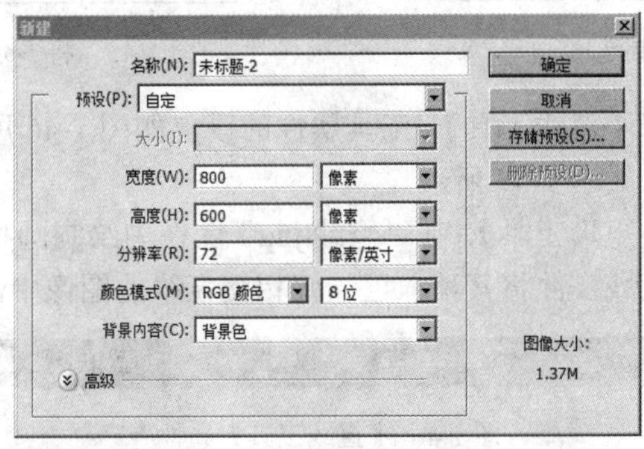

图 1-41 【新建】对话框

02 执行【文件】|【打开】命令，弹出【打开】对话框，打开“婚纱.jpg”素材图片。使用【移动工具】将素材图片“婚纱.jpg”移入新建的图像文件中。

03 右击【矩形工具】，选择【圆角矩形工具】，如图 1-42 所示。设置【圆角矩形工具】的属性，如图 1-43 所示。

图 1-42 选择【圆角矩形工具】

图 1-43 【圆角矩形工具】属性设置

04 使用【圆角矩形工具】在素材图片上绘制一个圆角矩形路径，按 Ctrl+Enter 组合键将路径转化为选区，如图 1-44 所示。按执行【选择】|【反向】命令，将选区反向，然后按 Delete 键，将多余的区域删除，取消选择，给婚纱图层添加 1 像素的深红色描边。使用【移

动工具】将图像移动至合适的位置，并调整图像到适当大小，如图 1-45 所示。

图 1-44　绘制选区

图 1-45　将多余的区域删除并描边

05 新建图层，选择【直线工具】，工具属性的设置如图 1-46 所示。在背景上绘制两条垂直相交的深红色线条，如图 1-47 所示。

06 再次使用【圆角矩形工具】，在“婚纱.jpg”图像中绘制圆角矩形路径，将其转化为选区，选取新娘的头部区域；并将其移入已绘好相交直线的图像中，如图 1-48 所示。

形状　填充：　描边：　2点　W:　H:　粗细：2像素　对齐边缘

图 1-46　【直线工具】属性

图 1-47　利用【直线工具】绘制线条

图 1-48　移入图像

07 使用【自定形状工具】中的花朵形状，其属性设置如图 1-49 所示，新建图层，在其中绘制深红色的小花；然后使用【横排文字工具】，添加一些有关爱情、婚姻的文字，标题用深红色，而说明文字用灰色，如图 1-50 所示。

形状　填充：　描边：　0.00点　W: 8像素　H: 21.03　形状：　对齐边缘

图 1-49　【自定形状工具】属性设置

08 作为婚纱照相册的内页，目前的效果显得单调一些，可以为其添加边框，让整幅图像看起来更完整一些。执行【图像】|【画布大小】命令，打开对话框，对其进行数值设置，画布扩展颜色为粉色，如图 1-51 所示。这样，一张画面浪漫的婚纱相册内页就完成了，最终效果如图 1-52 所示。

图 1-50　添加深红色小花和说明文字

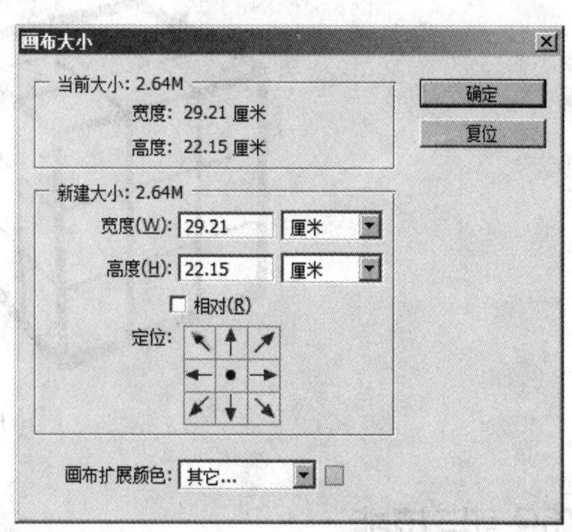

图 1-51　设置画布大小

09 执行【文件】|【存储】的命令，打开【存储为】对话框，找到保存的目标位置，并输入文件名称，设置格式为 JPEG，如图 1-53 所示。

图 1-52　婚纱相册内页最终效果

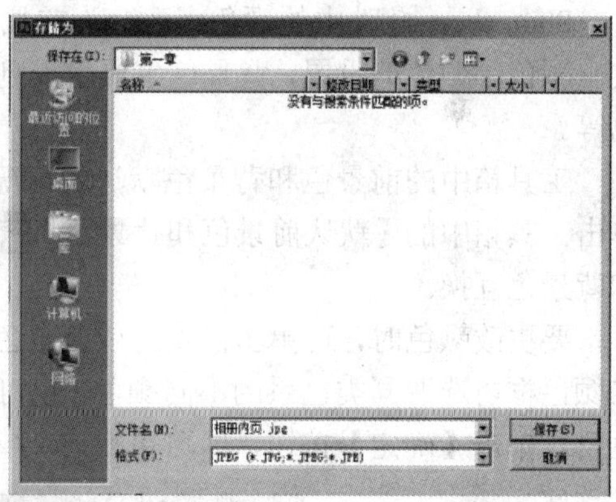

图 1-53　保存“相册内页.jpg”

1.3　图像颜色的设置与填充

相信大家都玩过魔方。魔方游戏就是将同一颜色的小方块调整到同一面，是一种开发智力的游戏，因此魔方应该是彩色的。那么在 Photoshop 中，如何为白色的“魔方”上色呢？主要通过颜色的设置及填充来完成，本节我们将学习相关知识与技能。

任务要求

通过学习“彩色魔方”实例，掌握前景色、背景色的设置及填充颜色的方法，如图 1-54 所示。

图 1-54　彩色魔方

知识点与技能

1. 前景色和背景色设置的相关知识

（1）工具箱中的前景色和背景色设置

Photoshop 软件中的颜色大致分为前景色和背景色，前景色主要用于描边、画笔颜色、文本颜色等颜色的设置，背景色主要用于删除图像后填充的颜色、橡皮擦的颜色及填充背景色等。

工具箱中的前景色和背景色默认的情况下是黑色和白色。要恢复为默认的颜色时，只需单击工具箱中的【默认前景色和背景色】按钮即可恢复，单击双向箭头时，可将前景色和背景色互换。

要更改颜色时，可单击前景色或背景色色块，打开如图 1-55 所示的【拾色器】对话框，在颜色框内选取同类色系的不同颜色，也可以通过右侧的颜色条，更改颜色框的色系确定颜色后，单击【确定】按钮，即可更换前/背景色。

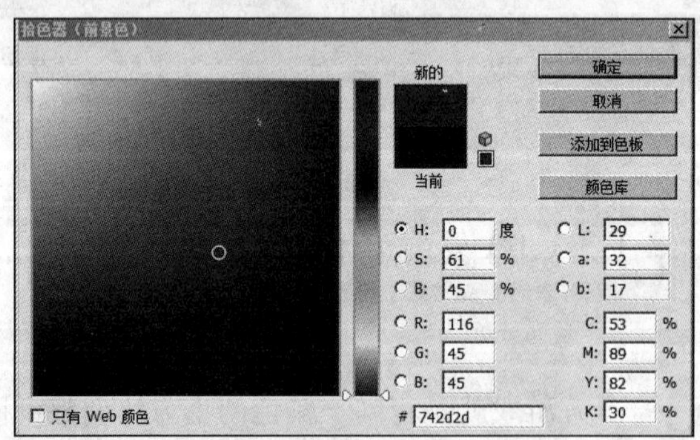

图 1-55　【拾色器】对话框

拾色器面板包括 4 种颜色模式，还有一个十六进制的颜色值，都可以用来精准地设置颜色值。HSB 模式是将色彩分为色相、饱和度、亮度 3 部分，其色相色域取值 0～360，饱和度和亮度色域取值 0～100。RGB 模式分为红、绿、蓝 3 个组成色，分为 0～255 个色阶。而 CMYK 模式主要通过控制青、洋红、黄、黑 4 色的值进行调色。而 Lab 模式是通过调整 A\B 两个色调参数和光强度来进行调色。

单击【颜色库】按钮，即可打开【颜色库】对话框，在其中可以挑选不同类型已经搭配好的颜色系，如图 1-56 所示。

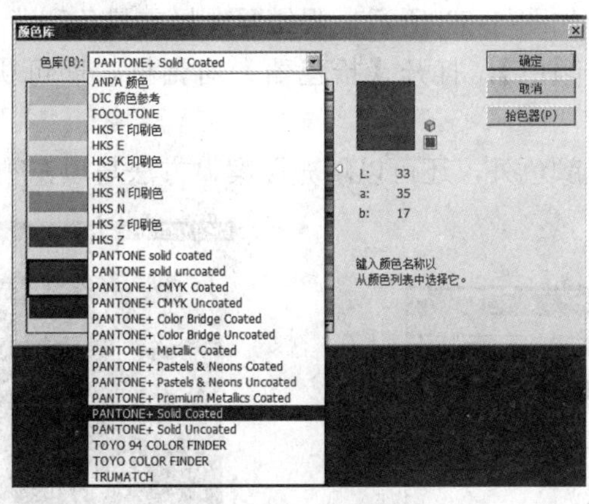

图 1-56 【颜色库】对话框

（2）【颜色】面板和【色板】面板

除了通过单击工具箱中的前/背景色色块，打开【拾色器】对话框更改颜色外；还可以通过【颜色】面板和【色板】面板来更改前/背景色。

【颜色】面板中包含不同颜色模式的滑块系列，如图 1-57 所示。当拖动滑块时，前景色会随之发生变化。当要更改背景色时，按住 Alt 键，同时拖动滑块即可改变颜色。

而在【色板】面板中，可以直接单击色块选取颜色来改变前景色，如图 1-58 所示。若要改变背景色，则按住 Ctrl 键选取颜色即可。同样，【色板】面板也可加载颜色库，可单击面板右上角的按钮来进行选择。

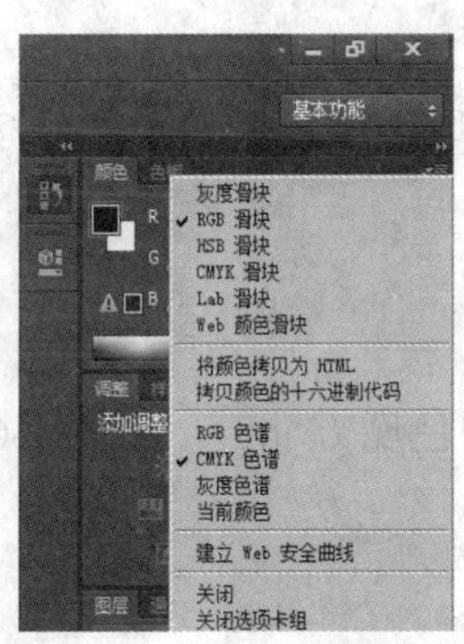

图 1-57 【颜色】面板

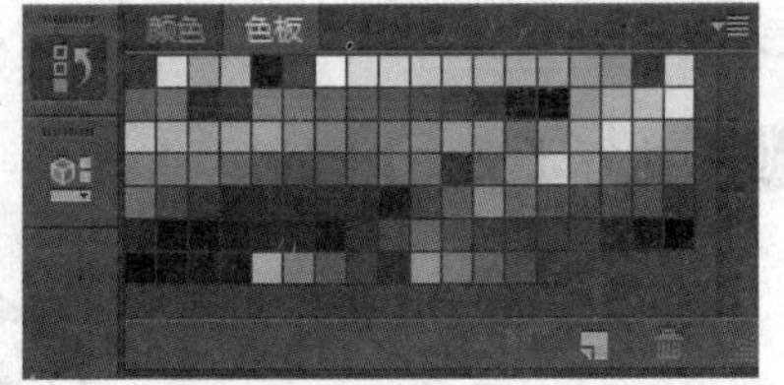

图 1-58 【色板】面板

此外，用户若希望一种自定义的颜色出现在面板上，则可以单击下方的【新建色板】按钮，将颜色保存起来，便于颜色编辑时的应用。

2. 填充颜色

（1）快捷键方式

填充前景色，按 Alt+Delete 组合键即可；填充背景色，按 Ctrl+Delete 组合键即可。

（2）命令方式

执行【编辑】|【填充】命令，打开【填充】对话框，选择填充用的内容及模式，即可将所选的颜色进行填充，如图 1-59 所示。假如要选择前景色和背景色外的颜色，可以选择【使用】下拉列表中的【颜色】，打开【拾色器】对话框，即可挑选自己喜欢的颜色，如图 1-60 所示。

该命令除了可以填充颜色外，还可以填充图案，方法与填充颜色一致。

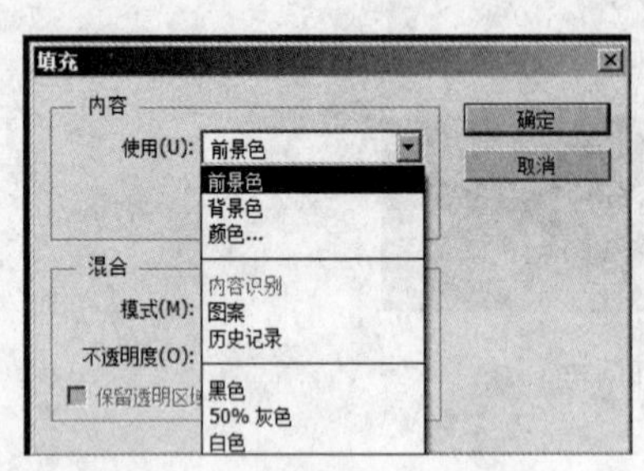

图 1-59 【填充】对话框

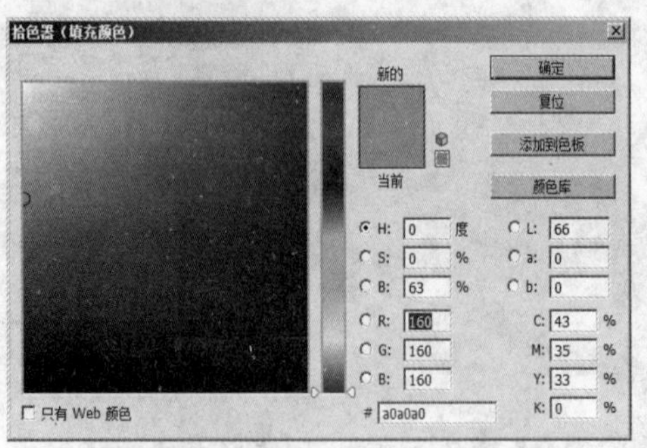

图 1-60 【拾色器】对话框

3. 魔棒工具

【魔棒工具】可以选择颜色一致的区域。魔棒的容差范围从 0 到 255，当容差值设为 0 时，选区只能是和取样颜色完全相同的颜色区域，随着容差值的增加，选择的色彩范围也越来越大。如勾选中工具选项中的“连续”复选框，则只能选择相邻区域。

任务分析

打开素材文件“白色魔方.jpg”，运用【魔棒工具】选取区域，新建图层，打开【色板】面板选取颜色，应用快捷键填充颜色。

任务实施

01 执行【文件】|【打开】命令，打开素材文件“白色魔方.jpg”，如图 1-61 所示。

图 1-61 “白色魔方”素材

02 单击工具箱中的【魔棒工具】，其属性设置如图 1-62 所示，选择“添加到选区”

模式，设置容差为 10，选中“连续”复选框，选择相邻区域的颜色。

图 1-62 【魔棒工具】属性

03 魔方有 6 个面，想要将每一面都上色，必须建立选区。用【魔棒工具】单击一个面上的所有小方块区域，一共 6 个选区，如图 1-63 所示。

04 新建图层，在【色板】面板上选取黄色，如图 1-64 所示。这时前景色变成黄色，按 Alt+Delete 组合键，即可在选区内填充黄色，如图 1-65 所示。

05 单击背景图层，切换回背景图层，如图 1-66 所示。重复步骤 3 和步骤 4，利用【魔棒工具】，选取第二个面，如图 1-67 所示。然后在【色板】面板上选取蓝色，切换回“图层 1”并按 Alt+Delete 组合键即可填充，如图 1-68 所示。

图 1-63　选中一个面

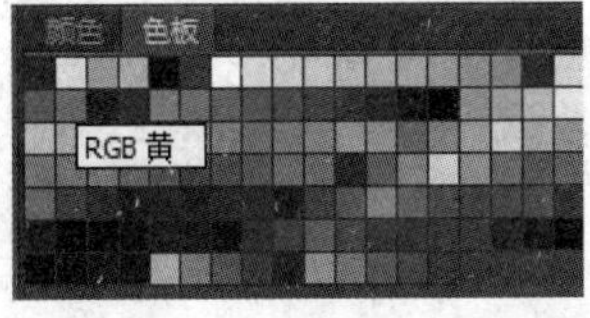

图 1-64　选择前景色为黄色

图 1-65　填充选区区域

图 1-66　切换回背景图层

图 1-67　选中第二个面

图 1-68　填充选区

06 使用同样的方法，将最后魔方的另外一个面填充为红色，最终效果如图 1-69 所示。

图 1-69　最终效果

07 执行【文件】|【存储】命令，将该作品保存为“彩色魔方.psd”。

提示

在本实例中，为图像选择颜色主要借助【色板】面板，填充颜色主要使用快捷键的方式，而关于填色与选色的其他方法已在“知识点与技能”中提及，同学们也可以用其他方法尝试一下。

1.4　标尺与参考线的使用

为了设计的图像更加精准，在设计过程中经常会用到参考线，如进行 Logo 设计、网页绘制、对称图像的制作等。如何操作呢？标尺和参考线是什么呢？本节将一起来学习相关的知识。

任务要求

通过使用素材图片（图 1-70）制作图 1-71 所示的“飘动的九格相片”实例，学习标尺和参考线的应用知识与技巧，提高图片设计的精准度。

图 1-70　素材图片

图 1-71　飘动的“九格相片”效果图

知识点与技能

1. 标尺的应用

标尺可帮助我们精确地确定图像或元素的位置。使用快捷键 Ctrl+R 可显示标尺。标尺的坐标原点可以设置在画布的任何地方，只要从标尺的左上角开始拖动即可应用新的坐标原点；双击左上角可以还原坐标原点到默认位置，如图 1-72 所示。标尺的单位可以改变，可以为厘米、毫米、像素、英寸等，如图 1-73 所示。通过标尺，我们可以了解图形的大小，同时通过结合辅助线使得图像的位置更加精准。

图 1-72　标尺的坐标原点设置

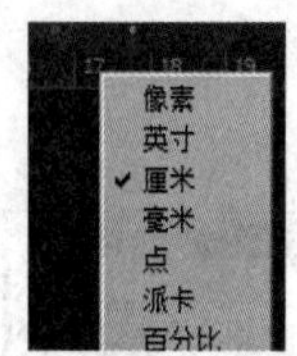

图 1-73　标尺的单位设置

此外，双击标尺，可以直接更改图片文件的单位及文字大小，设置装订线的位置以及文件容纳文字大小、打印分辨率及屏幕分辨率，如图 1-74 所示。

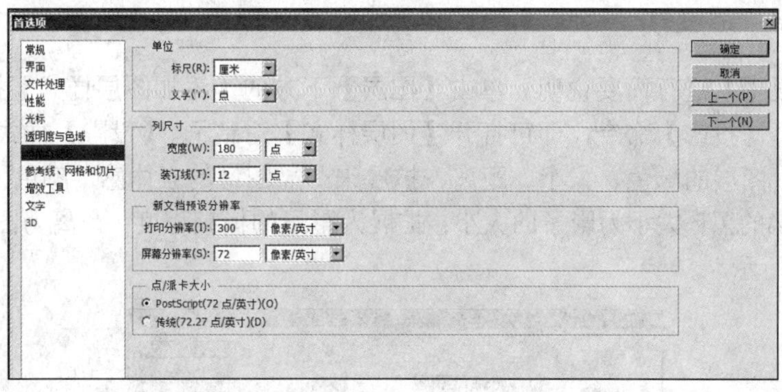

图 1-74　【首选项】对话框

2. 参考线的应用

在设置参考线前，必须先显示标尺。为图像绘制参考线，可以直接从标尺拖动参考线，拖动出来是垂直或者水平。按住 Alt 键，当【移动工具】在参考线上变成垂直于参考线的双向箭头时，单击参考线，即可更改方向，如图 1-75 和图 1-76 所示。

要在画布上指定的位置添加参考线，可以执行【视图】|【新建参考线】命令，打开【新建参考线】对话框，如图 1-77 所示。当完成设计，想将多余的参考线去除时，可以执行【视图】|【清除参考线】命令，如图 1-78 所示。还可以通过【视图】|【显示额外内容】命令，将参考线与标尺隐藏，如图 1-79 所示。

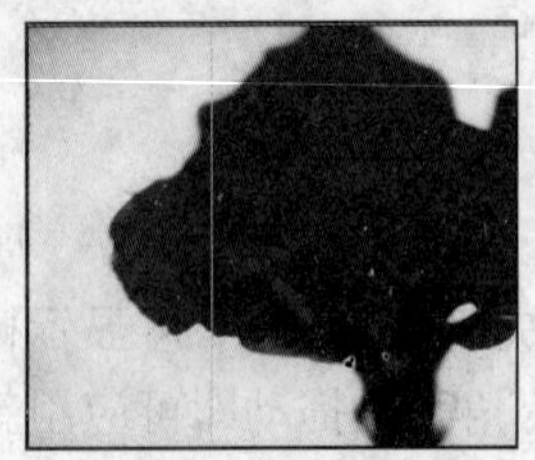

图 1-75　原参考线

图 1-76　改变方向的参考线

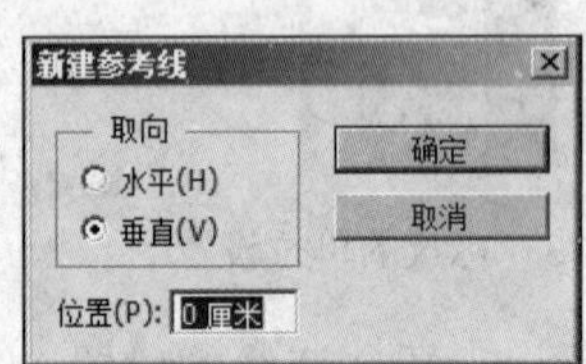

图 1-77 【新建参考线】对话框

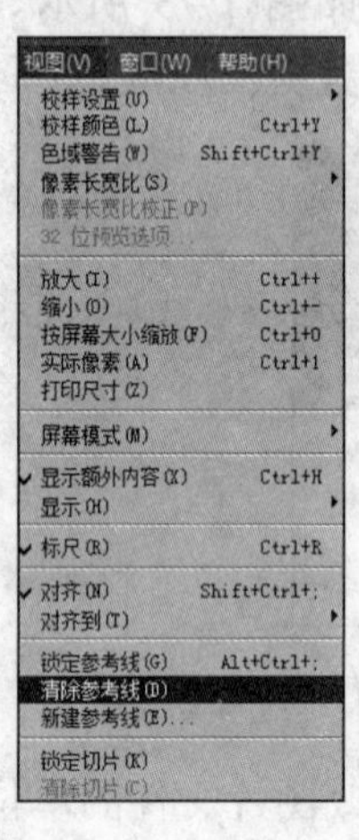

图 1-78　清除参考线

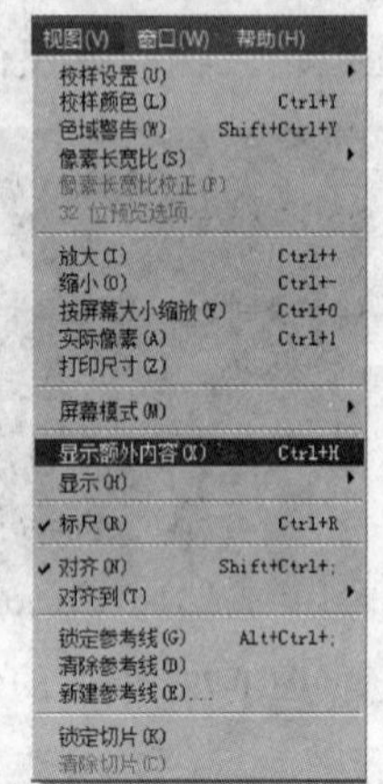

图 1-79　清除“显示额外内容”

3. 图层样式——投影

这里对【投影】进行简要说明。单击【图层】下方的【添加图层样式】按钮 fx，在弹出的菜单中选择【投影】命令，即可打开【图层样式】对话框，【投影】样式主要通过叠在其下的“影子”图层的颜色、大小、距离、扩展来凸显图像的立体感。颜色为阴影的颜色，一般默认为 75%的黑；大小为影子的大小；扩展为影子的模糊程度；距离为图像与影子的距离，如图 1-80 所示。

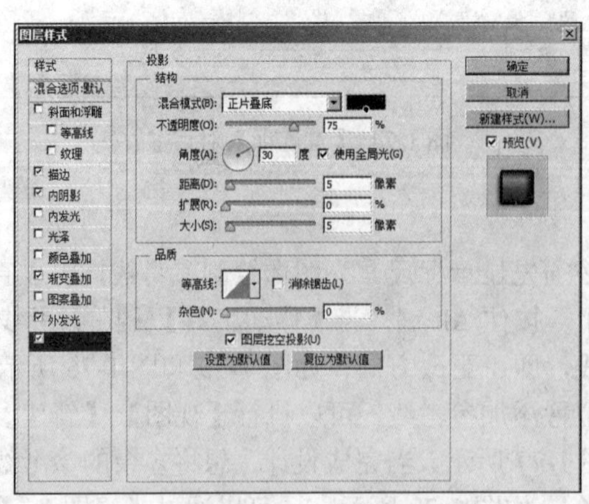

图 1-80 【投影】样式设置对话框

任务分析

打开图像设置标尺后，通过新建参考线，将图像平分为 9 个区域，并且使视图对齐到参考线，然后使用选框工具，选取大小一致的小图片进行复制，最后将小图片缩小，并添加投影效果，即可完成实例。

任务实施

01 打开素材图片“牵手.jpg”，按 Ctrl+R 组合键，显示标尺。该图片的大小为 360×360 像素，要将图片变成 9 等份，执行【视图】|【新建参考线】命令，如图 1-81 所示。在对话框中输入参考线的位置，分别在水平和垂直方向的 120、240 位置设两条参考线，如图 1-82 和图 1-83 所示。

图 1-81 执行【新建参考线】命令

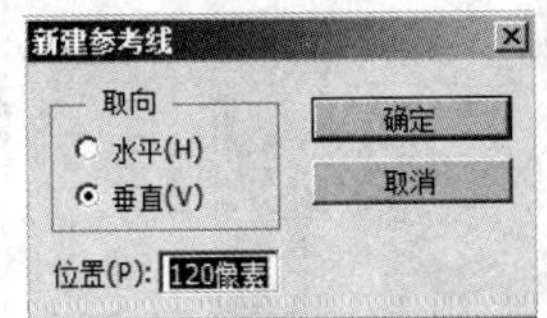

图 1-82 【新建参考线】对话框

02 执行【视图】|【对齐到】命令并选中【参考线】命令，使得接下来的绘图能够对齐参考线，如图 1-84 所示。欲将图像分为 9 个小格，必须建立格子的选取范围。选择【矩形选框工具】，将大小设置为 120×120 像素，使得接下来绘制的每个矩形选框大小一致，避免图像不够精准，如图 1-85 所示。

图 1-83 参考线效果

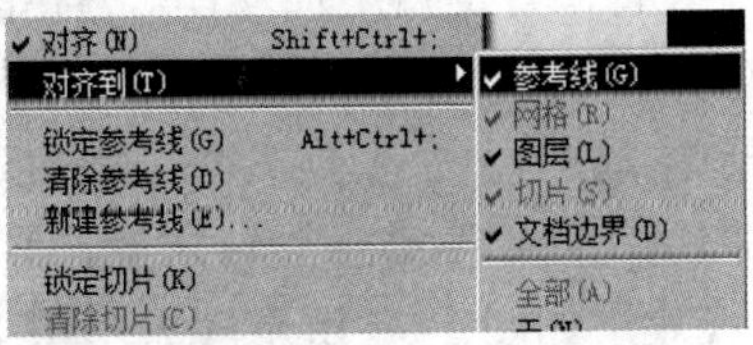

图 1-84 选中【参考线】命令

图 1-85 【矩形选框工具】属性设置

03 想将一张相片变成 9 个部分，必须分别选取，复制到新的图层再进行缩小，重新排版。因此，使用固定大小的【矩形选框工具】在用参考线划分的格子中创建大小 120×120 像素的正方形选区，如图 1-86 所示。

04 按 Ctrl+J 组合键复制背景图层中选中的区域，如图 1-87 所示。然后移动选区到不同的参考线方格位置，返回背景图层，按 Ctrl+J 组合键复制。重复该步骤直到把背景图层分为 9 块，如图 1-88 所示。

图 1-86 绘制矩形选框

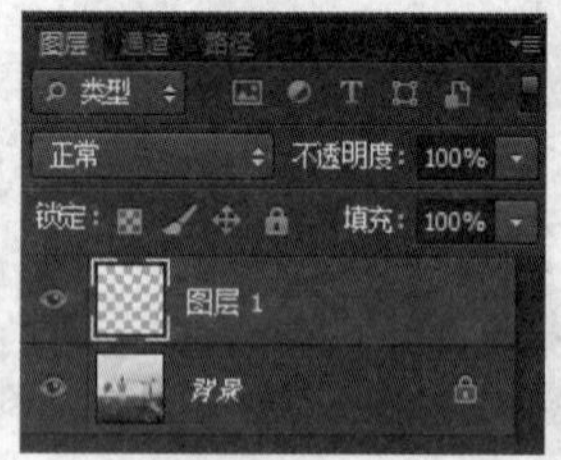

图 1-87 复制背景图层中选中的区域

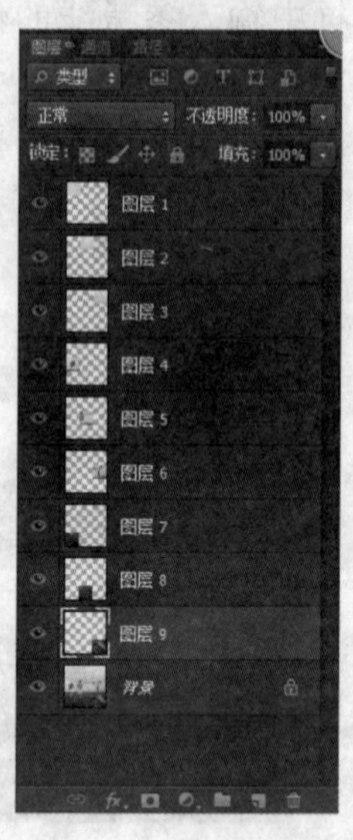

图 1-88 重复复制背景图层为 9 块

05 单击背景图层，填充背景层图案为“木质”。单击“图层 8”，按 Ctrl+T 组合键执行【自由变换】命令，为了使得每个图层缩小的比例一致，不使用手动修改，使用变换属性参数修改，具体数值如图 1-89 所示。

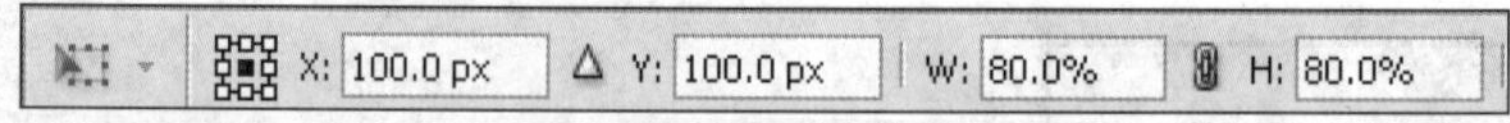

图 1-89 缩小图层设置

06 对每个图层都进行以上设置，将高和宽的比值设置为 80%，图像的效果如图 1-90 所示。为了使得图片变得更加立体，为各图层添加投影图层样式，对话框设置如图 1-91 所示。

07 为“图层 1”～“图层 8”都添加投影效果后，图像的效果如图 1-92 所示。为了图像看起来更生动些，可进行自由变换，按 Ctrl+T 组合键，将箭头移动到矩形块的顶点上，当出现双向箭头时，拖动可旋转图像。不同的图层旋转的方向不同，这样相片看起来就具有动感，最终效果如图 1-93 所示（见彩图 18）。

图 1-90　缩小图层的图像效果

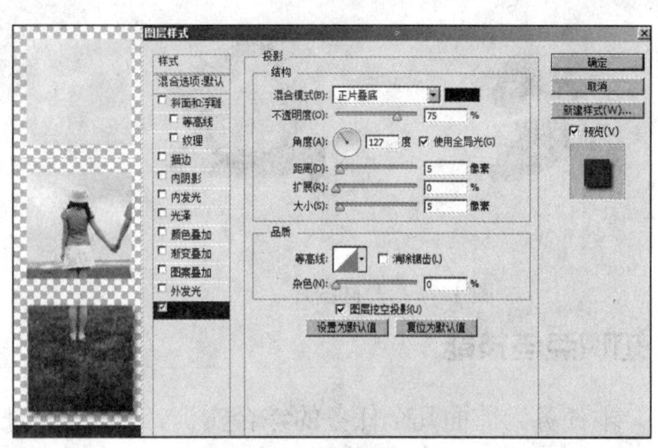

图 1-91　对话框设置

图 1-92　添加投影效果后的图像效果

图 1-93　最终效果

08 执行【文件】|【存储为】命令，将图像保存为“参考线应用.psd”。

1.5　快速入门——制作圣诞贺卡

在西方国家，每年的圣诞节，人们都会期待圣诞老爷爷带来祝福，也会送给朋友祝福。本节将学习圣诞电子贺卡的制作。通过这个综合案例，同学们可灵活运用之前学习的知识点与技能，感受作品完成的过程。此外，要把贺卡发送给朋友，用 PSD 格式合适还是 JPG 格式合适？为什么？

任务要求

将图 1-94 所示的素材图片制作成图 1-95 所示的圣诞贺卡，灵活应用前面学到的知识点与技能，感受作品完成的过程（知识点与技能可以参考前面的任务）。

图 1-94　素材图片

图 1-95　圣诞贺卡

知识点与技能

本任务为前面几个任务的综合实训，知识点与技能可参考前面 4 个任务。

任务分析

新建图像，制作背景，为图像添加边框；然后将素材导入图像，利用自由变换工具对其进行方向、大小、位置的调整；添加文字，对文字进行修饰；最后添加小图案作为修饰。

任务实施

01 新建图像，设置其大小为 600×450 像素，名称为“圣诞贺卡”，分辨率为 72 像素/英寸，如图 1-96 所示。

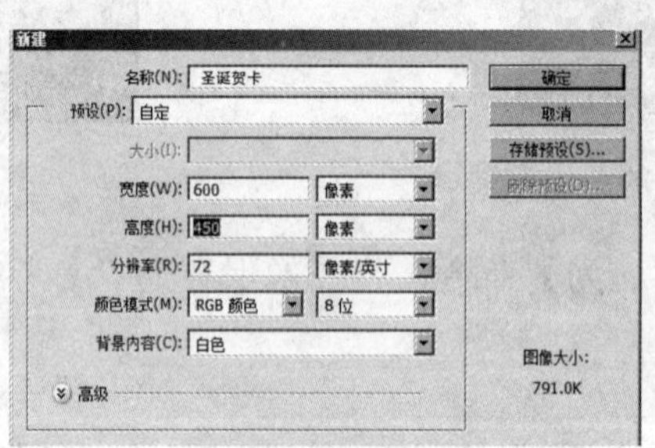

图 1-96　图像设置

02 单击前景色色块，打开【拾色器】对话框，选取浅绿色，颜色值为#d6fbb1，如图 1-97 所示。新建图层，按 Alt+Delete 组合键填充前景色。再次新建图层，为背景添加纹理，执行【编辑】|【填充】命令，单击【使用】下拉按钮，选择【图案】选项，并且选择【艺术表面】类别中的【纱布纹理】图案，如图 1-98 所示。

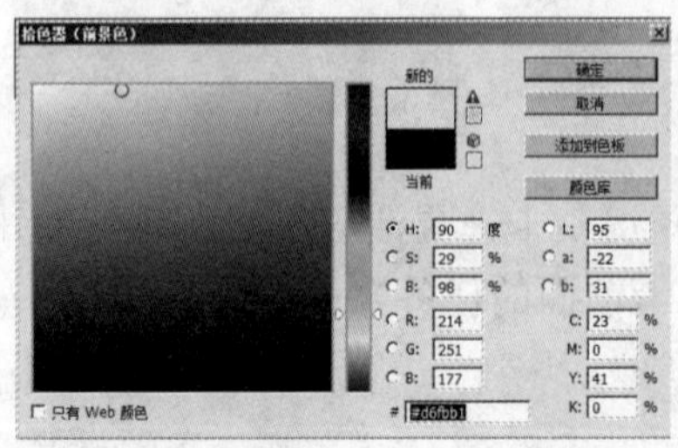

图 1-97　【拾色器】对话框

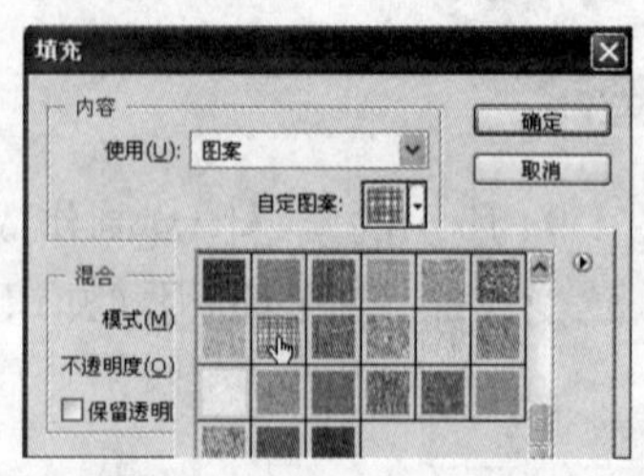

图 1-98　【填充】对话框

03 将“图层 2“的混合模式设置为【柔光】，将背景颜色与纹样相融合，如图 1-99 所示。为背景添加深绿色#439d2b 的边框，使得图片具有层次，如图 1-100 所示。

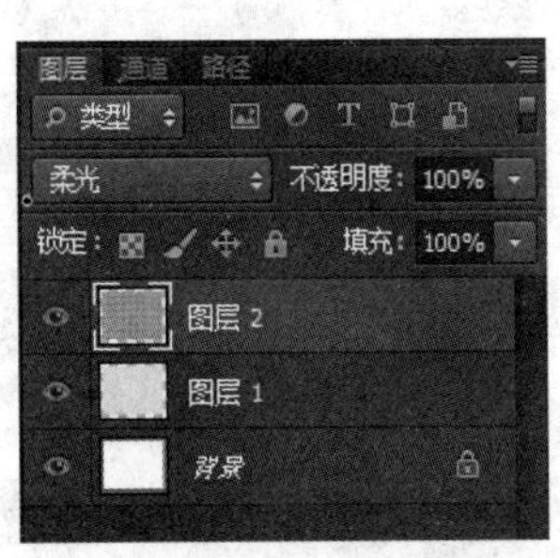

图 1-99 “图层 2”的混合模式为“柔光”

图 1-100 添加深绿色边框

04 背景修饰后，打开素材“礼物.png”，如图 1-101 所示。执行【编辑】|【变换】|【水平翻转】命令，对素材图像的方向进行翻转，如图 1-102 所示。将其缩小后使用【移动工具】移动到左上角。

图 1-101 素材“礼物.png”

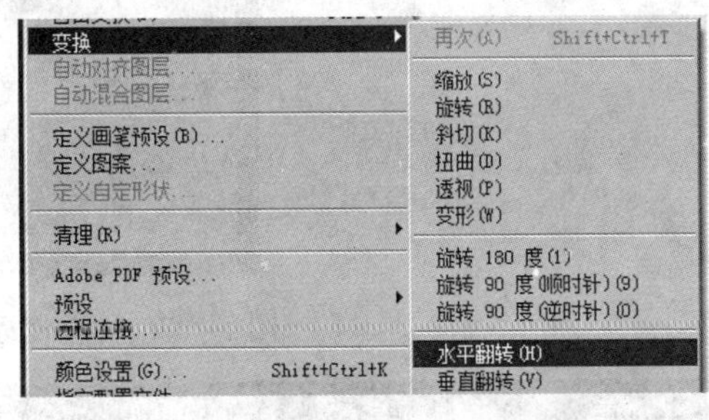

图 1-102 水平翻转素材图像

05 打开素材“圣诞老人.png”，如图 1-103 所示。使用【移动工具】将其移动到右下方。使用【横排文字工具】输入标题“Marry Christmas”，文字的属性设置如图 1-104 所示。将文字的颜色设为#c32b10，并且为其添加投影和颜色为#295c1e、大小为 3 的 px 描边效果，如图 1-105 和图 1-106 所示。

图 1-103 素材“圣诞老人.png”

图 1-104 设置文字属性

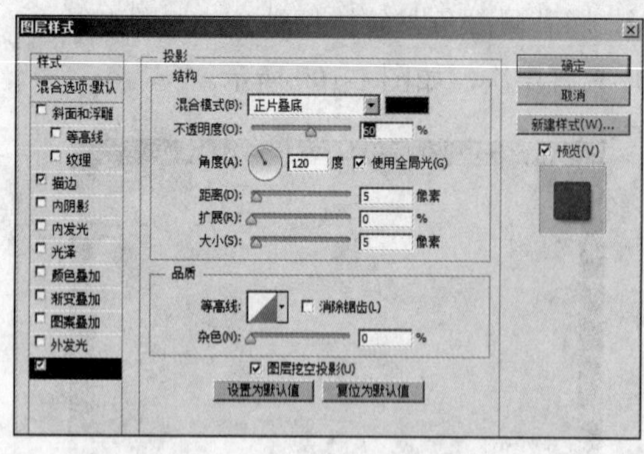

图 1-105　投影效果设置

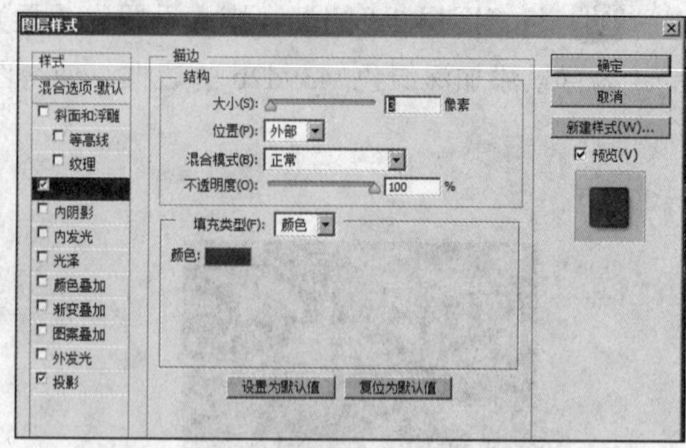

图 1-106　描边效果设置

06 此时，图像效果如图 1-107 所示。单击【自定形状工具】，选择【雪花】形状，其属性如图 1-108 所示。新建图层，在图层上按住 Shift 键随意绘制大小不一的雪花，为了使得雪花更加立体，为其添加投影效果，参数设置如图 1-109 所示，效果如图 1-110 所示。

图 1-107　加入“标题”后的图像效果

图 1-108 【自定形状工具】属性

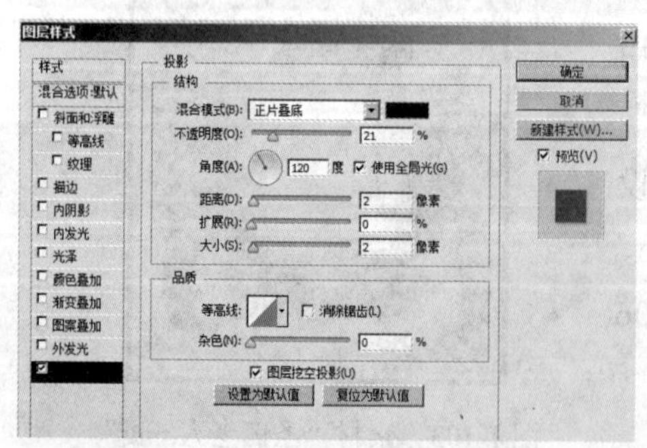

图 1-109　添加投影效果

图 1-110　添加投影效果后的图像效果

07 为了使得贺卡内容更加丰富，使用【自定形状工具】的五角星形状（图 1-111）绘制一个五角星路径，如图 1-112 所示。按 Ctrl+Enter 组合键，将路径转化为选区。

图 1-111　五角星形状属性

图 1-112　绘制的路径形状

08 使用【渐变工具】，将前景色设为白色、背景色设为黄色#ffce07，设置图 1-113 所示的径向渐变属性。新建图层，在选区中拖动鼠标，填充渐变，效果如图 1-114 所示。

图 1-113　设置径向渐变属性

图 1-114　填充径向渐变后的图像效果

09 为了使五角星看起来更立体一些，为其添加投影效果，投影样式设置如图 1-115 所示。这样，立体的五角星就完成了，效果如图 1-116 所示。

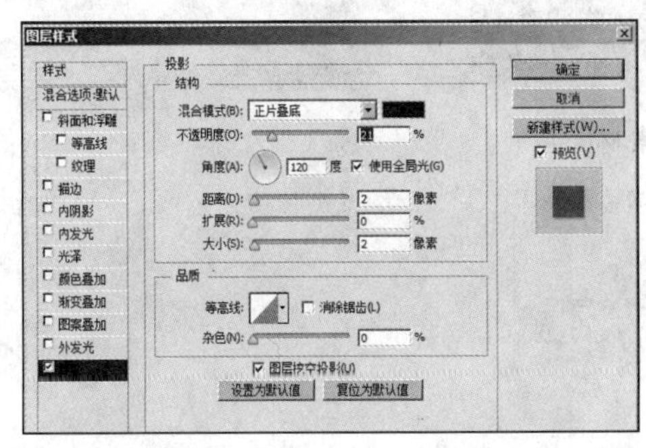

图 1-115　设置五角星投影属性　　　　图 1-116　最终效果

10 执行【文件】|【存储】命令，将图像保存为“圣诞贺卡.jpg”。保存为 JPG 格式，而不是 PSD 格式，主要是为了使图片在网络中的传输速度更快。

实践探索

1）使用“蛋糕.jpg”素材图片（见图 1-117），绘制图 1-118 所示的生日贺卡。

提示

使用【填充工具】填充纹理，将图层混合模式调整为“柔光”，使用【画布大小】命令建立边框，使用【魔棒工具】将素材抠取出来，用【移动工具】将素材移入图片中，最后使用【自定形状工具】添加小花点缀图片，并添加标题。

图 1-117 “蛋糕.jpg”素材图片

图 1-118 生日贺卡

2）根据所给的 4 张水果图片（见图 1-119），设计图 1-120 所示的饮品宣传图片。

提示

使用标尺和参考线将图片划分为等大的 4 格；使用固定大小的【矩形选框工具】选取 4 幅水果图片。将其移入背景中，通过自由变换操作将其等比例缩小，并为其添加投影效果。最后拓展画布，添加文字。

图 1-119 水果素材图片

图 1-120 4 格图片

第 2 章　图像的选取与应用

通过第 1 章的学习，我们已熟悉了 Photoshop 软件的工作环境及基本操作。本章要进一步学习 Photoshop 软件。图像的选取和移动是深入学习图像合成与设计的基础。选区的操作在平面设计中应用得非常多，不同的物体需要用不同的选取工具来建立选区。本章将详细讲解选取工具和移动工具的使用方法。

本章相关素材在“配套资源”→“第 2 章”→“素材文件”中。

2.1　固定选取工具的应用

在公车站、商场外常常看到一些制作精美的旅游海报，漂亮的背景加上一些地方标志性建筑、文字和人物，很吸引人。那么，这样的旅游海报怎样制作呢？如何将其他图片中喜欢的元素选取出来，再移到新的图像中呢？如何拼贴呢？接下来一起学习相关的知识与技能。

任务要求

通过学习“游厦门”实例（见图 2-1），掌握规则选区工具、不规则物体选择的相关知识点及技能，如【椭圆选框工具】【魔棒工具】【磁性套索工具】的应用等。

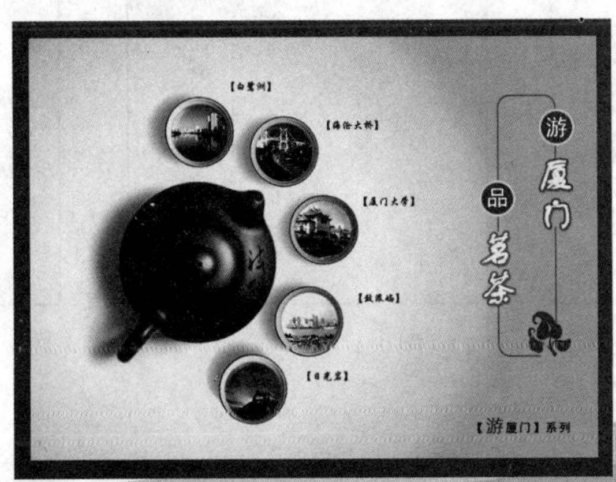

图 2-1 “游厦门”效果图

知识点与技能

1. 规则选区工具的应用

选框类工具的轮廓比较固定，我们可以利用它们来制作一些形状较规则的选区，如矩形选区、椭圆选区等。选框工具共有 4 种，包括【矩形选框工具】【椭圆选框工具】【单行选框工具】和【单列选框工具】。它们各自有不同的特长。

（1）矩形选框工具

使用【矩形选框工具】可以方便地在图像中制作出长宽随意的矩形选区。其属性如图 2-2 所示，该选项栏分为选择方式、羽化和消除锯齿、样式 3 部分。它们将分别提供对【矩形选框工具】各种不同参数的控制。

图 2-2 【矩形选框工具】选项栏

1）选择方式。在实际操作中，常常会遇到多个选区相加或相减的问题，可以通过选择不同的选择方式来解决。

- 新选区：清除原有的选择区域，直接新建选区。
- 添加到选区：在原有选区的基础上，增加新的选择区域，形成最终的选择范围，如图 2-3 所示。
- 从选区减去：在原有选区中，减去与新选择区域相交的部分，形成最终的选择范围，如图 2-4 所示。
- 与选区交叉：使原有选区和新建选区相交的部分成为最终的选择范围，如图 2-5 所示。

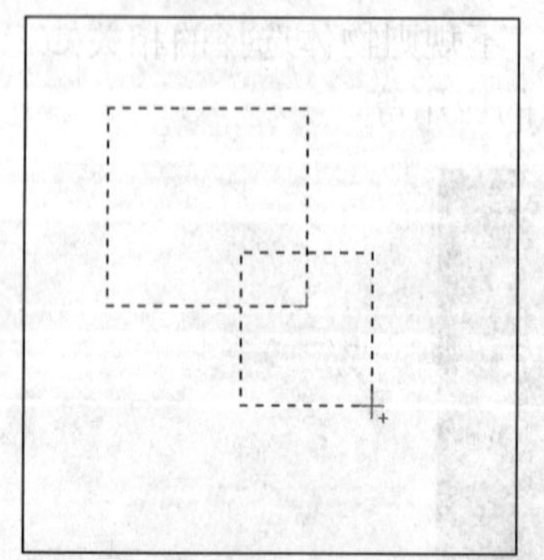
图 2-3 添加到选区

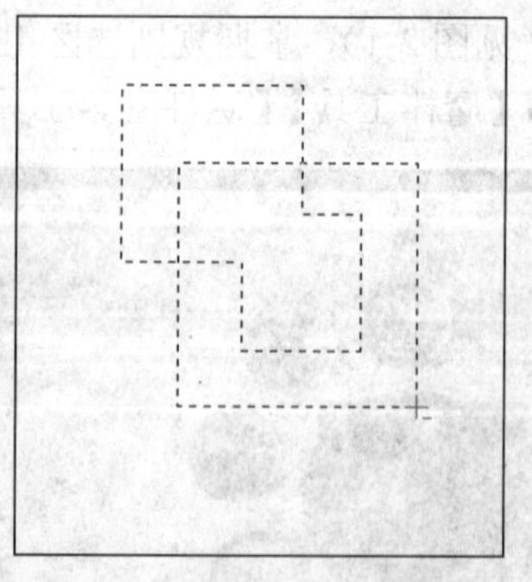
图 2-4 从选区减去

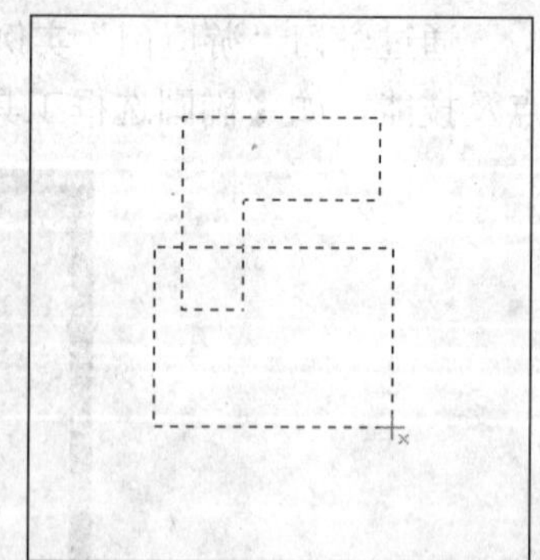
图 2-5 与选区交叉

2）羽化。设置羽化参数可以有效地消除选择区域的硬边界并将它们柔化，使选择区域的边界产生朦胧渐隐的过渡效果。该参数的取值范围是 0～250 像素，取值越大，选区的边界越朦胧。羽化前后的图片如图 2-6 与图 2-7 所示。

图 2-6　羽化前的图片

图 2-7　羽化后的图片

3）样式。样式的选则有 3 种样式。

- 正常：这是默认的选择样式，可以用鼠标创建长宽任意的矩形选区。
- 固定比例：可以为矩形选区设置长宽比。只要在【宽度】和【高度】文本框中输入宽度和高度比值即可。在默认状态下，宽度和高度的比值为 1∶1。
- 固定大小：可以通过直接输入【宽度】和【高度】值来精确定义矩形选区的大小。

（2）椭圆选框工具

使用【椭圆选框工具】可以在图像中制作出椭圆形选区。其使用方法和工具选项栏的设置与【矩形选框工具】大致相同。想要画出正圆形选区，只要按住 Shift 键使用【椭圆选框工具】即可。

（3）单行选框工具和单列选框工具

使用【单行选框工具】可以在图像中制作出 1 个像素高的单行选区。该工具的选项栏中只有选择方式可以设置，用法和原理都和【矩形选框工具】相同。【单列选框工具】的使用方与【单行选框工具】相同，可以在图像中制作出 1 个像素宽的单列选区。

提示

【消除锯齿】选项的原理就是在锯齿之间插入中间色调，这样就使那些边缘不规则的图像在视觉上消除了锯齿现象。而 Photoshop 中的图像是由一个个正方形的色块构成，如果没有选择【消除锯齿】选项，在制作圆形选区或者其他形状不规则的选区时就会产生难看的锯齿边缘。

2. 不规则物体的选取

（1）套索工具

套索工具组里的【套索工具】用于制作不规则选区，【多边形套索工具】用于制作直线边框的多边形选区，【磁性套索工具】是制作边缘比较清晰，且与背景颜色相差比较大的选区。其属性如图 2-8 所示。

图 2-8 【套索工具】属性

- 选区运算：制作选区时，使用“新选区”模式较多。
- 【羽化】选项：可羽化选区的边缘，数值越大，羽化的边缘越宽。
- 【消除锯齿】功能：启用该功能，让选区边缘更平滑。

（2）魔棒工具

【魔棒工具】可轻易得到基于颜色的选区，能把图像中连续或者不连续的颜色相近的区域作为选取的范围。其选项栏如图 2-9 所示。

图 2-9 【魔棒工具】选项栏

其中，【容差】用来控制【魔棒工具】在识别各像素色值差异时的容差范围，可以输入 0～255 的数值。取值越大，选取的范围越大；相反，取值越小，选取的范围越小。图 2-10 和图 2-11 所示为容差值不同时的选择效果。【容差】选项是最常用到的选项，它能够有效地控制魔棒工具的选择灵敏度。

图 2-10 容差较大效果

图 2-11 容差较小效果

3. 【描边】图层样式

描边就是做出边缘的线条，即在边缘加上边框。有时为了使素材更加突出一些，就采用描边效果。描边图层样式必须在图层上存在有效像素时才能看到效果。具体操作方法为：单击【图层】面板下方的【添加图层样式】按钮，选择【描边】命令，对其大小、位置、颜色进行设置即可，如图 2-12 和图 2-13 所示。

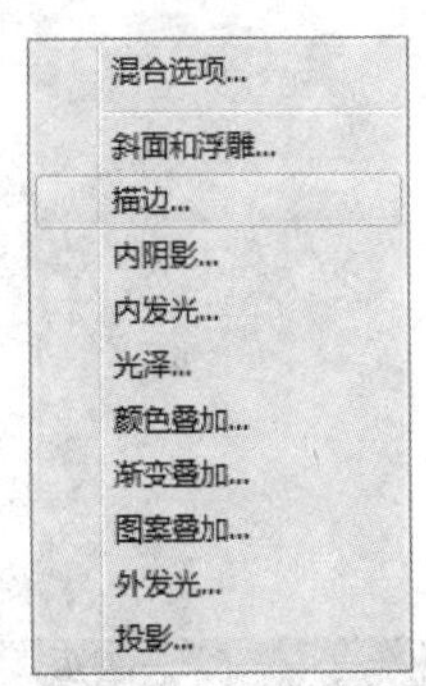

图 2-12　选择【描边】命令

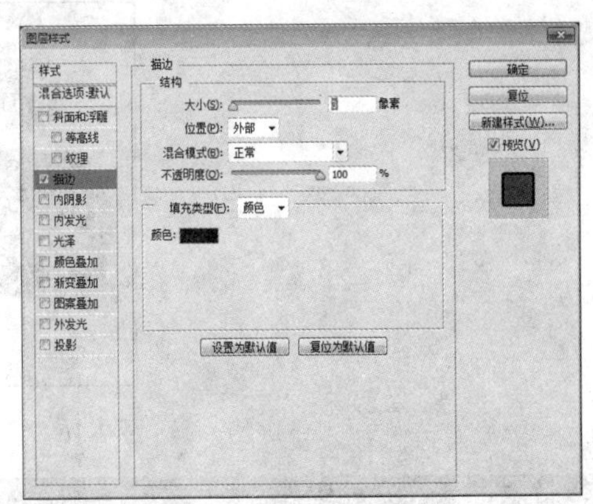

图 2-13　【描边】图层样式设置

任务分析

新建图像文件，填充渐变作为背景；将抠取的“茶具”素材移入图像中，使用选取工具复制茶具素材中的一个部分；将“风景”素材选中移入固定的选区中。添加文字，为图像建立边框。

任务实施

01 新建图像，大小为 800×600 像素，分辨率为 72 像素/英寸，背景内容为白色。

02 选择【渐变工具】设置前景色为白色，背景色为#f69d49，设置径向渐变，如图 2-14 和图 2-15 所示。新建图层，并填充径向渐变。

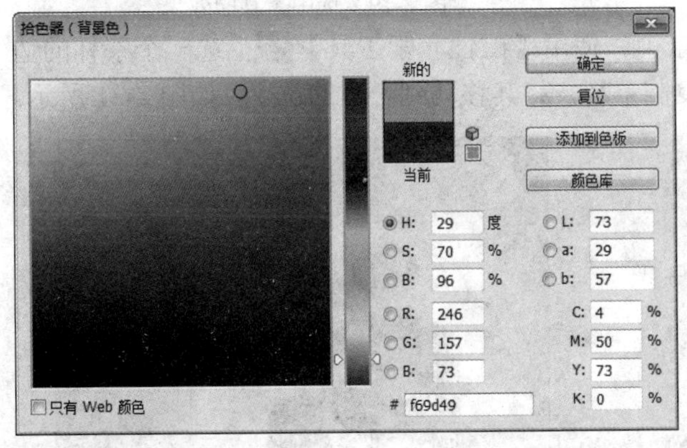

图 2-14　设置背景色

图 2-15　设置渐变

03 打开素材文件“茶具.jpg”，如图 2-16 所示。单击工具箱中的【魔棒工具】，其属性设置如图 2-17 所示。将【连续】复选框选中，是为了将图片上所有颜色类似的区域都选中。在素材的白色区域单击，将白色区域选中，如图 2-18 所示；执行【选择】|【反向】命令，即可选中茶具，如图 2-19 所示。

图 2-16 “茶具.jpg”素材

图 2-17 【魔棒工具】属性

图 2-18 选中白色区域

图 2-19 选中茶具的效果

04 将选取的“茶具”素材移入背景中。使用【磁性套索工具】抠选一个茶杯的边缘，如图 2-20 所示。按 Ctrl+J 组合键，复制茶杯，将其移动到合适的位置，如图 2-21 所示。

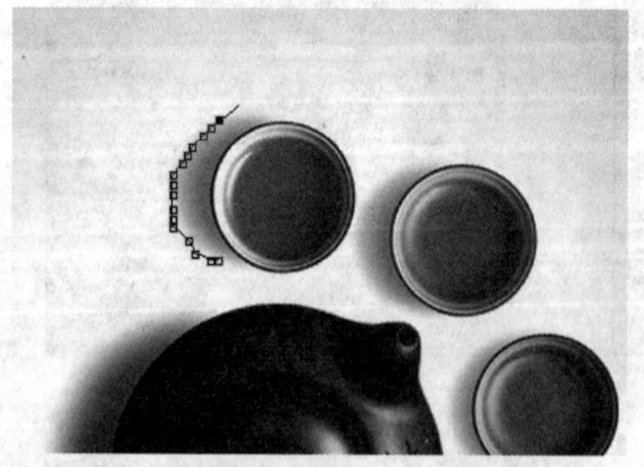

图 2-20 抠选一个茶杯的边缘

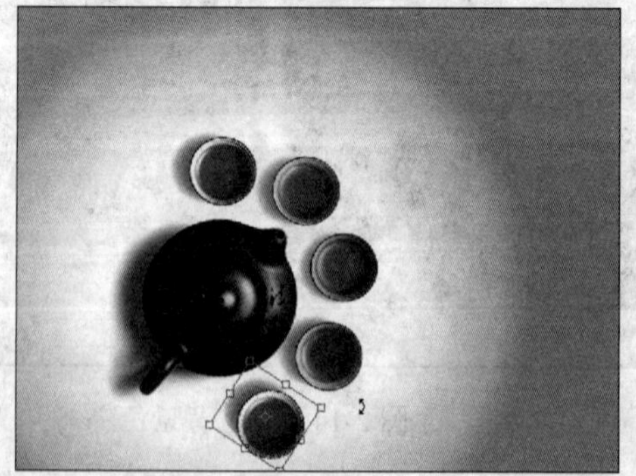

图 2-21 茶杯的位置

05 使用【椭圆选框工具】选取杯中茶的圆形区域，如图 2-22 所示。打开“厦门风光”图片，全选后复制，如图 2-23 所示。执行【编辑】|【贴入】命令，将素材贴入选区，如图 2-24 所示（一共使用 5 张“厦门风光”图片）。【图层】面板如图 2-25 所示。

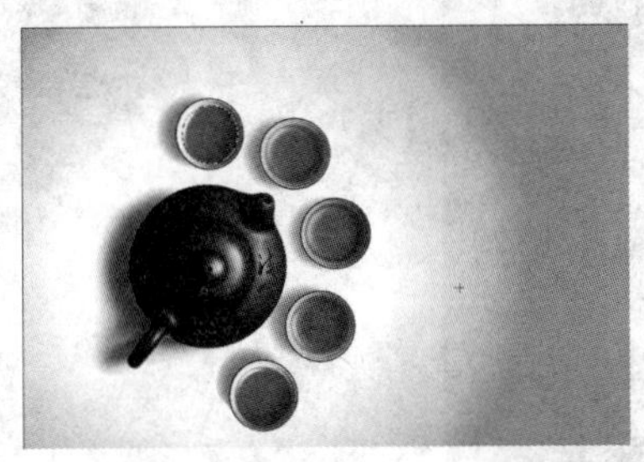

图 2-22　选取杯中茶的圆形区域

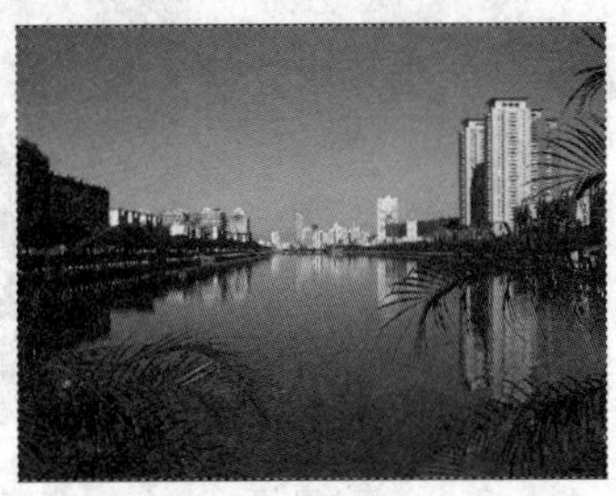

图 2-23　“厦门风光”图片

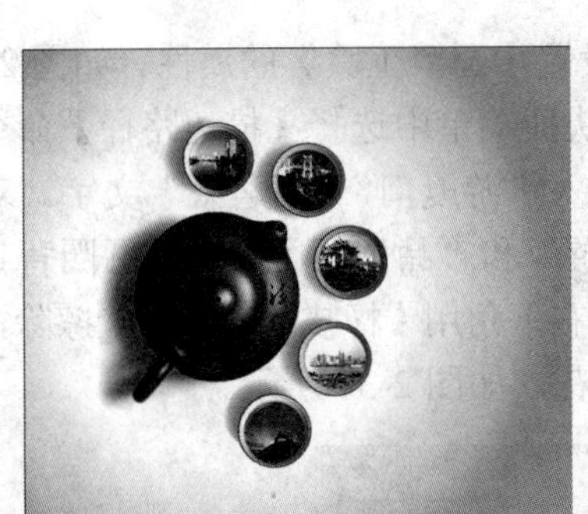

图 2-24　将素材贴入选区的效果

图层
通道
路径
类型
线性光
不透明度：100%
锁定：
填充：100%
图层 2
图层 3
图层 5
图层 6
图层 1

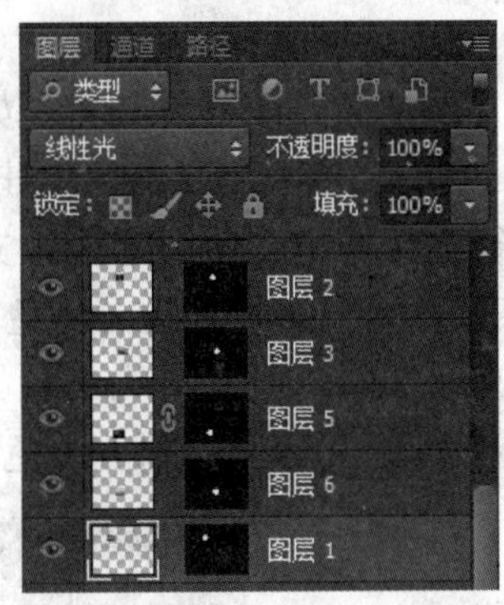

图 2-25　【图层】面板情况

06 至此，背景就大致做好了，使用【横排文字工具】T，输入每杯茶的名称，即风景名胜的名称，如图 2-26 所示。选择【圆角矩形工具】，其属性设置如图 2-27 所示。在背景上绘制一个图 2-28 所示的圆角矩形。

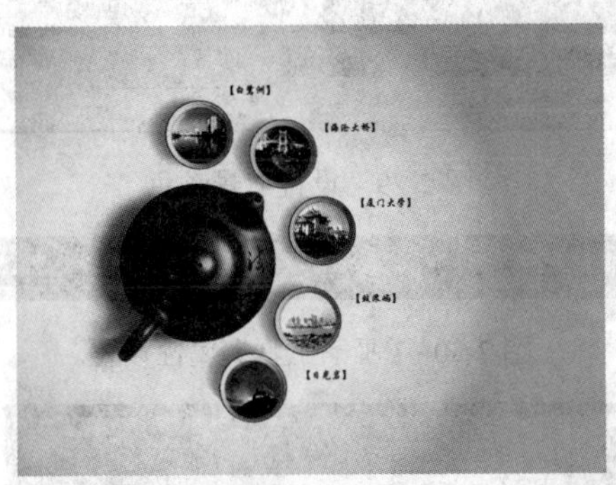

图 2-26　输入每杯茶的名称

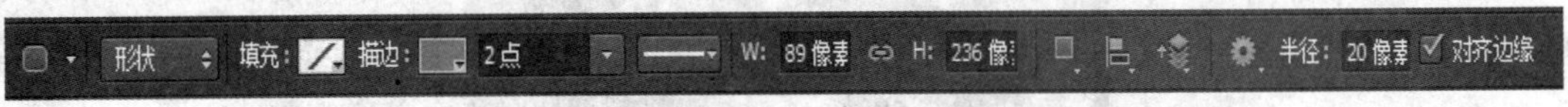

形状
填充：
描边：
2点
W: 89 像素
H: 236 像素
半径：20 像素
对齐边缘

图 2-27　【圆角矩形工具】属性设置

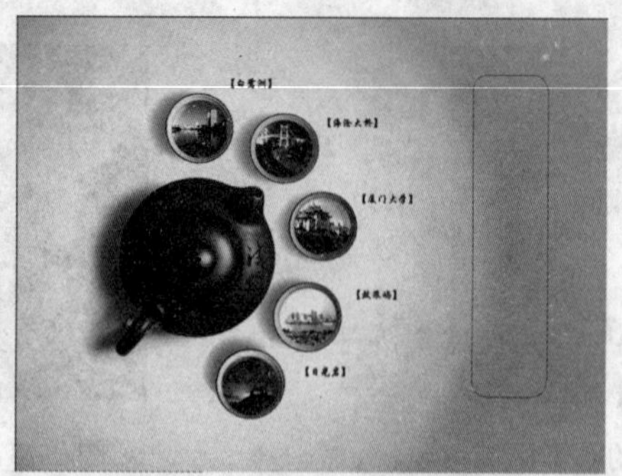

图 2-28　绘制圆角矩形

07 单击前景色，设置颜色，如图 2-29 所示。设置【画笔工具】的属性，如图 2-30 所示。使用【路径选择工具】，右击路径，在弹出的快捷菜单中选择【描边路径】命令，用画笔对路径进行描边。使用【直排文字工具】，输入“游厦门”“品茗茶”文字。对“厦门”“茗茶”两个词进行描边，颜色为#6f2e00。为“游”和“品”两个字添加圆圈背景，大圆的颜色为#6f2e00，外轮廓为白色描边。将圆角矩形右下角用【橡皮擦工具】擦除，然后使用【自定形状工具】，绘制一朵色彩为#6f2e00 的小花，如图 2-31 所示。

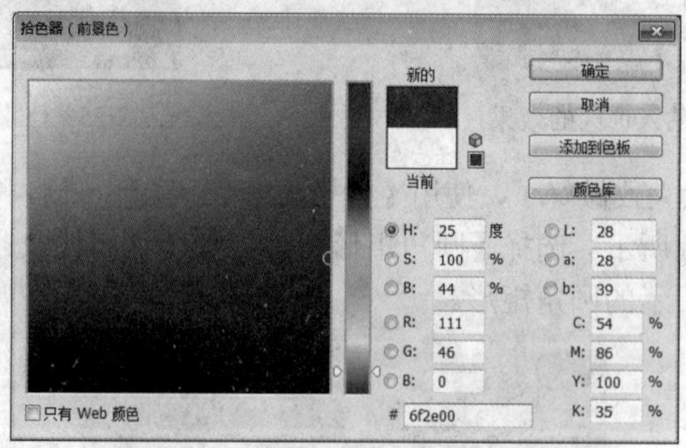

图 2-29　设置前景色

图 2-30　【画笔工具】属性设置

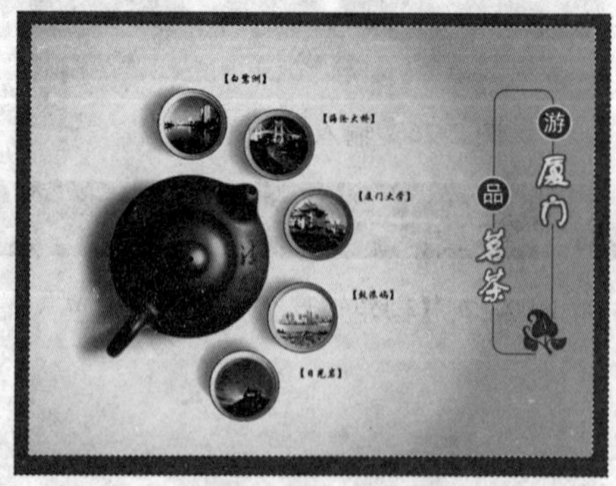

图 2-31　绘制一朵小花

08 在背景图层上方新建图层。使用【矩形选框工具】制作一个矩形选框，然后按Ctrl+Shift+I 组合键反选选区。设置前景色为#6f2e00，填充前景色，效果如图 2-32 所示。为素材添加说明文字“【游厦门】系列”，将“游”字突出，用暗红色，加大字号，如图 2-33 所示。

这样，一幅富有特色的旅游平面广告就做好了。在设计广告时要多发散思维，不要仅针对字面意思进行设计。最后保存为“游厦门茶具.psd”。

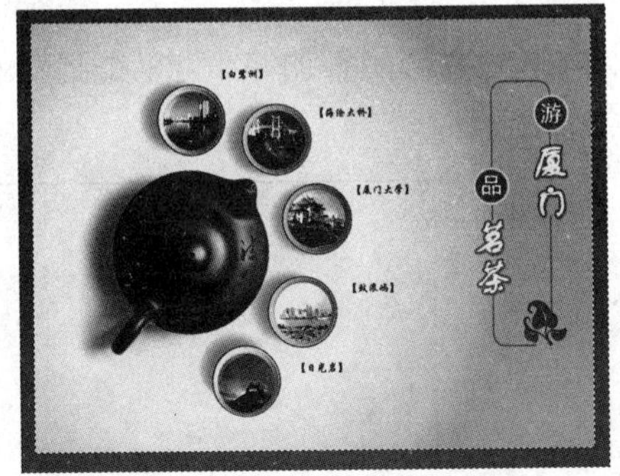

图 2-32　填充前景色后的效果

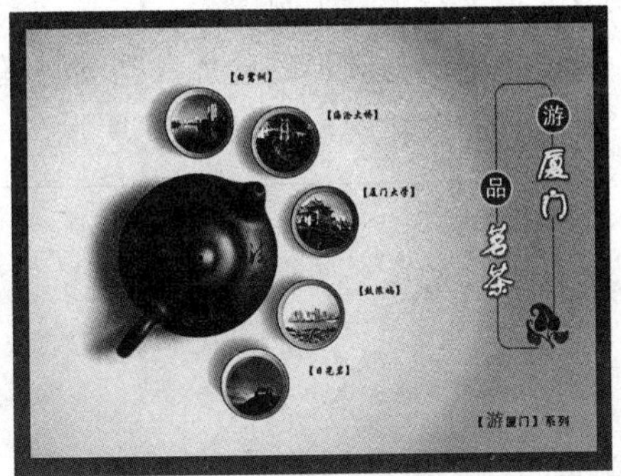

图 2-33　最终效果

2.2　选区的调整与填充——RGB 色谱的绘制

在平面设计中常常要接触不同的颜色模式，如 RGB 颜色模式、CMYK 颜色模式、Lab 颜色模式等，RGB 模式是工业界的一种颜色标准，即代表红、绿、蓝 3 个通道的颜色，该标准几乎包括了人类视力所能感知的所有颜色。那 RGB 色谱如何绘制呢？本节将学习相关的知识及技能。

任务要求

通过学习“RGB 色谱的绘制”实例（见图 2-34），掌握选区的调整及填充的方法。

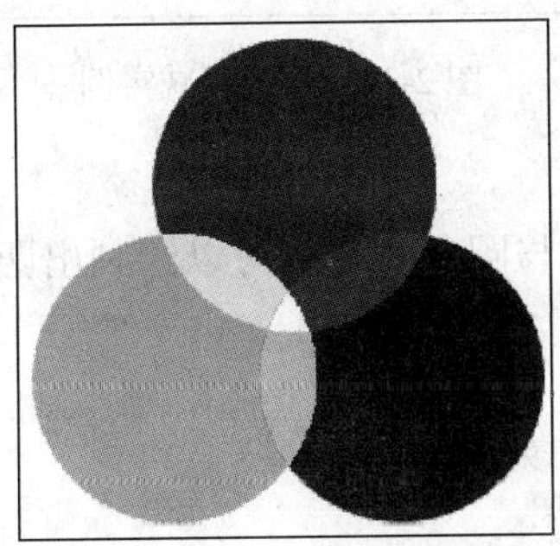

图 2-34　RGB 色谱

知识点与技能

1. 选区的调整

假设我们是导演，在编排一出舞台剧。如果要求某个演员换服装，必须明确指定是谁去换衣服。建立选区也一样，不能只靠工具提供的基本形状，有些形状必须通过调整才能得到。

（1）选区相加实例

通过正方形与圆形的叠加、椭圆与椭圆的叠加、方形与方形的叠加等，可以得到新的图形，如帽子的外轮廓，如图 2-35 所示。

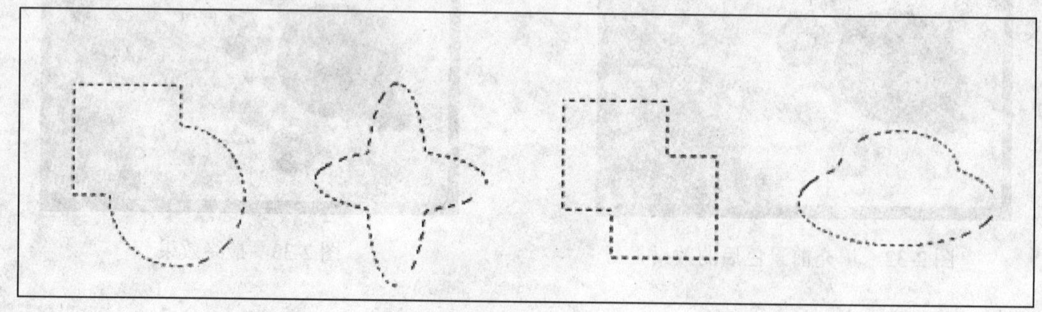

图 2-35　选区相加实例

（2）选区相减实例

通过方形与方形相减、圆形与圆形相减等，可以得到平时不容易绘制形状，如月亮、台阶的形状，如图 2-36 所示。

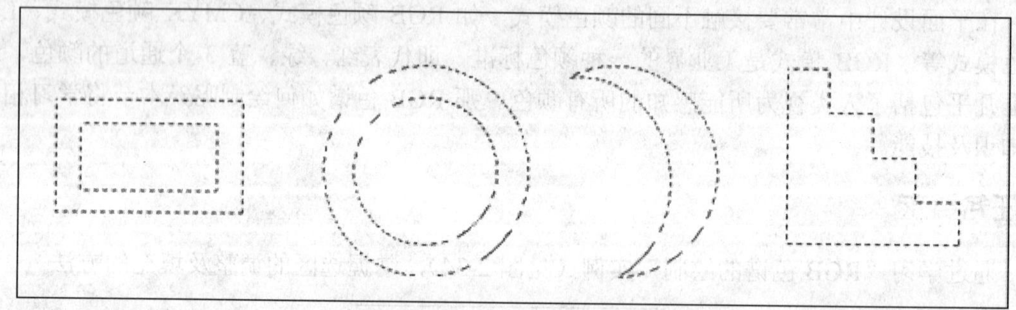

图 2-36　选区相减实例

（3）选区相交实例

通过方形与圆形相交、圆形与圆形相交，可以绘制出四分之一圆、花瓣、半圆等形状，如图 2-37 所示。

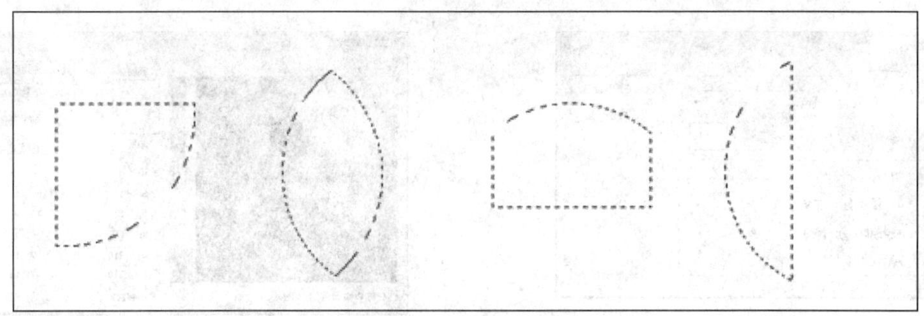

图 2-37　选区相交实例

（4）绘制固定大小的选区

有时需要绘制大小一致的选区，这时可通过属性栏中的样式，设置选区为固定大小，如图 2-38 所示。例如，可以绘制等大的圆形选区，如图 2-39 所示。通过位置不一的圆形选区可以做出不同的背景。通过绘制固定大小的线条或者圆，可以制作活泼、清爽、淡雅的界面背景。

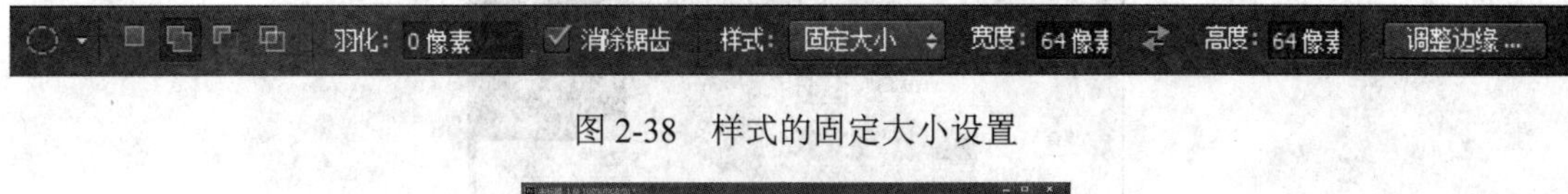

图 2-38　样式的固定大小设置

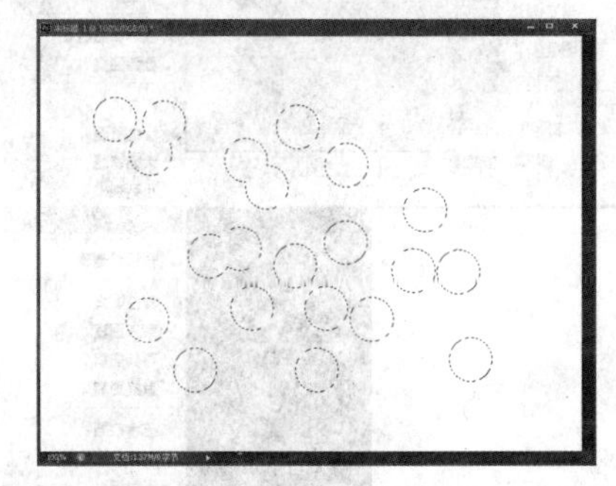

图 2-39　绘制等大的圆形选区

2. 选区的填充

在图像中建立区域范围后，可以为其填充颜色、图案，使得画面生动活泼。选区的填充方法有多种。

（1）颜色的填充

方法一：使用快捷键填充，若要填充前景色，则按 Alt+Delete 组合键，填充背景色则按 Ctrl+Delete 组合键。

方法二：使用【油漆桶工具】，直接在选区范围内单击即可填充，填充的颜色为所设置的前景色。

方法三：执行【编辑】|【填充】命令，打开【填充】对话框，如图 2-40 所示。在【使用】下拉列表框中选择【颜色】选项，打开【拾色器】对话框，如图 2-41 所示，选取想要的颜色，即可填充选区。

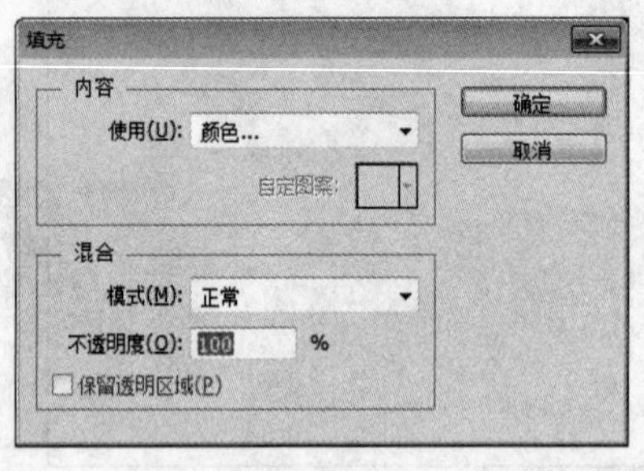

图 2-40 【填充】对话框

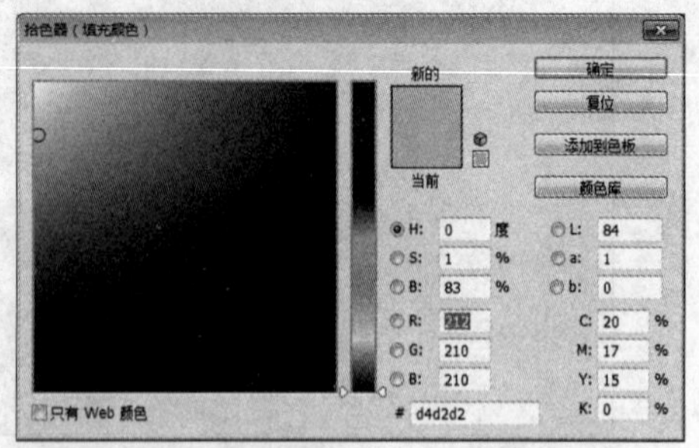

图 2-41 【拾色器】对话框

（2）图案的填充

建立选区后，若要填充系统自带的图案，则执行【编辑】|【填充】命令，打开【填充】对话框，选择【使用】下拉列表框中的【图案】选项，在【自定图案】列表中选取所需要的图案，并且可以通过图案列表，追加所需要的纹理图案，如图 2-42 所示。

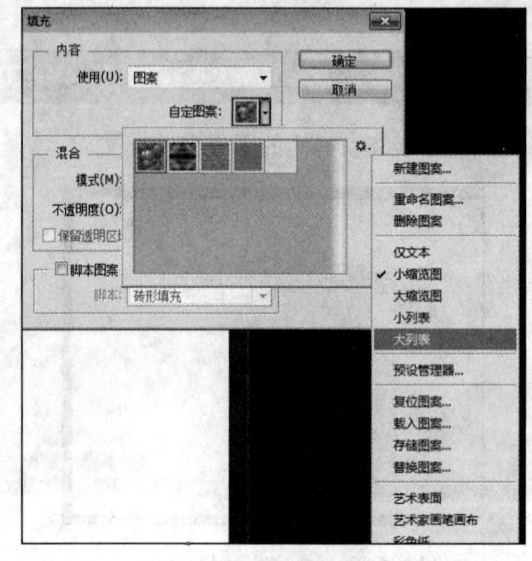

图 2-42　自定图案

任务分析

新建图像，设置【椭圆选框工具】的大小，在新图层建立正圆选区，并针对不同的图层填充颜色。设置【魔棒工具】的属性为【与选区相交】，将两圆相交的区域选出，然后填充颜色。最后，再次利用【魔棒工具】的【与选区相交】属性，将三圆相交的区域选中并填充颜色，完成效果。

任务实施

01 执行【文件】|【新建】命令，打开【新建】对话框，将文件大小设置为 600×600 像素，分辨率为 72 像素/英寸，背景内容为白色，如图 2-43 所示。

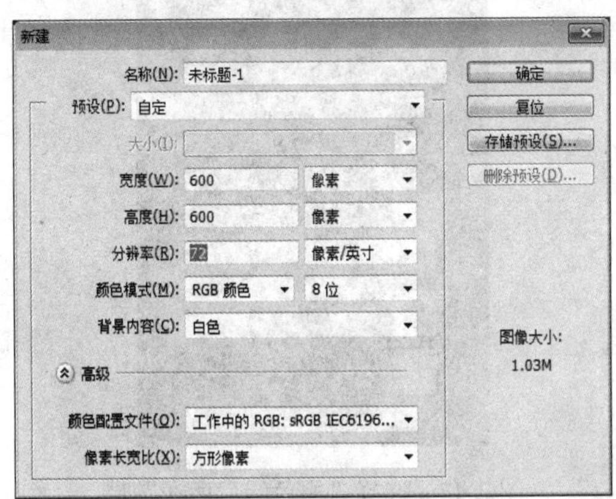

图 2-43 【新建】对话框

02 单击工具箱中的【椭圆选框工具】，并设置其样式属性为【固定大小】200×200像素，如图 2-44 所示。新建图层，将其命名为“原色红”，并单击【设置前景色】色块，打开【拾色器（前景色）】对话框，设置颜色为红色 RGB（255，0，0）。然后使用已经设置好固定大小的【椭圆选框工具】绘制一个正圆，并执行【编辑】|【填充】命令，填充红色的前景色。逐一设置前景色为蓝色 RGB（0，0，255）、绿色 RGB（0，255，0），在 2 个新图层上使用固定大小的【椭圆选框工具】，绘制正圆选区并填充颜色，效果如图 2-45 和图 2-46 所示。

羽化: 0 像素　消除锯齿　样式: 固定大小　宽度: 200 像　高度: 200 像　调整边缘...

图 2-44 【椭圆选框工具】属性设置

图 2-45 绘制的正圆并填充颜色

图 2-46 在各图层绘制正圆

03 绘制完正圆后，接下来要绘制并填充 3 个圆两两相交区域的颜色。首先，按住 Crtl 键单击“原色蓝”图层，选中蓝色圆的区域，然后单击“原色绿”图层，如图 2-47 所示。单击【魔棒工具】，将其属性设置为【与选区相交】，如图 2-48 所示。在图像中的绿色与蓝色区域单击，即可选中相交区域，如图 2-49 所示。

图层 通道 路径
类型
正常
不透明度：47%
锁定：
填充：100%
原色蓝
原色绿
原色红
背景

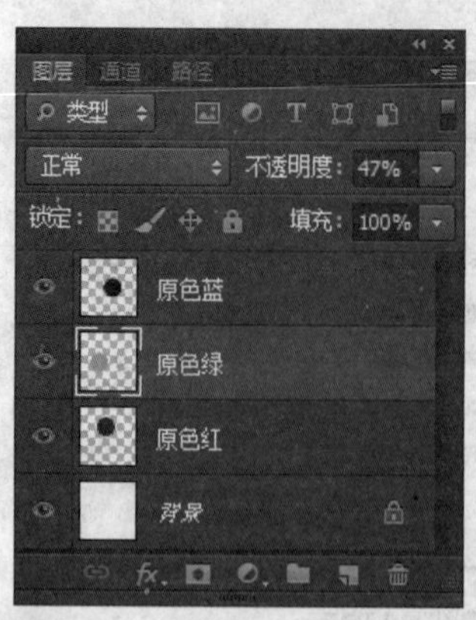

图 2-47 选择“原色绿”所在图层

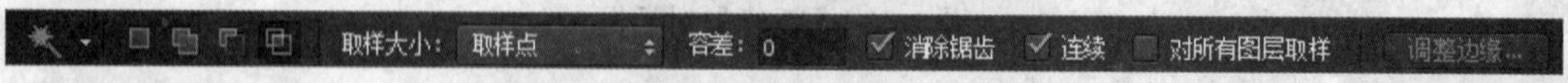

取样大小：
取样点
容差：0
消除锯齿
连续
对所有图层取样
调整边缘...

图 2-48 【魔棒工具】属性设置

04 单击【设置前景色】色块，打开【拾色器（前景色）】对话框，将设置 RGB（0，255，255）。然后新建图层，将图层名改为“相交 1”，使用【油漆桶工具】为其填充湖蓝色的前景色，如图 2-50 所示。

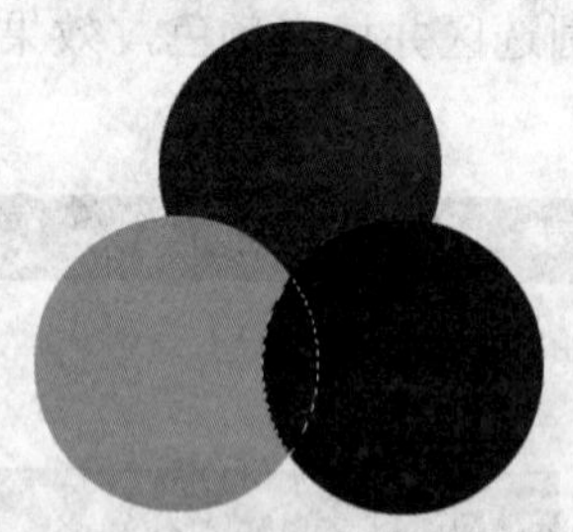

图 2-49 选中绿色与蓝色相交区域

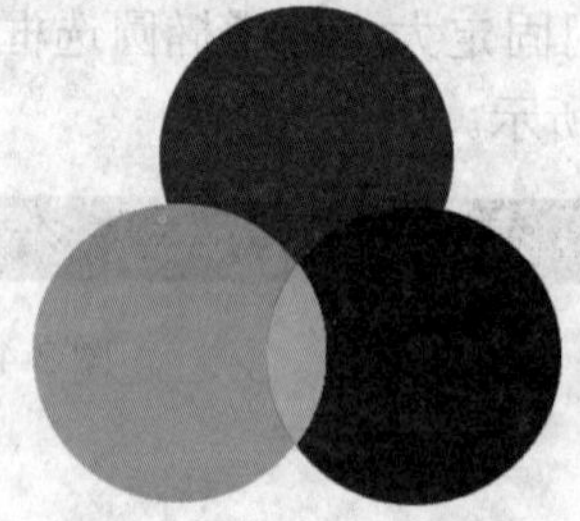

图 2-50 填充湖蓝色

05 重复步骤 3 和步骤 4，依次为已建立的红色圆和绿色圆（图层命名为“相交 2”）、蓝色圆和红色圆（图层命名为“相交 3”）创建相交的选区，如图 2-51 和图 2-52 所示。分别在相交区域填充 RGB（255，0，255）、RGB（255，255，0）2 种颜色。填充完毕，其效果如图 2-53 和图 2-54 所示。

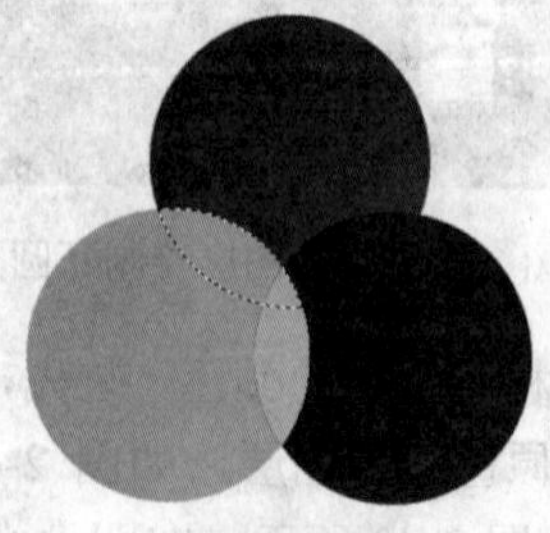

图 2-51 选中绿色与红色相交区域

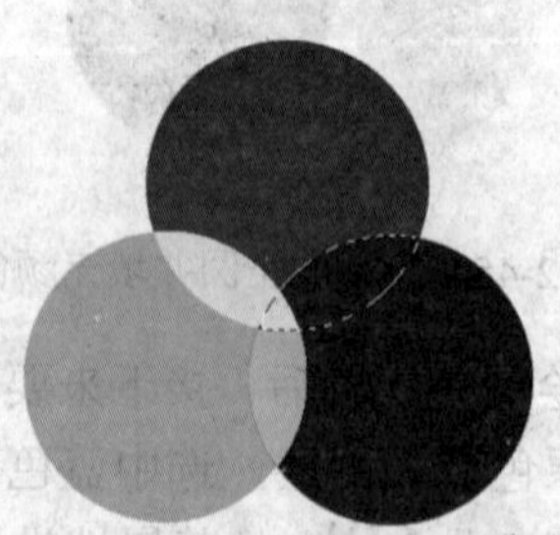

图 2-52 填充黄色

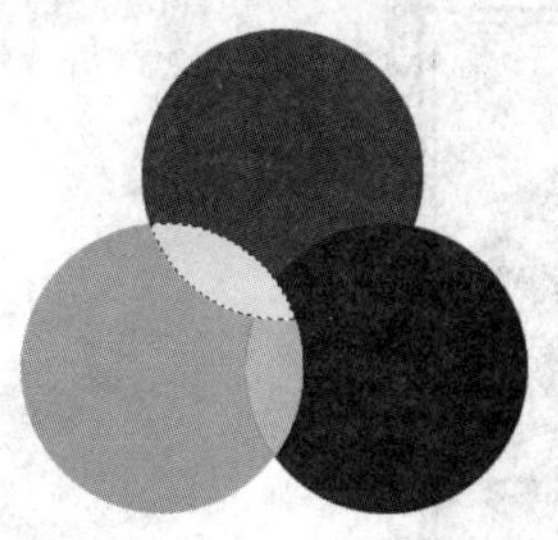

图 2-53　选中蓝色与红色相交区域

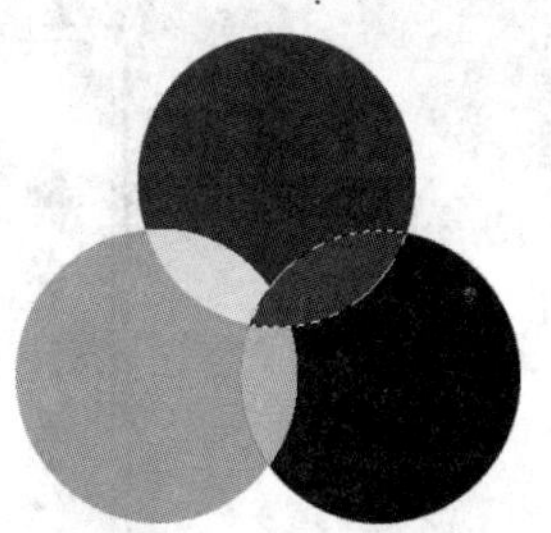

图 2-54　填充紫色

在进行步骤 3～步骤 5 的操作时应要注意由于 3 个圆是在不同的图层，要建立 2 个圆的相交区域，必须先建立其中一个圆的选区，然后切换到另一个圆所在的图层，并选择工具选项栏中的【与选区相交】选项，使用选择工具选择两个圆的相交区域。

因此，对于 3 个圆的相交区域，应将“相交 3”所在图层的形状建立选区，然后选中“相交 2”图层，使用【魔棒工具】将 3 个圆的相交区域选中，并且填充白色。最终效果如图 2-55 所示。这样，一个简单的 RGB 色谱就绘制好了。最后保存文件为“RGB 色谱的绘制.psd”。

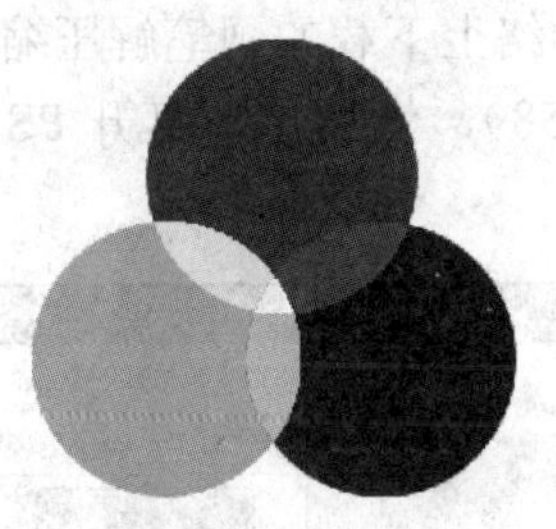

图 2-55　最终效果

2.3　选区的综合使用——闽南古厝

闽南古厝是能够代表厦门历史文化的地上文物：高挑灵动的燕尾脊，精美绝伦的砖雕，红砖为墙，红瓦为顶，在蓝天展示着浓郁的地域特色。但随着经济发展和城市规划，闽南的红砖民居已经越来越少，令人惋惜。那么，我们能不能做一个多媒体作品来呼吁广大民众保护闽南古厝呢？首先，需要设计一个多媒体作品的界面，然后才能进行其他工作。本节将学习相关的知识以及技能。

任务要求

通过学习“闽南古厝”界面设计实例（见图 2-56），掌握选区的综合应用。

图 2-56 “闽南古厝”界面

知识点与技能

1. 画笔的添加

当 Photoshop 中预置的画笔不能满足需要时，可以从网络上下载。在“百度”输入“PS 画笔下载”，即可对画笔压缩包进行搜索并下载，如图 2-57 所示。单击【点击下载】按钮，就能下载用户喜欢的画笔，将从网络上下载的画笔解压缩后，安装至 Adobe Photoshop CS6 中的预置的画笔文件夹中（图 2-58），然后重新打开 PS 软件，这样就能结合主题进行绘制了。

图 2-57 Photoshop 画笔下载

2. 选区的修改

执行【选择】|【修改】命令，可以快速地对选区进行修改，得到需要的形状，如图 2-59 所示。

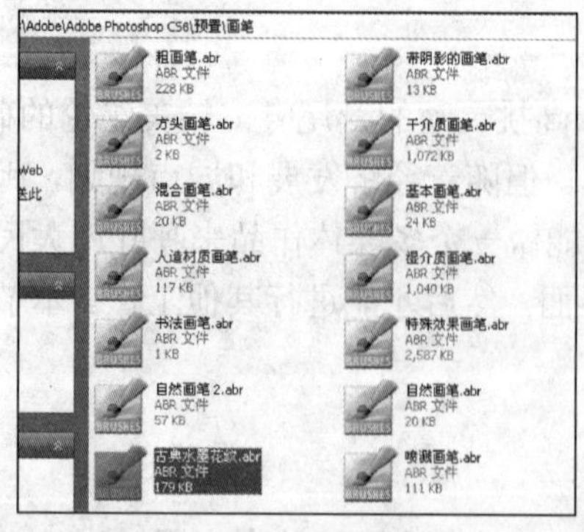

图 2-58 画笔形状

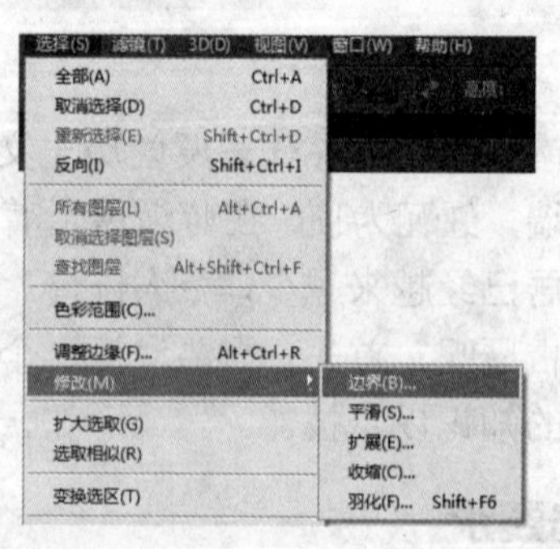

图 2-59 【修改】子菜单

（1）选区的边界

执行【选择】|【修改】|【边界】命令，打开【边界选区】对话框，可以设置边界的宽度，如图 2-60 所示。这样，就可以为图像添加边框，如图 2-61 所示。当扩展边界时，外边界的轮廓会随着宽度值的增大而变得更加平滑。

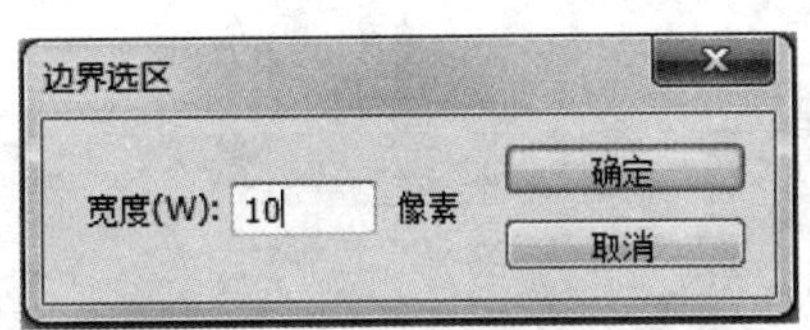

图 2-60　【边界选区】对话框

图 2-61　为图像添加边框

（2）选区的平滑

可以选中选区附近与欲选取颜色相近的颜色，以达到减少棱角、使选区平滑的目的。通过选区的平滑修改，可以将相片变成圆角的相片。如图 2-62 所示，将【取样半径】设置为 20 像素，直角边框将变成圆角边框，如图 2-63 所示。

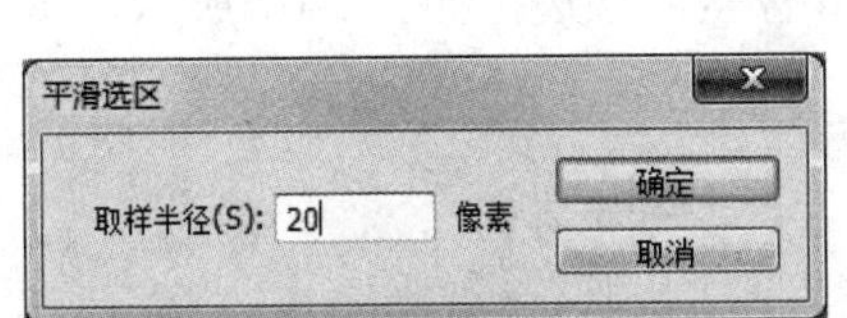

图 2-62　设置取样半径

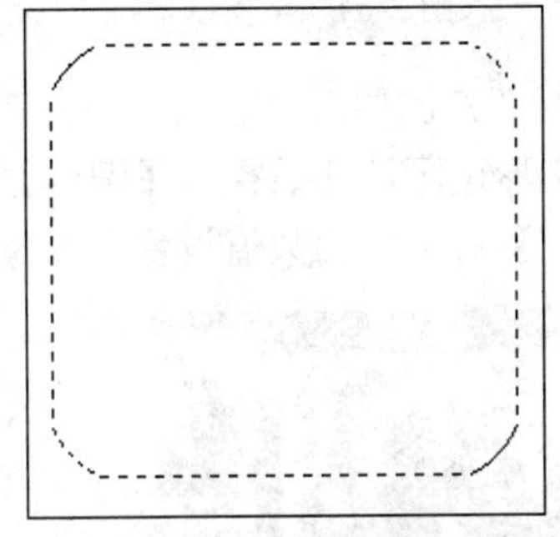

图 2-63　圆角边框

（3）选区的扩展与缩小

【修改】子菜单中的【扩展】与【缩小】命令功能与字面意思相同，就是将选区进行扩大与缩小。不同的是，当对选区进行扩展时，选区的边框会随着扩展而变得平滑。而执行【缩小】命令时，则不会。

（4）选区的羽化

第 1 章已经介绍过有关羽化的知识，羽化是将边缘进行柔和处理，使得图像合成时边缘较为自然，不会过于生硬。

任务分析

新建图像，添加底纹。使用【矩形选框工具】绘制选区，然后在其内部再绘制一个选区，对其 4 个角执行【从选区减去】命令，剪掉 4 个正方形，然后设置矩形选框的固定大小，在其内部添加 4 个正方形选区，为其添加描边效果。添加画笔素材，在新图层上绘制形状，然后将素材贴入其中，并添加图标与文字，完成效果。

任务实施

01 执行【文件】|【新建】命令，打开【新建】对话框，将文件大小设置为 800×600 像素，分辨率为 72 像素/英寸，背景为白色。

02 将“羊皮纸.jpg”素材拖入背景图像中，如图 2-64 所示。按 Ctrl+T 组合键对素材进行自由变换，调整为合适大小。执行【图像】|【调整】|【色相/饱和度】命令，对其进行图 2-65 所示的调整，使其色彩与主题更搭配。

图 2-64　羊皮纸素材

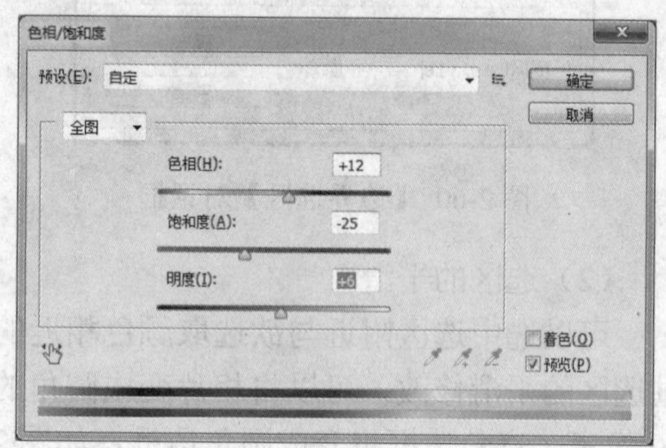

图 2-65　色相与饱和度的调整

03 新建图层，命名为“边框 1”。使用【矩形选框工具】（默认属性），在画布上制作一个矩形选区。然后执行【编辑】|【描边】命令，将前景色设置为图 2-66 所示的颜色，将【描边】对话框的数值设置为 6 像素，对其进行 6 像素的描边，如图 2-67 所示。

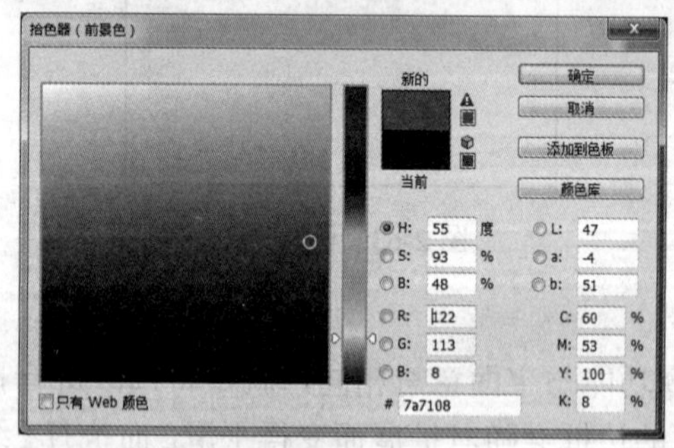

图 2-66　设置前景色

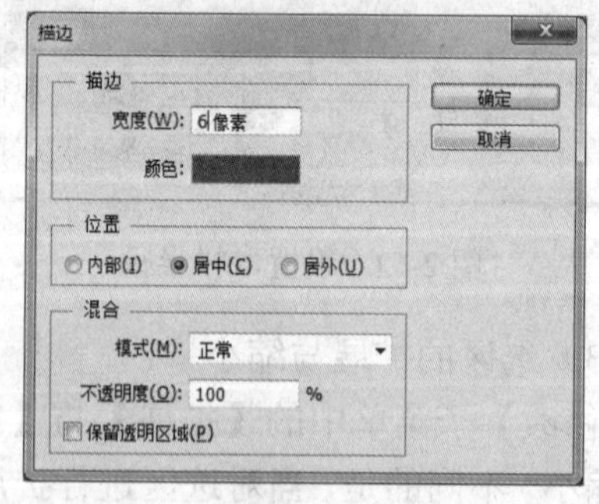

图 2-67　设置【描边】对话框

04 新建图层，命名为“边框 2”。执行【选择】|【修改】|【收缩】命令，打开【收缩选区】对话框，进行图 2-68 所示的设置。然后，设置选框工具的属性，如图 2-69 所示，将缩小后的矩形选框减去 4 个正方形，如图 2-70 所示。

> **提示**
>
> 将标尺打开后，右击标尺，将其单位改为像素，拖出参考线帮助准确减去 4 个正方形）最后，执行【描边】命令（见图 2-71），对选区进行 3 像素的描边，效果如图 2-72 所示。

图 2-68 【收缩选区】对话框

图 2-69　选框工具属性的设置

图 2-70　矩形选区减去 4 个正方形

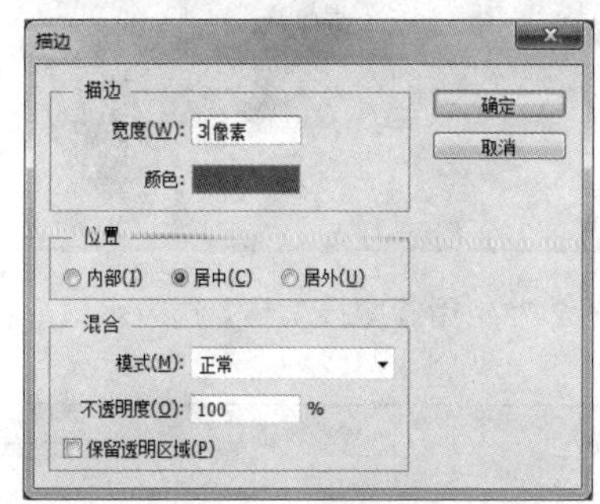

图 2-71　执行【描边】命令

图 2-72　描边后的效果

05 新建图层，将其命名为“边框 3”，将【矩形选框工具】的大小设置为 10×10 像素，绘制正方形选区，对其进行图 2-71 所示的描边。将描边后的方框移动至合适的位置。然后复制 3 个图层，分别移至内框的 4 个角上，如图 2-73 所示。然后，将复制后的“边框 3”及其各副本图层与“边框 2”“边框 1”全选中，按 Ctrl+E 组合键，将选中的图层合并，并命名为“边框”。

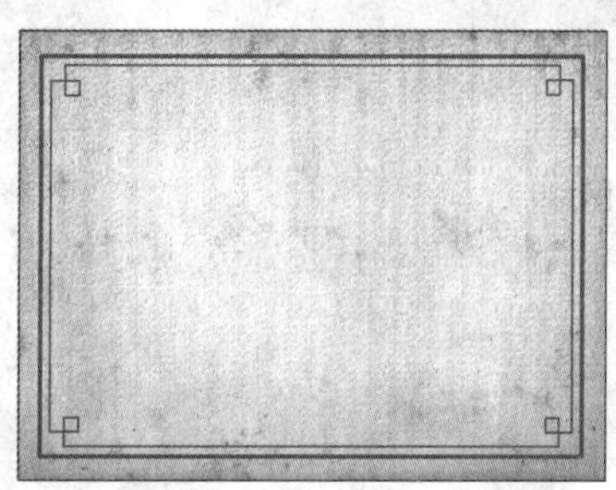

图 2-73　将方框移至内框的 4 个角上

06 调整好画笔大小，设置前景色，如图 2-74 所示。在新图层上绘制一个水墨形状，并用【魔棒工具】将其选中，如图 2-75 所示。执行【选择】|【修改】|【收缩】命令，打开【收缩选区】对话框，将收缩量设置为 10 像素。打开“闽南古厝.jpg”素材，将其全选、复制；然后执行【编辑】|【选择性粘贴】|【贴入】命令，将素材贴入选区，这时，中间出现空白，若要使中间图像也出现，将前景色设置为白色，在蒙版中涂抹，图像就会全出现，如图 2-76 所示。

07 选中“边框”图层，使用【矩形选框工具】将边框的上部中间部分选中，然后按 Delete 键，将选区图像删除，如图 2-77 所示。

08 打开素材“屋顶.jpg”，如图 2-78 所示。使用【魔棒工具】，将其【容差】设置为 10，选中【连续】复选框；将白色区域选中，然后按 Shift+Ctrl+I 组合键将建立的选区反选，如图 2-79 所示。利用【移动工具】将素材移入设计的图像中。对其进行自由变换，调整至合适的大小。为界面添加标题“闽南古厝”，并且选择合适的字体与大小，如图 2-80 所示。文字的图层样式设置如图 2-81 和图 2-82 所示。

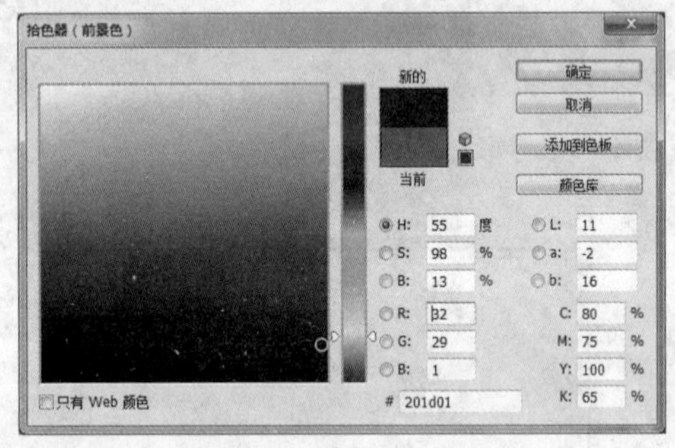

图 2-74 设置画笔前景色

图 2-75 用【魔棒工具】选中水墨形状

图 2-76 将素材贴入选区中

图 2-77 删除后的效果

图 2-78　屋顶.jpg

图 2-79　选区反选

图 2-80　输入文字并调整字体与大小

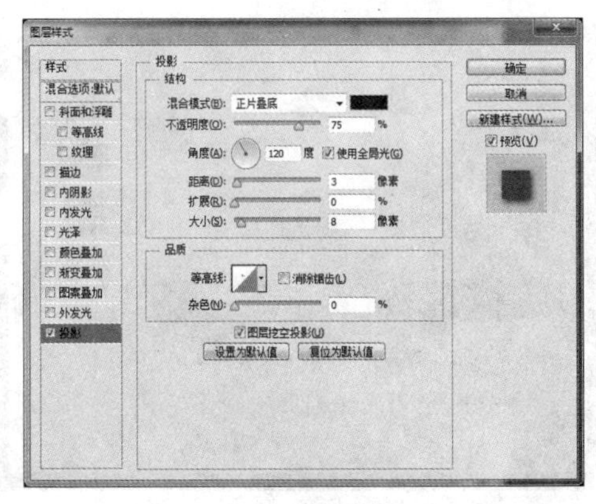

图 2-81　文字投影设置

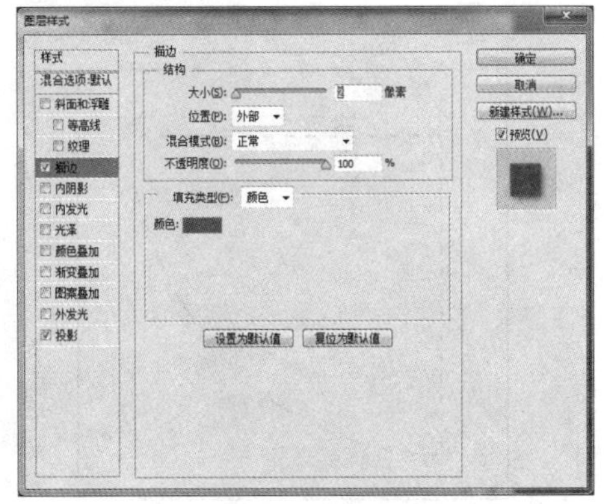

图 2-82　文字描边设置

09 复制 6 个“屋顶”图层，将其作为界面导航的标志。为其添加投影效果。在其后添加文字标题“古厝简介”“古厝遗址”“古厝保护”“古厝旅游”“进入”“退出”，如图 2-83 所示。保存文件为“闽南古厝.psd”。

图 2-83　最终效果

这样，一个具有古厝特色的界面就做好了。设计界面时，要注意界面风格要统一，采用互相呼应的素材元素。

实践探索

1）绘制图 2-84 所示的选区（提示：通过两个选区的相交实现）。

2）设计图 2-85 所示的“保护北极熊”多媒体作品的界面。（提示：建立 800×600 像素大小的文件，利用选区工具设计背景；然后利用【磁性套索工具】将北极熊素材抠取出来，并为其建立柔和的选区边缘；添加文字标题；最后利用选框工具和图层样式为其制作导航图标）。

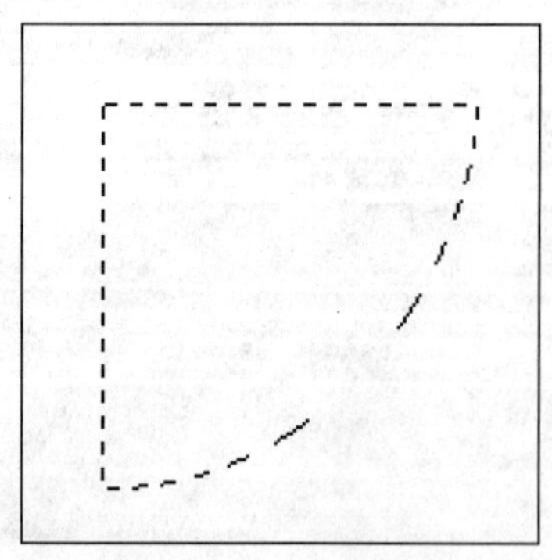

图 2-84　绘制选区

图 2-85　“保护北极熊”多媒体作品界面

第 3 章　图像色彩旋律的应用

通过学习了解色彩的对比关系　了解色彩中色相对比、明度对比、纯度对比的作用。使学生懂得色彩对比在 PS 作品设计院和生活中的应用及意义。

本章相关素材在“配套资源”→“第 3 章”→“素材文件”中。

3.1　电脑图像色彩的基础知识

通过对色彩模式的学习并加以灵活巧妙地运用，可使作品达到各种精彩的效果。在 Photoshop 中，颜色模式分为 RGB 颜色模式、CMYK 颜色模式、位图颜色模式、灰度颜色模式、双色调颜色模式、索引颜色模式、HSB 颜色模式等。本节将对 RGB 颜色模式、CMYK 颜色模式及 HSB 颜色模式做简要介绍，并通过实例“我最喜欢的水果”让大家了解图像色调调整的基本操作。

任务要求

无论是彩色相片还是黑白照片，如果在照片的某个特定区域着色，会是什么样的效果？在众多的水果中除了最喜欢的苹果和樱桃，而其他都“黯然失色”，这样的图片怎么制作呢？本节将运用【去色】【亮度/对比度】等命令完成“我最喜欢的水果”实例，如图 3-1 所示。

图 3-1　“我最喜欢的水果”效果图

知识点与技能

1. 颜色模式

（1）RGB 颜色模式

显示器屏幕上的所有颜色，都由红、绿、蓝 3 种色光按照不同的比例混合而成的，这种颜色模式运用于显示器和电视屏幕。简单地说，RGB 颜色模式就是显示器上表现出来的肉眼可以看到的颜色。

（2）CMYK 颜色模式

印刷品上的图像就是以 CMYK 颜色模式表现的，如期刊、杂志、报纸、宣传画等。和 RGB 颜色模式类似，CMY 是 3 种印刷油墨名称的首字母：青色 cyan、洋红色 magenta、黄色 yellow。而 K 取的是 black 最后一个字母，之所以不取首字母，是为了避免与蓝色（blue）混淆。

（3）HSB 颜色模式

颜色模式有很多种，但 RGB 和 CMYK 颜色模式是最重要和最基础的。其余的颜色模式，在显示时都需要转换为 RGB 颜色模式，在打印或印刷（又称为输出）时都需要转为 CMYK 颜色模式。但这两种颜色模式都比较抽象，不符合人们对色彩的习惯性描述。

HSB 颜色模式是比较适合用于生活的模式。例如，人的大脑对色彩的直觉感知，首先是色相，即红橙黄绿青蓝紫中的一种，然后是它的深浅度。在设计时，可能需要绿色系的，首先想到绿色，进一步想到碧绿色。这就要用到 HSB 颜色模式。

HSB 颜色模式把颜色分为色相、饱和度、明度 3 个因素，将人脑中的“深浅”概念扩展为饱和度（S）和明度（B）。所谓饱和度，相当于家庭电视机的色彩浓度，饱和度高，色彩较艳丽。饱和度低，色彩就接近灰色。明度也称为亮度，等同于彩色电视机的亮度，亮度高色彩明亮，亮度低色彩暗淡，亮度最高得到纯白，最低得到纯黑。

2. 色调的调整

1）去色：将彩色图片变成灰色图片，可以针对图片的选区部分进行去色。

2）亮度/对比度：能一次性对整幅图像做亮度和对比度的调整。它不考虑原图像不同色调区的亮度/对比度的差异，对图像的任何色调区的像素都一视同仁。虽然调节简单，但不准确。

3. 历史记录画笔工具

【历史记录画笔工具】结合【历史记录】面板使用，在【历史记录】面板中确定要还原的状态，然后运用画笔涂抹就能够还原。如果只有一个操作，而要回到操作前的状态，则直接用【历史记录画笔工具】进行涂抹即可。

任务分析

要在彩色照片中突出一个或者两个亮点，首先执行【去色】命令，然后运用【历史记录画笔工具】对欲恢复色彩的地方进行涂抹，使得整幅图片除了两个区域是彩色的，其余区域都是黑白色，达到突出亮点的效果（任务实施过程图解见彩图 16）。

任务实施

1. 素材去色

执行【文件】|【打开】命令，选择“水果.jpg”素材图片，如图 3-2 所示。将图片转换成黑白色系，执行【图像】|【调整】|【去色】命令（图 3-3），效果如图 3-4 所示。

图 3-2 “水果”素材图片

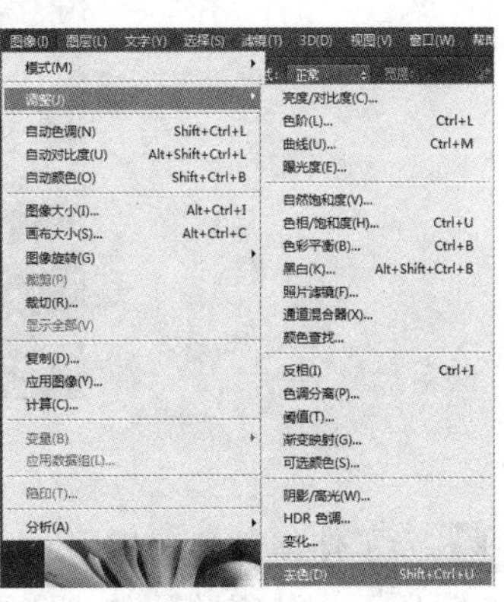

图 3-3 执行【去色】命令

图 3-4 去色后的效果

2. 还原“苹果”和“樱桃”的颜色

01 单击【历史记录画笔工具】，选择轮廓清晰的画笔，如图 3-5 所示。对“苹果”和“樱桃”区域进行涂抹，效果如图 3-6 所示。

30 模式：正常 不透明度：100% 流量：100%

图 3-5 【历史记录画笔工具】属性设置一

图 3-6 涂抹时的效果

02 将画笔调整为柔和的笔尖，如图 3-7 所示。涂抹苹果与樱桃的边界处，使得苹果和樱桃看上去更自然一些，效果如图 3-8 所示。

图 3-7 【历史记录画笔工具】属性设置二

图 3-8 涂抹后的效果

03 为了使得颜色对比更加明显一些，执行【图像】|【调整】|【亮度/对比度】命令，如图 3-9 所示，使得照片的亮点更加明显。这样，“我最喜欢的水果”图片就完成了，最终效果如图 3-10 所示。

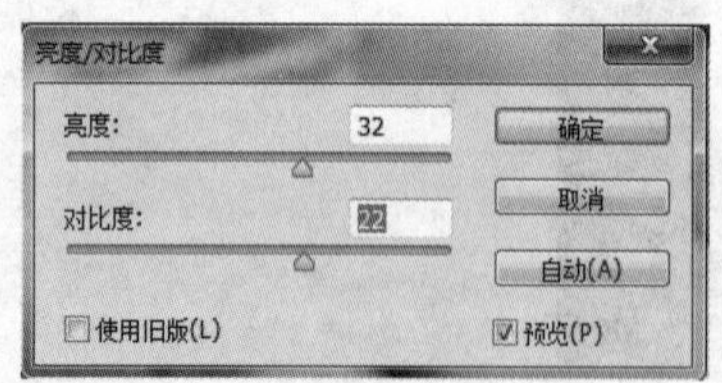

图 3-9 “亮度/对比度”调整

图 3-10 我最喜欢的水果

课外拓展

通过本实例，我们掌握了使用【亮度/对比度】和【去色】命令调整色调效果的方法。请读者利用课余时间，上网查找素材，制作一幅具有警示效果的“铁路上的信号灯”图片，将除红色信号灯之外的部分去色，使得整幅图片具有警示路人的作用。

3.2 颜色调整图层 1——复古色调调整

通过【图像】|【调整】子菜单中的调色命令来调图，只能算是最初级的调整。因为每一次调色，图像的原始信息都会有一定的损失。虽然可以用复制图层，对复制品进行调色这

样的方法来保留原始图像，不过当我们学会使用调整图层之后，就会发现，调整图层在保存图像原始信息方面更加优秀。它既有色彩调整的效果，又不会破坏原始图像。并且多个色彩调整层可以综合产生调整效果，彼此间又可以独立修改。本节将学习【色彩平衡】和【色相/饱和度】调整图层的功能。

任务要求

旧照片的色调如何获得呢？怎样才能把自己喜欢的色彩鲜艳的相片调整为复古相片色调，并有些暖暖的回忆的感觉呢？在本实例中将用【色彩平衡】【色相/饱和度】调整图层以及通过对图片进行【添加杂色】滤镜操作来制作旧相片的效果，如图 3-11 所示（素材与最终效果见彩图 1）。

图 3-11　旧相片“那年相片”

知识点与技能

1. 新建调整图层

新建调整图层可以很好地解决直接运用【图像】|【调整】子菜单中的颜色的调整命令破坏图像而造成失真的问题。它既有色彩调整的效果，又不会破坏原始图像，并且多个色彩调整层可以综合产生调整效果，彼此间又可以独立修改。使用调整图层，就像是在图像上覆盖了一块带颜色的透明玻璃一样，调整图层对图像的调整是非破坏性的，也就是说不会修改原图像中的像素。

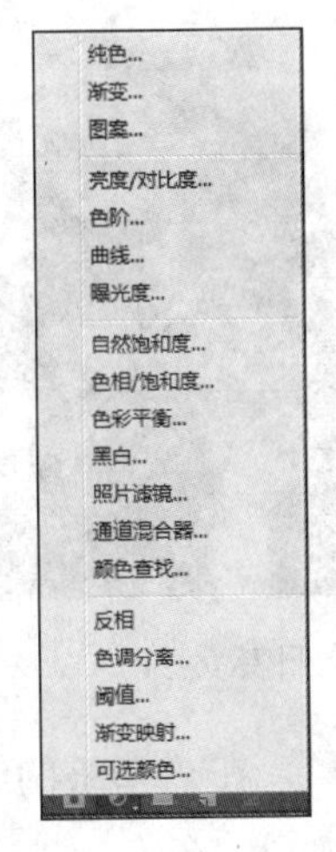

图 3-12　调整图层下拉菜单

可以通过执行【图层】|【新建调整图层】命令，或单击【图层】面板下方的【创建新的填充或调整图层】按钮，打开调整图层下拉菜单，如图 3-12 所示。其中包括调整颜色的【色阶】【曲线】【色彩平衡】等调色命令。本实例中，将通过【色彩平衡】和【色相/饱和度】命令来掌握调整图层的功能。

1）色彩平衡：【色彩平衡】命令可以用来控制图像的颜色分布，使图像整体达到色彩平衡。该命令在调整图像的颜色时，根据颜色的补色原理，如果减少某个颜色，就增加这种颜色的补色。

2）色相/饱和度：使用【色相/饱和度】命令，可以调整图像中特定颜色分量的色相、饱和度和亮度，或者同时调整图像中的所有颜色。色相指的是颜色；饱和度是控制图像色彩的浓淡程度；明度就是亮度，将明度调至最低会得到黑色，调至最高会得到白色；【着色】选项，作用是将画面改为选定的颜色效果。

2. 滤镜

【添加杂色】滤镜通过给图像增加一些细小的像素颗粒，即干扰粒子，产生色散效果。该滤镜的参数如下：

1）数量：增加染色的数量；

2）分布：包括“平均分布”和“高斯分布”。

- 平均分布：平均分布在每一个部分。
- 高斯分布：按高斯曲线分布在每一个部分。

3）单色：选中该项后，杂色只存在 2 种颜色，即黑色和白色。

任务分析

要制作旧照片效果，先将素材“褶皱的纸”作为背景，然后将人物图片导入，对其进行色彩调整及效果处理，即可完成实例的制作。

任务实施

1. 旧照片形状的制作

01 新建文件。宽度与高度设为 500×343 像素。打开素材“褶皱的纸.jpg”，如图 3-13 所示，使用【移动工具】将其移入新建的文件中，作为旧相片的背景。将素材“向日葵女孩.jpg”打开（图 3-14），并移入图像中。

图 3-13　素材“褶皱的纸”

图 3-14　素材“向日葵女孩”

02 将“向日葵女孩”所在图层隐藏，单击【多边形套索工具】，在“褶皱的纸”所在图层沿灰色相框部分做出选区，如图 3-15 所示。

03 显示“向日葵女孩”图层，并为其添加蒙版，除去选区外的部分，【图层】面板如图 3-16 所示。图像效果如图 3-17 所示。

图 3-15　沿灰色相框部分做出选区

图 3-16 【图层】面板

04 为照片加上颗粒效果。执行【滤镜】|【杂色】|【添加杂色】命令，设置参数，如图 3-18 所示。

图 3-17　图像效果

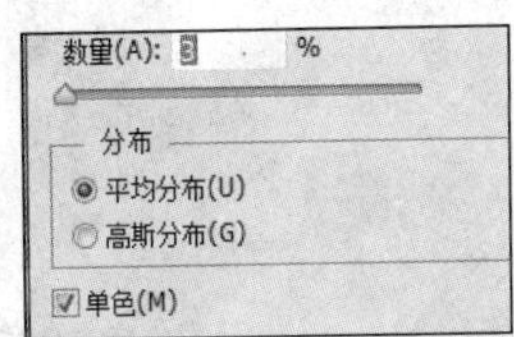

图 3-18　添加杂色参数设置

05 将添加杂色后的图层混合模式设置为【叠加】，如图 3-19 所示。图像效果如图 3-20 所示。

图 3-19　设置图层混合模式

图 3-20　图像效果

2. *颜色调整*

01 执行【图层】|【新建调整图层】|【色相/饱和度】命令，打开【色相/饱和度】面板，将色相设置为 16，饱和度设置为-45，明度设置为 14，如图 3-21 所示。执行【图层】|【新建调整图层】|【色彩平衡】命令，打开【色彩平衡】面板，进行图 3-22 所示的设置。创建出微微泛黄的效果。

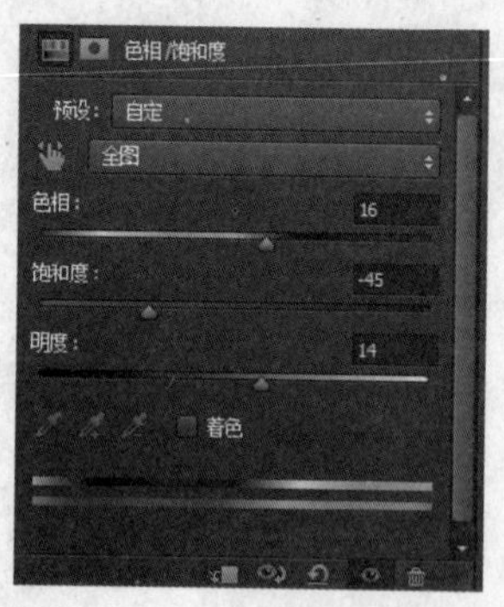

图 3-21 色相/饱和度设置

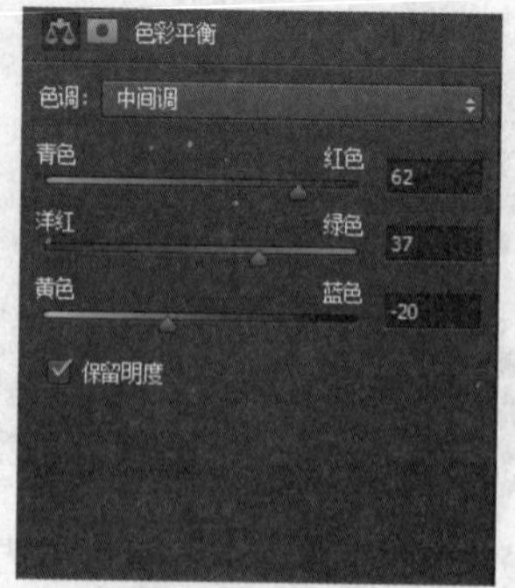

图 3-22 色彩平衡设置

02 为相片添加复古的感觉。新建一个图层，填充从#3a5750 至#b97630 的线性渐变，如图 3-23 所示。将渐变图层的混合模式改为柔光，不透明度设置为 72%，如图 3-24 所示。

图 3-23 新建渐变图层

图 3-24 设置图层混合模式与不透明度

03 添加文字，说明相片的年份。这样，一幅具有复古效果的图片就做好了，效果如图 3-25 所示。

课外拓展

通过本实例的学习，我们掌握了运用【添加杂色】滤镜和【色相/饱和度】及【色彩平衡】调整图层来制作复古图片的方法。读者可将自己的相片制作为复古色调的旧照片。

图 3-25 最终效果

3.3 颜色调整图层 2——朦胧色调调整

【色阶】是表示图像亮度强弱的指数标准，也就是色彩指数。图像的色彩丰满度和精细度是由色阶决定的。而【曲线】是用来调整整幅图像的色调范围，利用它可以精确调整图像亮度、对比度和色调等。本节将学习通过【色阶】【曲线】调整图层对图片进行调色。

任务要求

时下，不论是婚纱照还是艺术照，或者一般的图片，大多数人会喜欢调整为朦胧色调。那么这样的朦胧色调如何制作呢？本节将学习运用【曲线】和【色阶】调整图层将普通的生活图片（图 3-26）调整成能够体现心情的博客图片，如图 3-27 所示（素材与最终效果见彩图 2）。

图 3-26　素材图片

图 3-27　完成效果

知识点与技能

1. 色阶

【色阶】命令可以调整图像的明暗度，其作用是通过调整图像的暗部、中间色调及高光区域的色阶，来改善图像的色调范围，如图 3-28 所示。

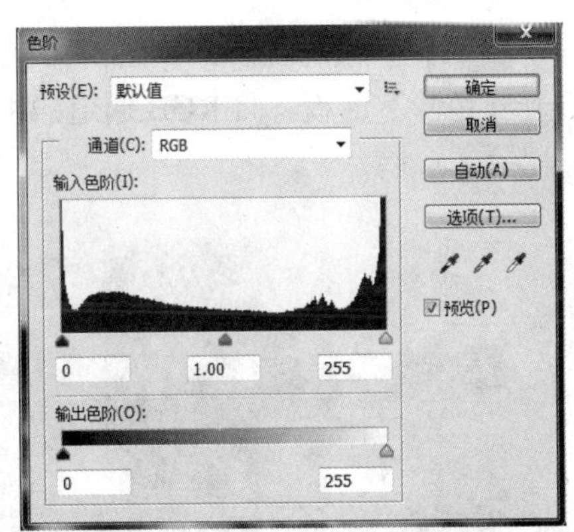

图 3-28 【色阶】对话框

1）通道：用于选择要调整色调的通道，包括【RGB】【红】【绿】和【蓝】。

2）输入色阶：3 个滑块分别对应 3 个数值框。第一个数值框用于设置图像的暗部色调，第二个数值框用于设置图像的中间色调，第 3 个数值框用于设置图像的亮部色调。

3）输出色阶：用于限定图像的亮度范围。渐变条下的第一个数值框用于调整暗部色调，第二个数值框用于调整亮部色调。

4）自动：将以 0.5%的比例调整图像的亮度，使得最亮的像素变成白色，最暗的像素变成黑色，使得图片的亮度分布更加均匀。

5）用黑色吸管在图像中单击，将使图像变暗；用灰色吸管在图像中单击，将用单击处的亮度来调整其他像素的亮度；用白色吸管在图像中单击，使图像变亮。

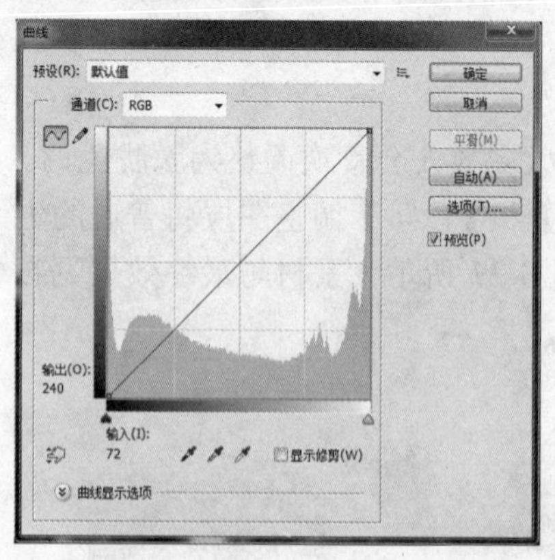
图 3-29 【曲线】对话框

2. 曲线

【曲线】命令能够精确调整图像亮度、对比度和色调，是改善图像质量的一种重要的方法，如图 3-29 所示。横坐标代表原图像的色调，纵坐标代表图像调整后的色调。在曲线上单击可以增加控制点。拖动控制点向左上角弯曲，图像色调变亮，反之，图像色调变暗。此外，单击左侧的铅笔按钮，可手工绘制曲线。

3. 表面模糊

该滤镜用于对图像的表面进行处理，适用于风景类图片的加工。

任务分析

要将图像的正常色调调整为能够体现心情的色调，如朦胧的色调，可通过调整【色阶】和【曲线】中各通道的数值，使得图片的色调接近欲表达心情的色调。最后为其增添一点朦胧感，执行【表面模糊】命令，并调整图层混合模式完成制作。

任务实施

1. 调整各通道的色阶，改善图像色调

01 打开素材图片，如图 3-30 所示。执行【图层】|【新建调整图层】|【色阶】命令，打开【色阶】面板，将 RGB 通道的中间色调调整为 1.25，如图 3-31 所示。

图 3-30 素材图片

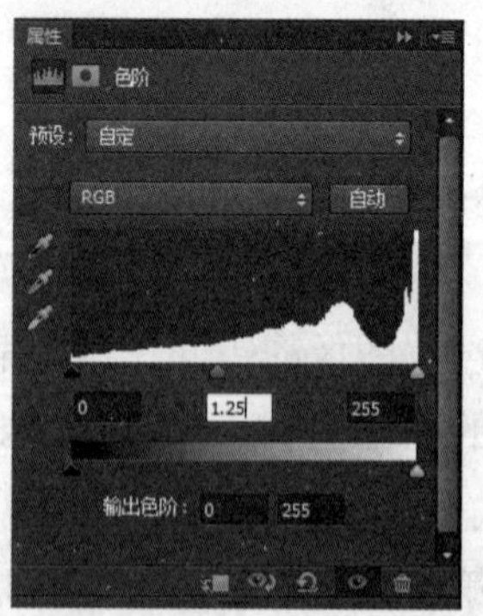
图 3-31 【色阶】面板

02 在【通道】下拉列表框中选择【红】选项，对红色通道的中间色调进行调整，将其值设置为 0.87，如图 3-32 所示。选择【蓝】通道，将其值调整为 1.32，使得图片偏蓝些，如图 3-33 所示。

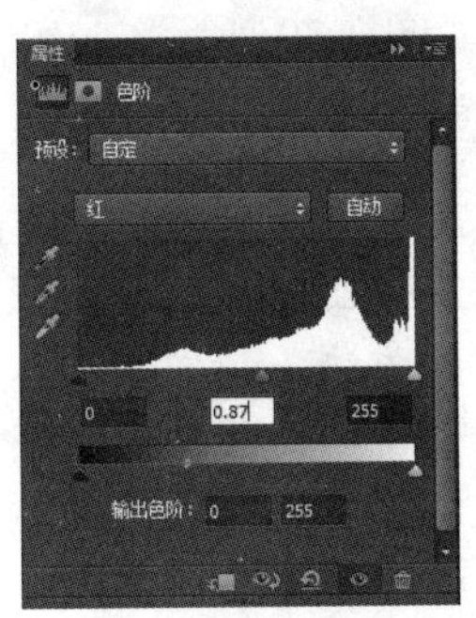

图 3-32　调整红色通道

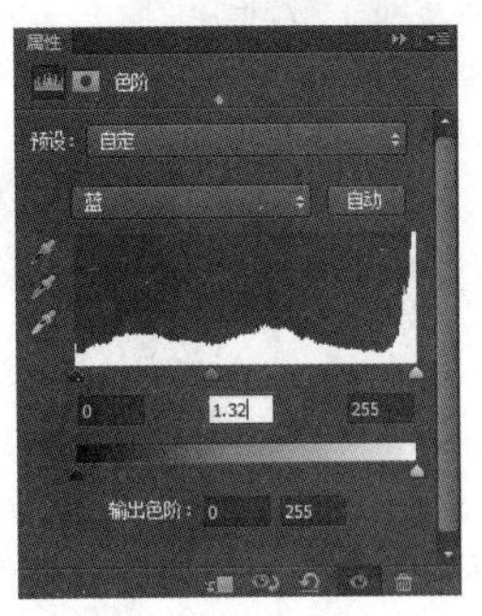

图 3-33　调整蓝色通道

2. 调整各通道的曲线，改善图像亮度、对比度

执行【图层】|【新建调整图层】|【曲线】命令，对其 RGB 通道、红通道、蓝通道进行如图 3-34～图 3-36 所示的调整。

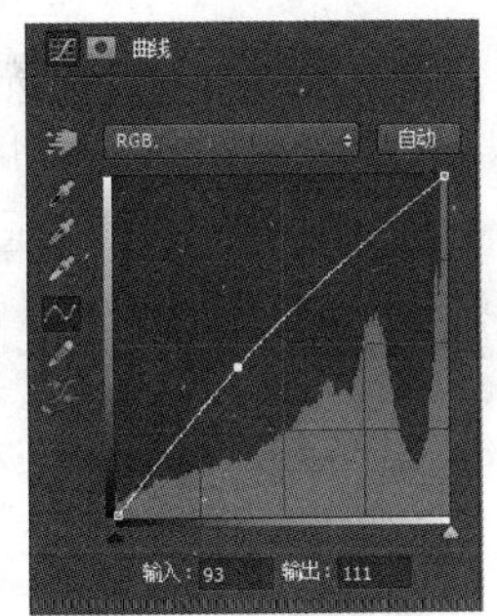

图 3-34　RGB 通道曲线调整

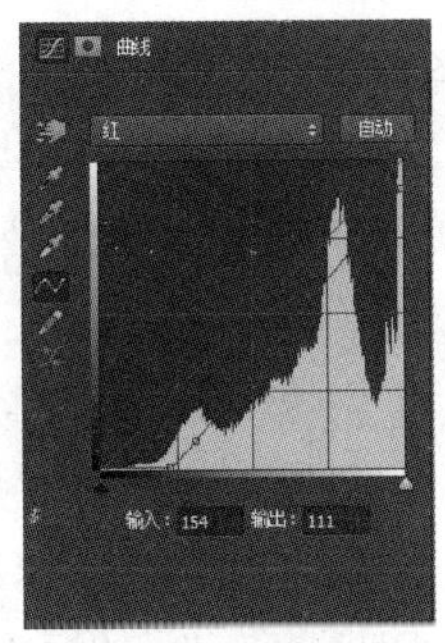

图 3-35　红通道曲线调整

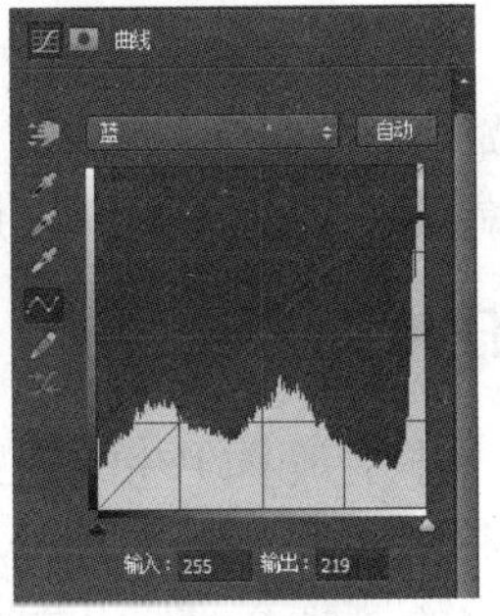

图 3-36　蓝通道曲线调整

3. 添加模糊效果，使得图片具有朦胧的美感

按 Ctrl+Alt+Shift+E 组合键盖印可见图层（盖印可见图层是把所有可见层合并在一起，并且原来的各图层依然存在）。执行【滤镜】|【模糊】|【表面模糊】命令，对其进行半径为 5 像素、阈值为 15 色阶的模糊处理，如图 3-37 所示。将混合模式设置为“深色”，如图 3-38 所示。

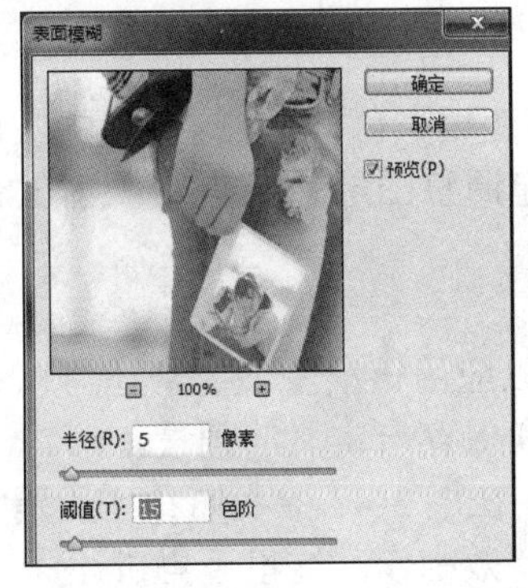

图 3-37　【表面模糊】滤镜的设置

图 3-38　混合模式的调整

这样，一张具有朦胧风格的图片就做好了，最终效果如图 3-39 所示。

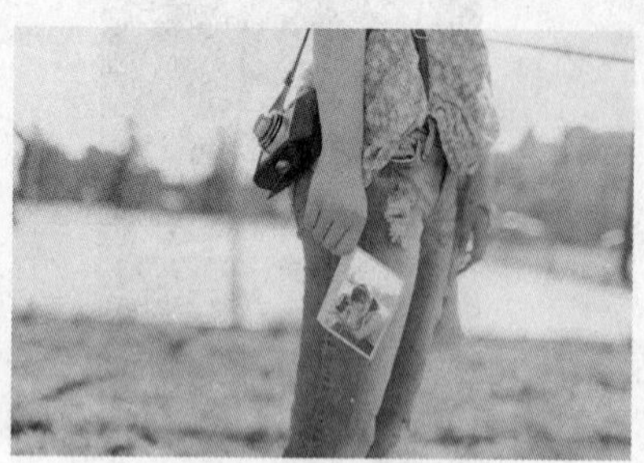

图 3-39　最终效果

课外拓展

通过本实例，我们掌握了通过【色阶】以及【曲线】调整图层来调整图片色调的方法，使之成为我们喜欢或者表达心情的博客图片。请读者利用课余时间，运用【色阶】和【曲线】调整图层修改自己的相片，将其变成能代表心情的博客图片。

3.4　颜色调整图层 3——渐变映射

Photoshop 中的【渐变映射】命令可以将相等的图像灰度范围映射到指定的渐变填充色，例如，指定双色渐变填充，将图像中的阴影映射到渐变填充的一个端点颜色，高光映射到另一个端点颜色，而中间调映射到两个端点颜色之间的渐变。本节将揭开【渐变映射】的神秘面纱。

任务要求

非主流图片以其独特的色调和构图博得广大用户的青睐，由于其图片清新、唯美，所以它们能够体现青春期的各种心情。本节将一起学习利用【渐变映射】【色阶】【亮度】【色彩平衡】调整图层来制作唯美的非主流图片，如图 3-40 所示。

图 3-40　非主流图片

知识点与技能

渐变映射是将相等的图像灰度范围映射到指定的渐变填充色，其实这里说的灰度范围映射，就是指不同的明度进行映射。执行【图层】|【新建调整图层】|【渐变映射】命令，打开【渐变映射】面板，如图 3-41 所示。

单击渐变色，打开【渐变编辑器】，如图 3-42 所示。

1）预设：渐变映射的预设。单击渐变方块，就可以应用该渐变映射，还可以通过【预设】区域右上方的按钮和【载入】【存储】按钮来读取和保存自定义的预设。

2）渐变类型：一种是【实底】，另一种是【杂色】，在图 3-40 中我们看到的是实底的渐变，【杂色】渐变是随机生成的，一般用于比较炫目的特效制作，这里不再讲述。

3）平滑度：可以适当增强图像的对比度。

4）不透明度色标：用于设定渐变的不透明度，当不透明度为 100%时，该不透明度色标下的颜色为实色；当不透明度为 0%时，该不透明度色标下的颜色为透明色；当不透明度为 50%时，该不透明度色标下的颜色为半透明色。

图 3-41 【渐变映射】面板

图 3-42　渐变编辑器

任务分析

打开图片，设置渐变色系，为其应用【渐变映射】调整，然后利用【色阶】【亮度/对比度】【色彩平衡】调整图层使图片明暗得当，最后盖印图层，更改图层的混合模式，使得图片看上去更加唯美（任务实施过程图解见图彩图 3）。

任务实施

1. 添加渐变映射，更改图片色调

打开素材图片“雨天的女孩.jpg”，如图 3-43 所示，更改前景色为 RGB（168，9，57），背景色为 RGB（211，189，148）。执行【图层】|【新建调整图层】|【渐变映射】命令，打开【渐变映射】面板进行编辑，设置从前景色到背景色的渐变，如图 3-44 所示。

图 3-43　素材图片

图 3-44 【渐变映射】面板

渐变后的效果，如图 3-45 所示。

2. 调整图片亮度和对比度，更改图片色调层次

01 执行【图层】|【新建调整图层】|【亮度/对比度】命令，将其【亮度】设置为 9，【对比度】设置为 21，如图 3-46 所示。

图 3-45　添加渐变映射

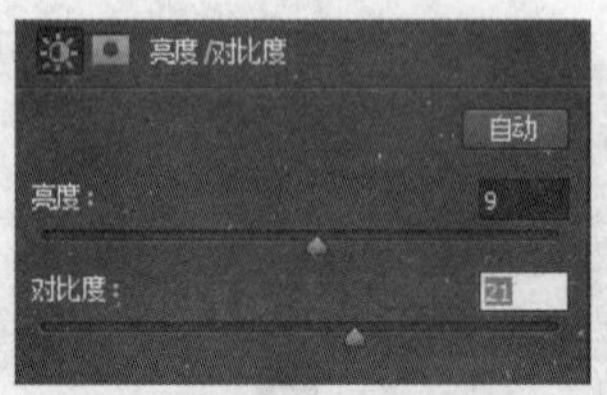

图 3-46 “亮度/对比度”调整

02 按 Ctrl+Alt+2 组合键，将高光部分载入选区，如图 3-47 所示。执行【图层】|【新建调整图层】|【色彩平衡】命令，对其进行图 3-48 所示的数值设置。

图 3-47　载入高光

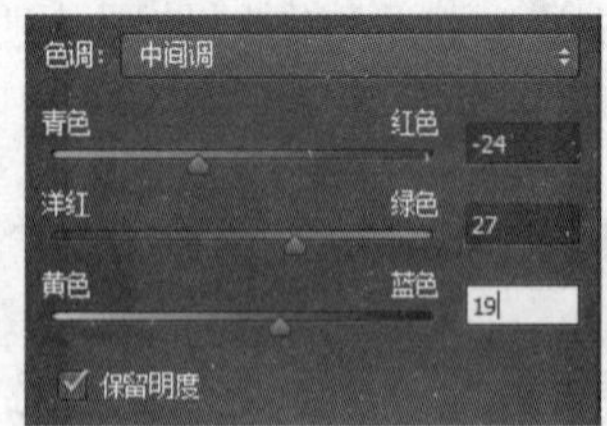

图 3-48　色彩平衡的调整

03 此时图像效果如图 3-49 所示，颜色更加柔和。按 Ctrl+Alt+2 组合键，将高光部分载入选区；反选后执行【图层】|【新建调整图层】|【色阶】命令，将中间调调整为 0.97，将高光输入色阶调整为 231，如图 3-50 所示。

图 3-49　色彩平衡的调整效果

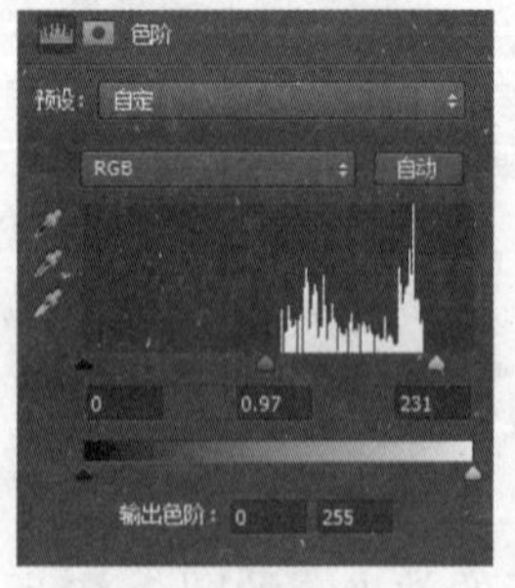

图 3-50　色阶的调整

04 复制背景图层，将【背景副本】图层移动到色阶调整图层的上方，混合模式为【柔

光】，不透明度为 60%，如图 3-51 所示；建立蒙版，用黑色画笔涂抹雨伞下部，使得颜色不会过深。

05 按 Ctrl+Alt+Shift+E 组合键盖印图层；并且对图层执行高斯模糊 4 个像素。最后将图层混合模式设置为【柔光】，不透明度为 30%，如图 3-52 所示。这样具有唯美效果的非主流图片就完成了，如图 3-53 所示。

图 3-51　改变副本图层的混合模式

图 3-52　最终效果

图 3-53　最终效果

课外拓展

通过本实例，我们掌握了通过【渐变映射】【色阶】【亮度/对比度】及【色彩平衡】调整图层来完成图片的色调调整。请大家利用课后时间继续探索，利用【渐变映射】调整图层创作出其他唯美的图片。

实 践 探 索

1）打开素材“旅行.jpg”，如图 3-54 所示。利用【渐变映射】调整图层调整图片背景色，更改图层的混合模式，使得画面的色调更加清新唯美，如图 3-55 所示（见彩图 4）。

图 3-54 “旅行.jpg”素材

图 3-55　效果图片

2）将素材“窗台上的花.jpg”进行去色，如图 3-56 所示，结合【历史记录画笔工具】和【历史记录】面板，将花朵部分恢复至最初的色调，如图 3-57 所示（见彩图 5）。

图 3-56　“窗台上的花.jpg”素材

图 3-57　效果图片

第 4 章　图像的修饰

在进行图像设计时，有时候图片素材并不能满足我们的需求，此时可以通过 Photoshop 中的图像修饰工具对图像进行修改。图像的修复与修饰是图像设计的基础。本章将通过实例的学习来讲述有关图像修复与修饰的知识点与技能。

本章相关素材在“配套资源”→“第 4 章”→“素材文件”中。

4.1　修补和修复画笔工具的应用

大多数人对数码摄影已经十分熟悉了，但是由于光线或是人的皮肤等问题，拍摄出来的相片往往不尽如人意，需要再次修改。那么怎样修改呢？如果因为一些痘痘、斑点、皱纹而破坏相片的感觉，会让人觉得可惜。本节将学习图像修复的知识点与技能。

任务要求

通过修改图 4-1 所示的“模特.jpg”的图像，制作图 4-2 所示的“透明肤色.jpg”的图像，学习【修复画笔工具】【修补工具】和【历史记录画笔工具】的使用方法和技巧。

图 4-1 “模特.jpg”素材图片

图 4-2 “透明肌肤.jpg”最终效果

知识点与技能

1. 修复画笔工具

【修复画笔工具】可以利用图像自身的样本像素进行复制绘图，将样本像素的纹理、光照、透明度和阴影与所修复的像素进行匹配，使修复后的像素不留痕迹地融入图像。

【修复画笔工具】的属性如图 4-3 所示。它有 2 种取样方式：一种是图案，利用该图案对画面进行修复；另一种是在图片上取样，选择【修复画笔工具】后，按住 Alt 键，在图片的某一个地方单击取样，然后在污点上单击，就把刚才取样区域的内容修复到污点处。

图 4-3 【修复画笔工具】属性栏

1）对齐：当选择【对齐】选项后，【修复画笔工具】多次绘制的图像是一个整体。
2）取样：在图像中取样。
3）图案：选择图案在图像中修改。
4）模式：利用【修复画笔工具】画出的图像产生的特殊效果。
5）画笔：可创建出较柔和的笔触，单击画笔可以修改画笔的属性。

2. 修补工具

【修补工具】会将样本像素的纹理、光照和阴影与源像素进行匹配，可以使用【修补工具】来仿制图像的隔离区域。【修补工具】可以处理 8 位通道或者 16 位通道的图像。【修补工具】具有自动匹配颜色的功能，复制出的效果与周围的色彩较为融合。其属性如图 4-4 所示。

图 4-4 【修补工具】属性

使用修补工具去除文字的具体操作是：选取【修补工具】，在选项栏中选择修补项为【源】，关闭【透明】选项。然后用【修补工具】框选文字，将其拖动到无文字区域中色彩或图案相似的位置，释放鼠标即完成复制。

3. 历史记录画笔工具

【历史记录画笔工具】属性如图 4-5 所示。该工具常配合【历史记录】面板，使当前的图像效果返回到编辑之前的某效果的画面中。在制作中，首先为图像添加效果，然后根据历史记录中的操作，使用【历史记录画笔工具】在图像上涂抹，从而修饰图像效果。

【历史记录】面板记录了之前的操作步骤，当选择其中某个状态时，图像将恢复为原来的外观。此外，【历史记录】面板可以将记录的状态设置为快照，单击快照，可返回快照所记录的画面效果处。

图 4-5 【历史记录画笔工具】属性

任务分析

打开素材文件“模特.jpg”，调整色阶，使得整张图像更亮一些；使用【修复画笔工具】和【修补工具】将人像的皱纹、色斑去除，使得面部更加光滑。再使用图层模式调整画面的色调，使得图像更加透亮，并且应用模糊滤镜，使得脸变得更加平滑。最后结合【历史记录画笔工具】和【历史记录】面板使眼睛等部位清晰明亮。

任务实施

01 执行【文件】|【打开】命令，打开素材文件“模特.jpg”，如图 4-6 所示。

02 按 Ctrl+L 组合键打开【色阶】对话框，在修补瑕疵前调节一下亮度，如图 4-7 所示。

图 4-6 素材“模特.jpg”

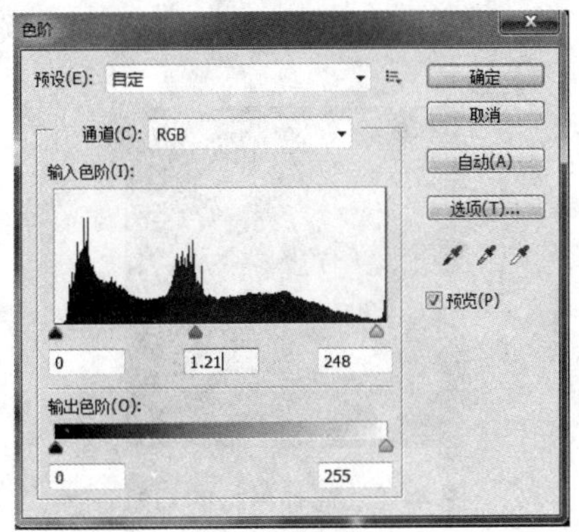

图 4-7　调节亮度

03 仔细观察图片，发现模特的嘴角周围有大量的细纹，如图 4-8 所示。因此，使用【修复画笔工具】修复。调节画笔大小，按住 Alt 键在嘴角周围较光滑的区域单击，然后在嘴角细纹部分单击进行修复，如图 4-9 所示。

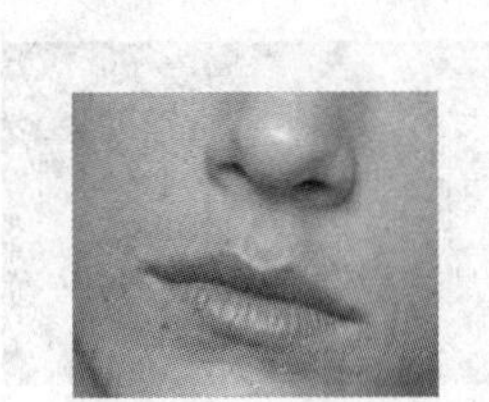

图 4-8　模特的嘴角

图 4-9　修复的嘴角

04 重复步骤 3，在模特面部有色斑的区域进行修复，如图 4-10 所示。使用【修复画笔工具】，将脸上不均匀的色斑去除。

05 模特的刘海显得比较凌乱，使用【修补工具】将头发丝区域选中，如图 4-11 所示。然后，将其拖动到其他区域，如图 4-12 所示。

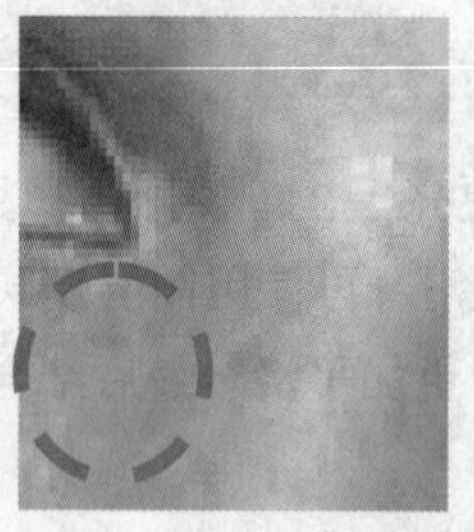

图 4-10　去除脸色的色斑

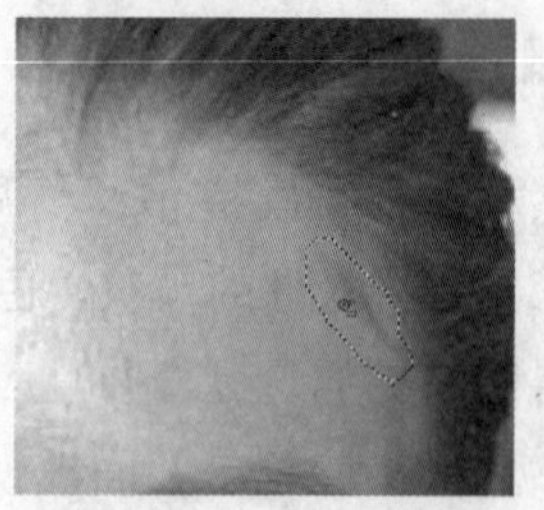

图 4-11　选中头发丝区域

06 按照以上的步骤反复操作，以达到自然效果。将细纹和色斑去除，模特干净透明肤色的面部特写就制作完成了，如图 4-13 所示。

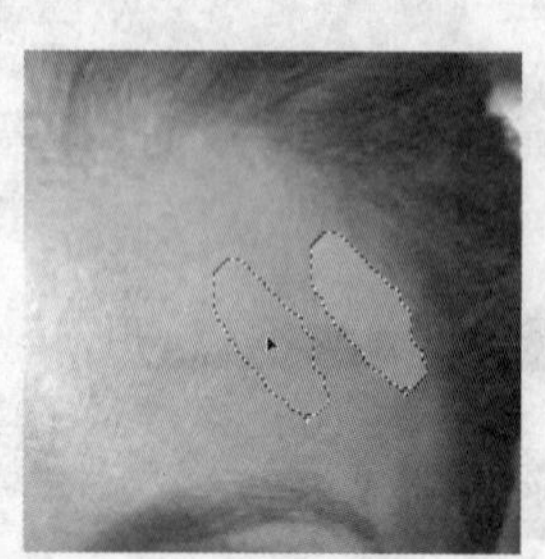

图 4-12　修补模特的刘海

图 4-13　完成后的模特面部特写

07 虽然模特的脸部变得透亮干净了，但是在面孔精致盛行的当今，如何才能使得面容更加白亮精致？复制背景图层，将其模式设置为“滤色”，透明度为 53%。提亮模特的肤色，如图 4-14 所示。按 Ctrl+E 组合键，将图层合并。在【历史记录】面板中建立快照，如图 4-15 所示。

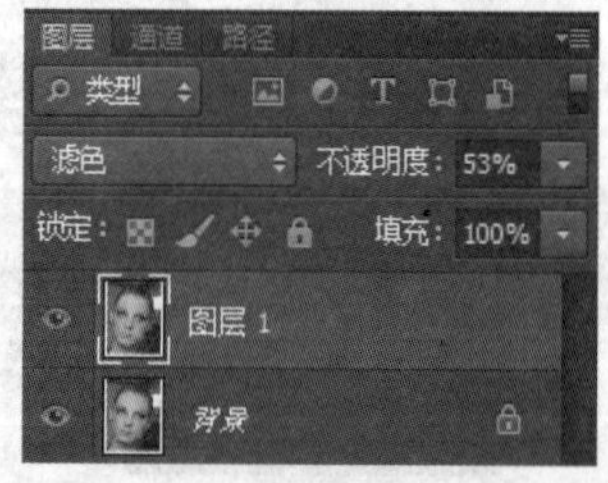

图 4-14　图层混合模式设置

图 4-15　在【历史记录】面板中建立快照

08 为了使模特的脸看上去更加精致，皮肤更加细腻，执行【滤镜】|【模糊】|【高斯模糊】命令，如图 4-16 和图 4-17 所示。

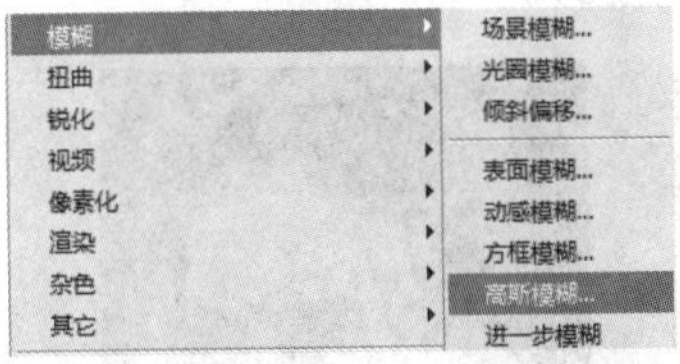

模糊
扭曲
锐化
视频
像素化
渲染
杂色
其它
场景模糊...
光圈模糊...
倾斜偏移...
表面模糊...
动感模糊...
方框模糊...
高斯模糊...
进一步模糊

图 4-16　执行【高斯模糊】命令

高斯模糊
确定
取消
预览(P)
100%
半径(R): 1.0 像素

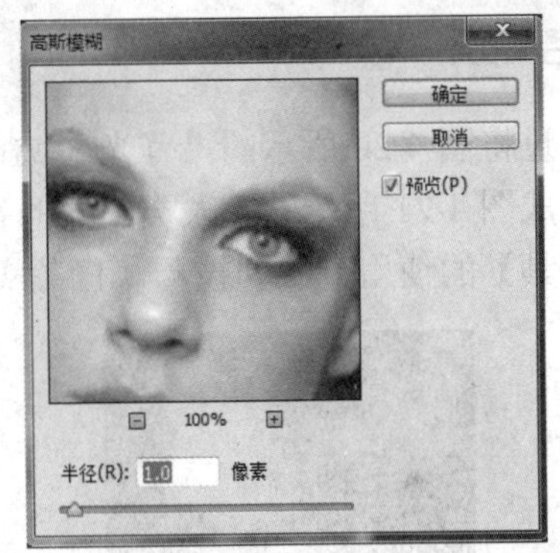

图 4-17　确定半径

09 执行命令后，模特的脸变得朦胧，但是眼睛、嘴唇、头发都过于模糊，如图 4-18 所示。这时候，使用【历史记录画笔工具】，调整其大小、透明度，在模特的眼睛、嘴唇、头发，以及相片的边缘部分进行涂抹，使其恢复到建立“快照”时的鲜明效果。这样在视觉效果上，眼睛、嘴唇等部分色彩鲜明，并且皮肤细腻；模特亮白剔透的皮肤和精致的五官就呈现出来。最终效果如图 4-19 所示。

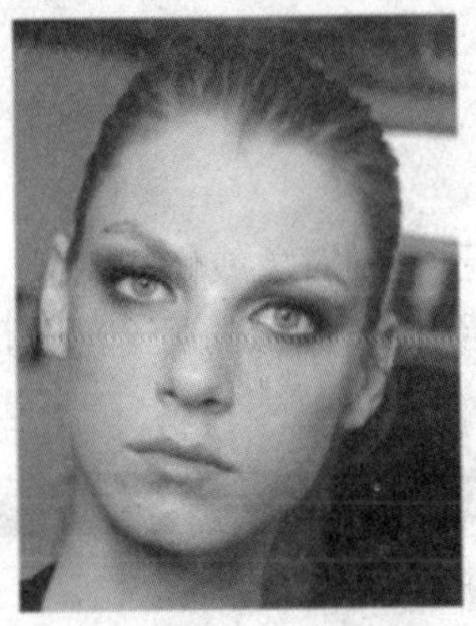

图 4-18　执行【高斯模糊】后的效果

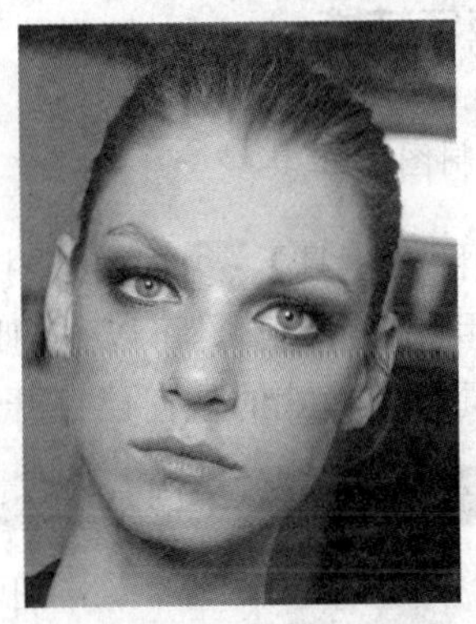

图 4-19　最终效果图片

4.2　仿制图章工具的应用

设计图像时，用户往往需要从网络上下载一些图片素材，但是这些图片中可能存在一些干扰的元素，破坏了画面的感觉。例如，图像中存在一些不需要的符号以及人眼存在红眼现象。为了使得图片素材更符合设计主题，需要对图片进行修饰，以达到要求。本节将学习相关的知识点与技能。

任务要求

通过将图 4-20 所示的“暮光之城宣传海报.jpg”素材图片中变成“吸血鬼”的女主角修改制作成图 4-21 所示的“人类模式的暮光女.jpg”图像，学习并掌握【红眼工具】和【仿制图章工具】的使用方法和技巧（任务实施过程图解见彩图 6）。

图 4-20 “暮光之城宣传海报.jpg”素材图片

图 4-21 “人类模式的暮光女.jpg”最终效果图

知识点与技能

1. 仿制图章工具

【仿制图章工具】属性如图 4-22 所示。该工具对于复制对象或修复图像中的缺陷部分非常有用。使用该工具可以方便地将图像的一部分绘制到同一图像的另一部分，或是绘制到具有相同颜色模式的任何已打开的图像中。

图 4-22 【仿制图章工具】属性

【仿制图章工具】的使用方法与【修复画笔工具】类似，即按住 Alt 键在图片中对仿制图像的源取样，然后在需要被复制的区域进行涂抹，这样就能将图片修饰成所需要的样子。

针对不同的仿制图像，可以根据具体情况来设置仿制图像源的大小、模式、透明度、流量等，使得修饰过后的图像更加自然。

提示

除了用【仿制图章工具】，还可用【图案图章工具】（其属性见图 4-23）仿制图像，但其绘制出来的是指定的图案，而不是图像上已有的区域，如图 4-24 所示。在该工具选项栏中设置图案，可以在画面中直接绘制。

图 4-23 【图案图章工具】属性

图 4-24　仿制图案

2. 【仿制源】面板

【仿制源】面板不是一个可单独使用的工具，要配合【仿制图章工具】或者【修复画笔工具】使用，以强化仿制功能。在仿制时可以设置仿制结果的宽度和高度。该面板中的【显示叠加】选项能够同时或者先期看到效果，如图 4-25 所示。

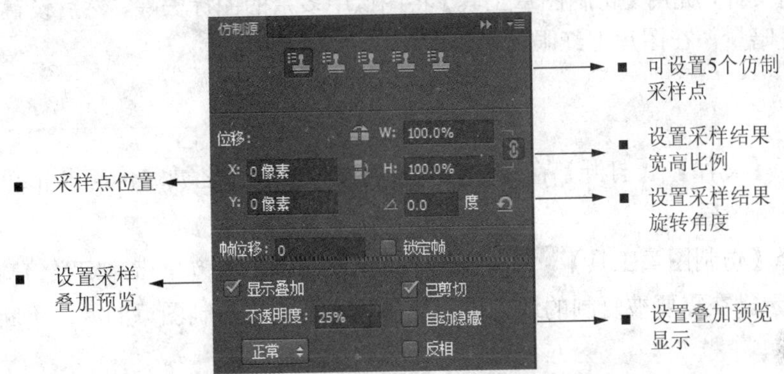

图 4-25 【仿制源】面板

通过设置采样比例、位移及图层的不透明度，使得复制人物在方位以及大小上更加逼真，如图 4-26 所示。

图 4-26 【仿制图章工具】与【仿制源】面板共同实现同一方位上人物复制

3. 红眼工具

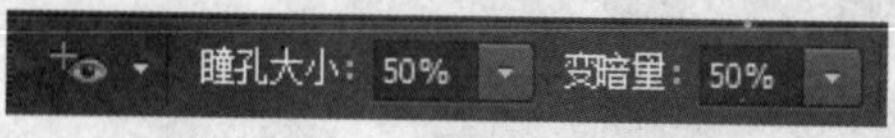

瞳孔大小：50%　变暗量：50%

图 4-27 【红眼工具】属性

【红眼工具】属性如图 4-27 所示。使用该工具可以轻松去除眼睛内的红色区域，使得眼睛恢复原始状态。通过调整瞳孔大小和变暗量的数值，在红眼处单击，即可将红眼去除。

1）瞳孔大小：增大或减小受【红眼工具】影响的区域。

2）变暗量：设置校正的暗度。

提示

1）红眼是由于相机闪光灯在主体视网膜上反光而引起的。

2）【红眼工具】除了能够去除红眼和白色、绿色的反光外，还可以处理图像中的部分颜色。

任务分析

打开素材文件，先用【仿制图章工具】将图像中多余的图标去除，然后设置【红眼工具】瞳孔大小和变暗量，在图片上红眼处单击即可。

任务实施

01 执行【文件】|【打开】命令，打开素材文件“暮光之城宣传海报.jpg”，如图 4-28 所示。复制背景图层。

02 选择【仿制图章工具】，按住 Alt 键在图像右下方单击，定义仿制图像的源，如图 4-29 所示。在需要被复制的地方进行涂抹。不断定义仿制图章的源，不断修改，效果如图 4-30 所示。

图 4-28 “暮光之城宣传海报.jpg”

图 4-29 定义仿制图像的源

03 选择【红眼工具】，并设置瞳孔大小和变暗量，如图 4-31 所示。当鼠标指针变成十字箭头时，单击人物的眼球部分，即可消除该眼内的“红眼”现象，如图 4-32 所示。

最终效果如图 4-33 所示。

图 4-30　修改后的效果

瞳孔大小: 5%　变暗量: 6%

图 4-31　“红眼工具”的设置

图 4-32 【红眼工具】移至眼睛上的效果

图 4-33　最终效果

4.3　海绵工具的应用

由于受到拍摄光线、条件的影响，素材图片往往不能达到需求，图片中会出现局部颜色过艳，局部过暗，导致色调过重，使得图像中的亮点被削减了。那么，如何对素材的局部进行颜色调整呢？一定要用选区工具吗？本节将学习相关的知识点与技能。

任务要求

将图 4-34 所示的“暗调花朵.jpg”素材图片修改制作成图 4-35 所示的“静静绽放.jpg”图像，使花朵更加鲜艳，色彩更加清新自然。通过学习掌握使用【海绵工具】【加深工具】和【减淡工具】调整图像颜色的方法与技能（见彩图 8）。

图 4-34 “暗调花朵.jpg”素材图片

图 4-35　静静绽放.jpg

知识点与技能

1. 海绵工具

【海绵工具】可以修改图像区域的色彩饱和度，其属性如图 4-36 所示。选择【海绵工具】，在选项栏中选择更改颜色的方式：【饱和】可以增加颜色的饱和度；【降低饱和度】可以减弱颜色的饱和度。还可以为【海绵工具】指定流量。

【海绵工具】除了可以调整色彩的饱和度，还能将图片中的颜色去除，使其变成黑白图像。

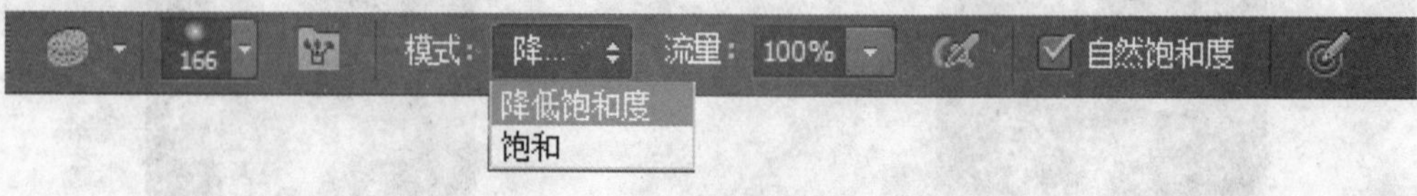

图 4-36 【海绵工具】属性

2. 【加深工具】和【减淡工具】

【加深工具】是为画面绘制暗部，【减淡工具】则为画面绘制亮部和高光，两个工具结合使用可使图像变得更加立体。

一般来说，将其属性范围设置为【中间调】和曝光度为 50%即可。这两个工具的结合在插图绘制或者过于平淡的图片中，能为主体添加亮部、暗部和高光，使得作品更加立体。

任务分析

复制背景图层，选择【海绵工具】并设置其模式为【降低饱和度】，调整画笔和流量，在图像饱和度过强的地方涂抹消减；将其模式设置为【饱和】，在饱和度不够的地方进行涂抹，使其变得鲜艳一些，然后调整图层的混合模式。最后使用【加深工具】和【减淡工具】为图像确立画面的明暗调，使其看上去更立体。

任务实施

01 执行【文件】|【打开】命令，打开素材文件“暗调花朵.jpg”，如图 4-37 所示。对背景图层进行复制，如图 4-38 所示。

图 4-37 暗调花朵.jpg

图 4-38 复制背景图层

02 选择【海绵工具】，在选项栏中设置模式为【降低饱和度】，并设置其他参数，如图 4-39 所示。在花朵以外的区域涂抹，使用【海绵工具】在图像上继续涂抹，降低图像的饱和度，从而使其褪色，直到基本成为黑白色效果，如图 4-40 所示。

图 4-39 设置【海绵工具】的参数（去色）

图 4-40　在花朵以外的区域上涂抹

03 将【海绵工具】的模式设置为【饱和】，如图 4-41 所示。在花朵上涂抹，使其更加鲜艳，与周围的背景形成鲜明的对比，如图 4-42 所示。

图 4-41　设置【海绵工具】的参数（加色）

04 在【图层】面板中设置图层混合模式为【滤色】，并调整不透明度，如图 4-43 所示。将其与背景图层合并，效果如图 4-44 所示。这时图片呈现的效果，虽然花朵比较鲜艳，但是感觉画面比较平淡。

图 4-42　加色涂抹

图 4-43　设置图层混合模式及调整透明度

图 4-44　合并图层后的效果

图 4-45　使用【加深工具】调整后的效果

05 为了使得图片变得更加立体，选择【加深工具】，范围设置为【中间调】，曝光度为 50%，调整画笔大小，在图片四周进行涂抹，同时使用【减淡工具】在图片中较亮的区域进行涂抹，最终效果如图 4-45 所示。

实 践 探 索

1）使用【红眼工具】将图 4-46 所示的“红眼青蛙.jpg”修饰成图 4-47 所示的“青蛙.jpg”。

图 4-46　“红颜青蛙.jpg”素材图片

图 4-47　“青蛙.jpg”最终效果

2）使用【仿制图章工具】，将图 4-48 所示图像中的少女，制作成图 4-49 所示效果（提示：使用【仿制源】面板）。

图 4-48　“果园里的少女.jpg”素材图片

图 4-49　“果园里舞蹈的少女们.jpg”最终效果

第 5 章　图层和蒙版的应用

图像合成处理，是 Photoshop 的重要功能之一，将不同的图像按照不同的位置、角度和混合模式等，通过不同的图层进行叠加，形成一幅完整的画面。在图像合成时，我们发现有些图像有很生硬的边缘，合成时图像间的过渡不自然。这时就需要使用蒙版来处理合成时图像间的过渡区域。在 Photoshop 中，【蒙版】可使图层不同部位透明度产生相应的变化，可实现图片边缘淡化效果，亦可实现图层间的自然融合。在本章节中，我们一起来看看如何应用图层和蒙版。

本章相关素材在“配套资源”→“第 5 章”→“素材文件”中。

5.1 【图层】面板的认识与编辑

图层是 Photoshop 简化图像编辑操作的重要工具。【图层】面板则能显示当前图像的编辑信息，本节将通过实例来讲解图层的概念及【图层】面板的基本操作。

任务要求

常常在饮料广告中看到水果们都化身为可爱的精灵，会眨眼睛、会说话，样子十分可爱。在本实例中，将通过对图层简单编辑来制作一个可爱的“维 C 樱桃”，效果如图 5-1 所示。

图 5-1 “维 C 樱桃”效果

知识点与技能

1. 图层概念

使用图层可以在不影响整幅图像中大部分元素的情况下处理其中一个元素。可以把图层想象成是一张一张叠起来的透明胶片，每张透明胶片上都有不同的画面，改变图层的顺序和属性可以改变图像的最终效果，如图 5-2 所示。通过对图层进行操作，可以创建很多复杂的图像效果。

2. 【图层】面板

【图层】面板上显示了图像中的所有图层、图层组和图层效果，可以使用【图层】面板中的各种功能来完成一些图像编辑任务，如创建、隐藏、复制和删除图层等。还可以使用图层样式改变图层上图像的效果，如添加阴影、外发光、斜面和浮雕等。另外，可对图层的亮度、色相、不透明度等参数进行修改来制作不同的效果。

图 5-2 图层重叠的效果图

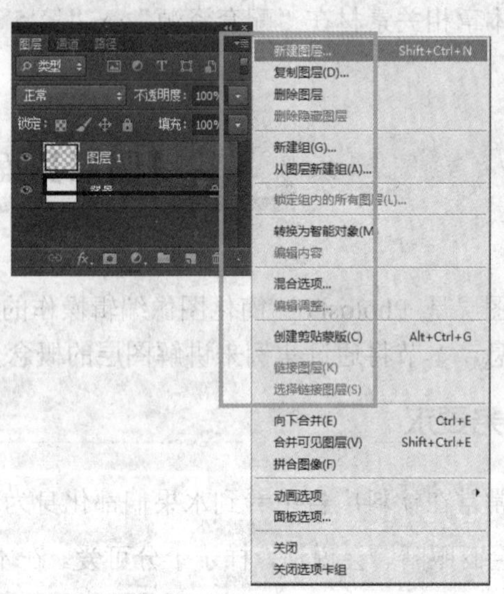

图 5-3 【图层】面板一

【图层】面板如图 5-3 所示，右侧方框中为【图层】面板菜单，包括：新建、复制、删除图层，新建组，混合选项，图层合并等功能。面板底部为图层命令按钮，如添加蒙版、添加图层样式、新建调整图层、新建图层、删除图层、新建图层组等。

(1) 新建图层

在【图层】菜单选择【新建图层】|【新建组】命令或者在【图层】面板下方单击【创建新图层】/【创建新组】按钮，即可创建新的图层或图层组，如图 5-4 所示。

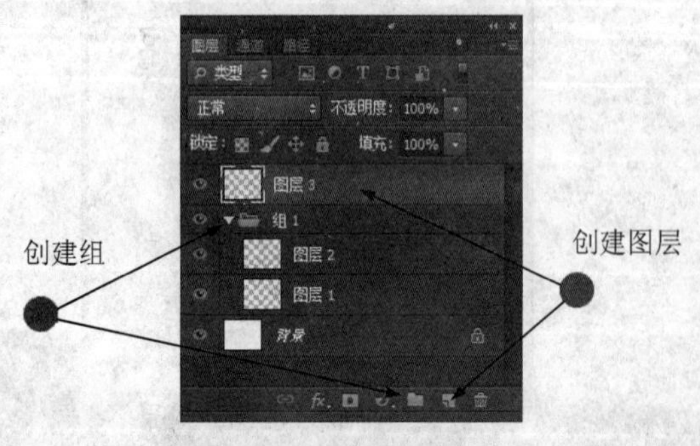

图 5-4 创建图层/图层组

（2）复制图层

选中要复制的图层，按 Ctrl+J 组合键，或者将要复制的图层拖动至【创建新图层】按钮上，即可复制图层。

（3）图层属性

选中图层，右击图层标识颜色可进行修改，双击文字可以更改图层的名称，如图 5-5 所示。而在【类型】下拉列表框中，可以对标识过的图层进行筛选。

图 5-5 【图层】面板二

3. 图层类型

（1）背景图层

每次新建一个 Photoshop 文件时，【图层】面板会自动建立一个背景图层（使用白色背景或彩色背景创建新图像时），该图层被锁定于图层的最底层。我们无法改变背景图层的排列顺序，也不能修改它的不透明度或混合模式。如果按照透明背景方式建立新文件，图像就没有背景图层，最下面的图层不会受到功能上的限制，如图 5-6 所示。

（2）图层

可以在【图层】面板上添加新图层然后在其中添加内容，也可以通过添加内容来创建图层。当输入文字时，【图层】面板中会自动生成一个文字图层。每移入一个素材图像，也会自动生成一个图像图层，如图 5-7 所示。

（3）图层组

图层组可以组织和管理图层，使用图层组可以很容易地将图层作为一组移动，对图层组应用属性和蒙版，以及使【图层】面板中的图层变得简洁有序，如图 5-8 所示。

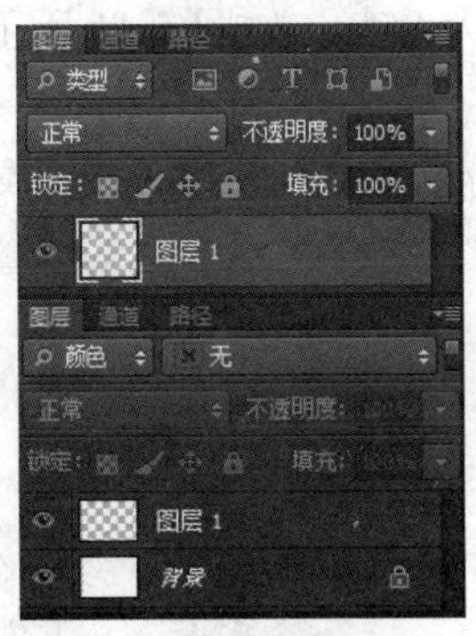

图 5-6　背景图层

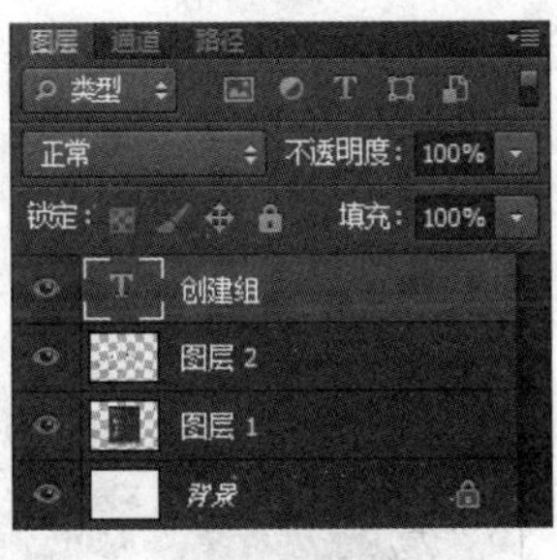

图 5-7　图层

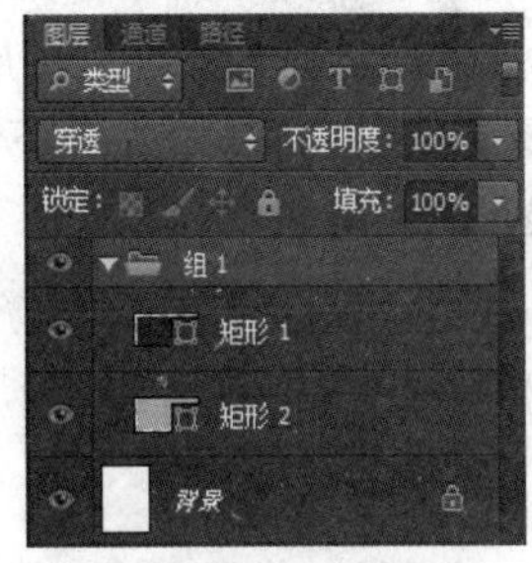

图 5-8　图层组

任务分析

新建图层，利用选区工具与填充工具绘制眼睛、嘴巴和腮红；调整图层顺序；为其添加文字及背景颜色作为修饰。

任务实施

1. 处理素材

新建国际标准 A4 大小的画布，将分辨率调整为 72dpi。使用【魔棒工具】单击素材图像的白色区域，对其进行反选，并进行 5 像素的羽化，如图 5-9 所示。切换为【移动工具】，将樱桃移至新的画布上，并对其大小进行调整，效果如图 5-10 所示。

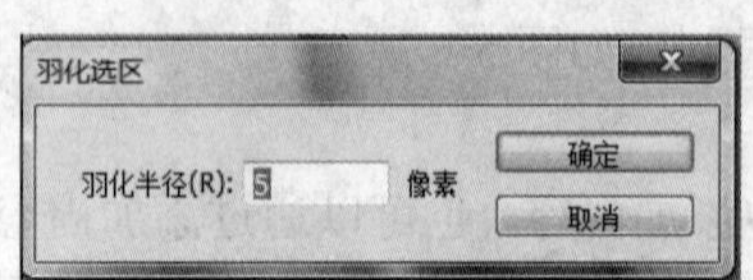

图 5-9　羽化设置

图 5-10　移入后的效果

2. 编辑图层

01 新建“眼睛”图层组，新建“图层 1”（图 5-11），使用【椭圆工具】的像素属性绘制一个黑色的椭圆，并且添加投影效果，“图层 1”不透明度调整为 85%，如图 5-11 所示。随后复制一个图层，移动至合适的位置，效果如图 5-12 所示。

02 新建“腮红”图层组，绘制选区，将选区羽化，填充淡粉色，并且使用【横排文字工具】书写两个大小不一的 N 作为腮红上的表情；复制另一边，并移动至合适的位置，如图 5-13 所示。

图 5-11　新建图层组与图层

图 5-12　绘制眼睛

图 5-13　腮红效果

03 新建“嘴巴”图层，绘制椭圆选区，并使用【矩形选框工具】的【从选区减去】属性，将上部分的椭圆减掉，效果如图 5-14 所示。对其填充红色并描边，具体参数设置如图 5-15 所示。

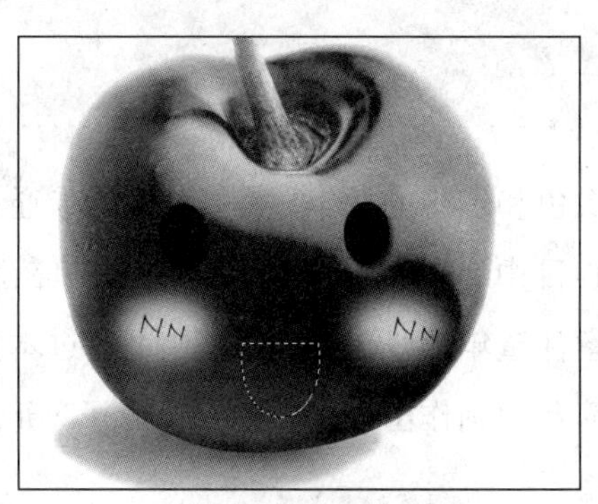

图 5-14　嘴巴选区效果

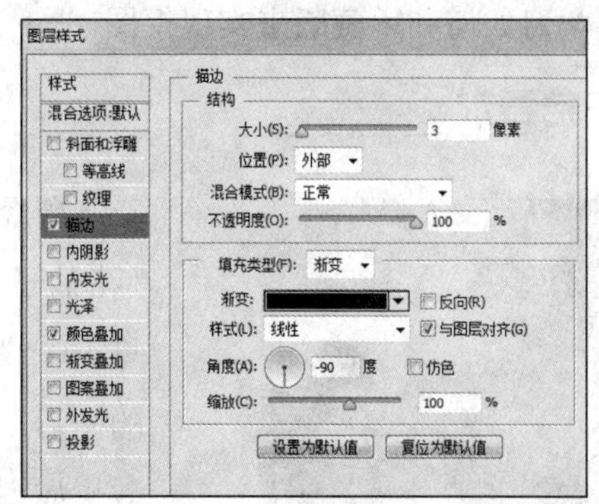

图 5-15　描边设置

04 添加文字，使用【横排文字工具】分别输入“今天你补充维 C 了吗？”，对其大小、颜色及字体进行调整，效果如图 5-16 所示。

05 添加边框，使得整体效果更加活泼。执行【图像】|【画布大小】命令，在【画布大小】对话框中进行图 5-17 所示的设置，边框的颜色可以用吸管工具吸取樱桃柄上的颜色，使得画面颜色更加统一。最终效果如图 5-18 所示。

图 5-16　添加文字

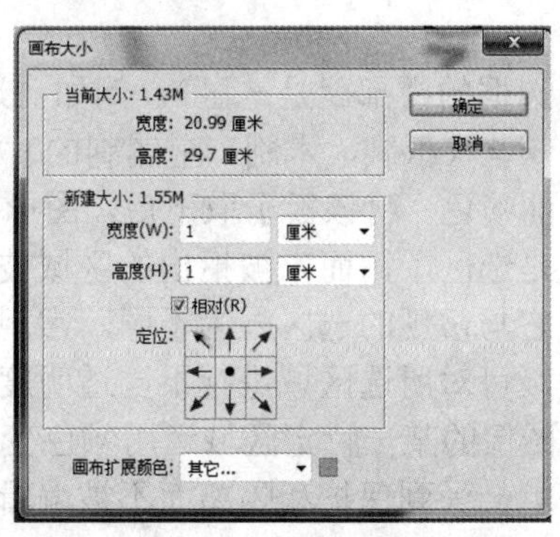

图 5-17　画布大小设置

图 5-18　最终效果

课外拓展

通过本实例，我们了解了图层的概念，熟悉了图层的基本操作。通过对图层的编辑，简单地绘制了卡通水果。课后，请读者制作一个“多 C 橙小姐”的卡通形象，巩固所学的知识并深入熟悉图层的编辑。

5.2　蒙版的应用

在 Photoshop 中，蒙版可使图层不同部位透明度产生不同的变化。黑色为完全透明，白色为完全不透明。利用【蒙版】可以实现抠图、图片边缘淡化效果，以及图层间的自然融合。

本节学习如何利用蒙版来实现抠图。

任务要求

图 5-19 “花仙子”效果图

曾经充满美妙颜色和幻想的童年，美丽可爱的卡通人物“花仙子”一直是心目中完美的化身，清晰地刻印在脑海里……终于有机会留住童年那段美好的时光啦！通过本实例的学习，大家就能简单地制作出心目中的“花仙子”形象，效果如图 5-19 所示。

知识点与技能

1. 蒙版的概念

蒙版就是选框的外部（选框的内部就是选区）。例如，过去，在某些物体上大量书写或喷绘相同内容的时候，会在一些（纸制、木制、金属制的）板子上抠出内容的形状，将该板子遮挡在物体上，之后在上面喷色。将该板子取下后，图形、数字等即印在物体上。反观那块板子，抠出的空白区域就是选区了，而未被抠出的区域被称为蒙版。

蒙版虽然是一种选区，但它与常规的选区颇为不同。常规的选区表现了一种操作趋向，即对所选区域进行处理；而蒙版可对所选区域进行不同透明度的处理，可产生柔合的变化。

蒙版的作用是：如果想对图像的某一特定区域运用颜色变化、滤镜和其他效果，没有被选的区域（也就是黑色区域）就会受到保护和隔离而不被编辑。

2. 蒙版的抠图技法

1）图层蒙版：利用【钢笔工具】或【磁性套索工具】建立欲抠图的区域；然后单击【图层】面板上的【添加图层蒙版】按钮，即可将背景隐藏，将所选取的区域保留。

2）快速蒙版：单击工具箱中的【以快速蒙版模式编辑】按钮，利用【画笔工具】，将画笔大小调整合适，然后在欲抠取的区域涂抹；然后切换回标准模式，即可得到欲抠取区域的选区。

提示

从快速蒙版模式切换回标准模式时，由于设置的色彩指示不一样，建立的选区也不一样，可以通过双击快速蒙版的色彩指示来切换（色彩指示：◉被蒙版区域(M) ○所选区域(S)）。

任务分析

“花仙子”其实就是将人物素材、花朵素材与背景结合起来。因此，先新建一个图像文件，然后将人物素材和花朵素材从原图像中抠取出来，结合背景做合成处理，最终完成实例效果。

任务实施

1. 背景部分（自由变换、图像的复制与粘贴）

01 新建文件。执行【文件】|【新建】命令，弹出【新建】对话框，具体设置如图 5-20 所示。

02 打开“风景.jpg”素材文件，如图 5-21 所示。

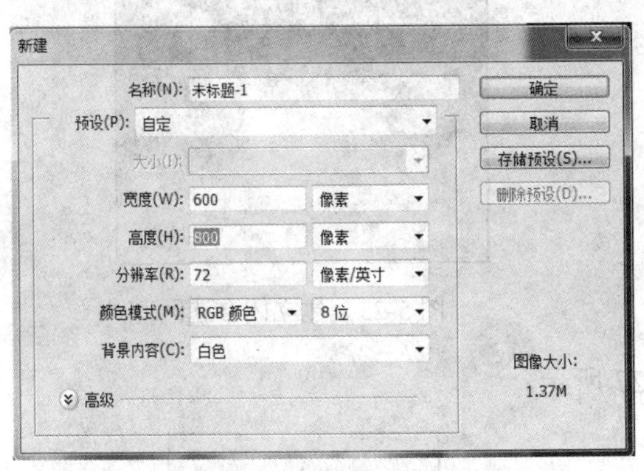

图 5-20　设置【新建】对话框

图 5-21　打开“风景.jpg”文件

03 利用【矩形选框工具】，选取图像素材，然后利用【移动工具】，移入背景中，并按住 Shift 键，对其进行等比例的自由变换，如图 5-22 所示。新建【曲线】调整图层，对颜色进行微调，使得图片作为背景更有质感，如图 5-23 所示。

图 5-22　选取图像

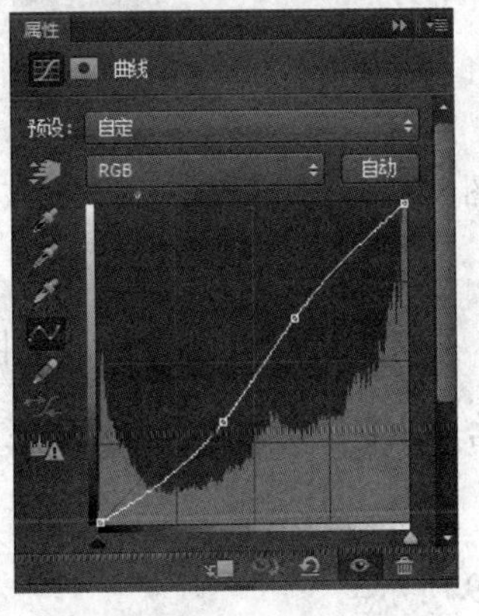

图 5-23　新建【曲线】调整图层

04 将移入背景的“风景”素材图层隐藏，然后新建一个图层，填充从白色到浅天蓝色的渐变，目的是区分人物素材中的白色区域，便于将人物合成到花朵中时图像多余部分的去除（根据不同素材的特点，该步骤可以不进行操作）。

2. 抠取素材（【磁性套索工具】与图层蒙版结合）

01 打开“可爱女孩.jpg”素材文件，如图 5-24 所示。

02 利用【磁性套索工具】，沿着女孩的边缘，建立一个闭合的选区，如图 5-25 所示。双击“可爱女孩”的背景图层，将其转化成普通图层。单击【图层】面板的【添加图层蒙版】按钮，将“可爱女孩”从较为杂乱的背景抠取出来，如图 5-26 所示。

图 5-24 “可爱女孩.jpg”文件

图 5-25 建立闭合选区

03 打开“花朵.jpg”素材文件，如图 5-27 所示。

图 5-26 抠取出来的“可爱女孩”

图 5-27 打开“花朵.jpg”文件

04 根据步骤 1 和步骤 2 中的方法，将花朵抠取出来后，利用【移动工具】将花朵移入背景中，并对其进行自由变换，如图 5-28 所示。

3. 合成（【移动工具】、图层混合模式）

01 将抠取“女孩”素材，移入背景中；并进行自由变换，将素材调整到合适的大小，如图 5-29 所示。

02 将“女孩”素材所在的图层隐藏，如图 5-30 所示。沿着花朵的轮廓边缘用【磁性套索工具】建立选区，如图 5-31 所示，将用于去除“女孩”素材多余的区域，使得“女孩”

看上去在花朵中，宛如“花仙子”一般。

图 5-28　抠取花朵并移入背景中

图 5-29　调整“女孩”大小

图 5-30　隐藏“女孩”图层

图 5-31　建立花朵选区

03 按 Delete 键，将选区内“女孩”多余的衣服删除。利用相同的方法，将花朵外的“女孩”衣服去除，如图 5-32 所示。

04 复制“女孩”素材所在图层，将其混合模式设置为【柔光】，使得女孩面庞的色彩更具质感，如图 5-33 所示。同样，复制“花朵”图层素材，使其混合模式设置为【叠加】，使得花朵颜色更加艳丽。

05 将隐藏的“风景”图层显示，一个漂亮的具有精灵般感觉的“花仙子”就做好了，如图 5-34 所示。

图 5-32　删除选区内多余的部分

图 5-33　设置混合模式为【柔光】

图 5-34　“花仙子”效果图

课外拓展

通过本实例的学习，我们掌握了结合选框工具和图层蒙版，将素材从背景中抠取出来的方法。这种方法常常应用于影楼拍摄的后期合成中，请读者自行搜集素材，做一个类似“花精灵”“树林精灵”的图片。

5.3 图层混合模式的应用

图层混合模式决定当前图层中的像素与其下一图层中的像素以何种模式进行混合。在Photoshop 中，使用图层混合模式可以创建各种图层特效，实现充满创意的平面设计作品。本节将学习如何通过调整图层的混合模式使画面更具美感。

任务要求

图 5-35 剪影艺术图片

常常在杂志广告或者电视上看到一些单色的彩色图片，我们可以把它做成为强调剪影效果的逆光照片。这样的图像风格更具艺术魅力，犹如 POP 海报的风格。本实例将学习如何调整图层混合模式来实现 POP 海报风格的图像，效果如图 5-35 所示。

知识点与技能

Photoshop 中的图层混合模式共有 25 种，本节先介绍各类型混合模式的一些典型模式。

1. 基础型的图层混合模式

该模式用图层的不透明及图层的填充值来与下一层的图像达到融合。

1）【正常】：就是图像的基础状态。

2）【溶解】：下一层较暗的像素被当前图层中较亮的像素所取代，达到与底色溶解在一起的效果。

2. 降暗型图层混合模式

该模式用于过滤图像中的亮调元素，使得图像变暗。

1）【正片叠底】：当任何颜色与黑色进行正片叠底模式操作时，得到的颜色仍为黑色；当任何颜色与白色进行正片叠底模式操作时，颜色保持不变。

2）【颜色加深】：用于查看每个通道的颜色信息，使基色变暗，从而显示当前图层的混合色。

3. 提亮型图层混合模式

该模式用于滤除图像的暗调信息，提亮图片。

1）【滤色】：通过该模式转换后的效果颜色通常很浅，像是被漂白一样，结果总是较亮的颜色。

2）【线性减淡】：通过增加亮度来减淡颜色，产生的亮化效果比【滤色】模式和【颜色减淡】模式都强烈。

4. 融合型图层混合模式

该模式用于不同程度地融合图像。

1）【柔光】：该模式根据混合色的明暗来决定图像的最终效果是变亮还是变暗。如果混合色比基色更亮一些，那么结果色将更亮；如果混合色比基色更暗一些，则相反。

2）【叠加】：该模式是将混合色与基色相互叠加，底层图像控制着上面的图层，可以使之变亮或变暗。

5. 色异性图层混合模式

该模式用于制作各种另类反色效果。

1）【差值】：将混合色与基色的亮度进行对比，用较亮颜色的像素值减去较暗颜色的像素值。

2）【排除】：与【差值】类似，比【差值】模式的效果要柔和、明亮。

6. 蒙色型图层混合模式

该模式依据上层图像的颜色信息，映衬下层图像。

1）【色相】：选择基色的亮度和饱和度值与混合色进行混合而创建的效果，混合后的亮度及饱和度取决于基色。

2）【饱和度】：是在保持基色色相和亮度值的前提下，只用混合色的饱和度值进行着色。

任务分析

将图片去色，并调整其颜色为较纯粹的黑白两色。新建图层，为其填充喜欢的颜色，将图层混合模式调整为【滤色】，再设置混合模式为【排除】，使图像出现强烈的补色效果。最后转化为【正片叠底】模式，制作出黑色衬透的效果。

任务实施

1. 编辑图像、制作剪影效果（将素材处理成接近黑白效果）

01 打开素材图片，如图 5-36 所示，执行【图像】|【调整】|【去色】命令，将图片转换成黑白图片，如图 5-37 所示。

图 5-36　素材图片

图 5-37　执行【去色】命令

02 用黑白两色表现强烈的效果，通过【色阶】命令调整对比度和亮度，如图 5-38 所示，效果如图 5-39 所示，图像有了较为强烈的剪影效果。

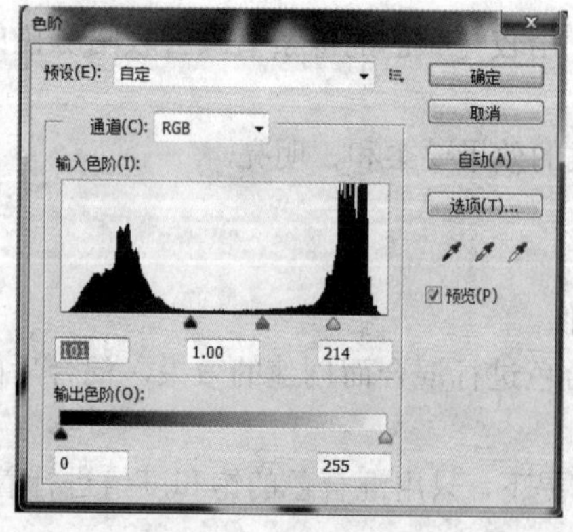

图 5-38　色阶调整

图 5-39　调整色阶后的效果

2. 调整颜色，突出 POP 效果

01 新建图层，选择喜欢的颜色，本实例选用的是绿色，按 Alt+Delete 组合键进行填充，如图 5-40 所示。

02 设置图层的混合模式为“滤色”，此时黑色剪影部分就变成绿色，如图 5-41 所示。

03 把混合模式设置为【排除】，把选择色相作用到下一图层的暗色调中，在亮色调中则形成强烈的补色，如图 5-42 所示。

04 转换到【正片叠底】模式，如图 5-43 和图 5-44 所示。这样，对比较为强烈的黑、绿双色海报效果的照片就完成了，如果要做出更强烈的视觉效果，可以新建画布，对不同的【正片叠底】效果图进行拼贴，效果如图 5-45 所示。

图 5-40　填色

图 5-41　“滤色”模式

图 5-42　【排除】模式

图 5-43　【正片叠底】模式

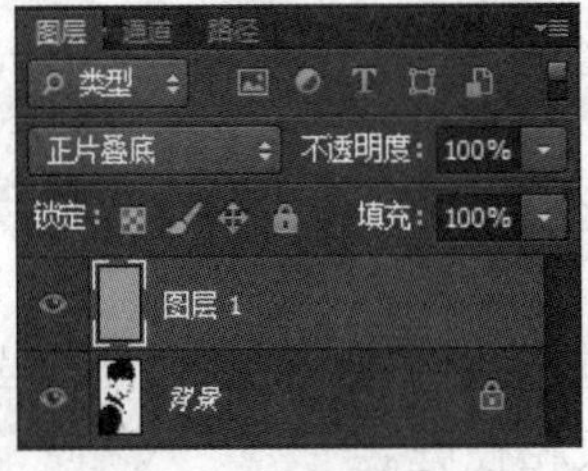

图 5-44　设置【正片叠底】图层混合模式

图 5-45　剪影的逆光图片

课外拓展

通过本实例，我们掌握了通过【色阶】【去色】图像调整命令和图层混合模式的应用来完成图片色调及 POP 风格的编辑，实现剪影海报效果。该实例经常应用于图像的修饰处理中，请读者上网查找素材，自己完成一个具有 POP 剪影效果的建筑图片。

5.4 图层样式的应用

图层样式是一种应用于图层的特殊效果，可以使用Photoshop附带的预设样式快速地更改图层内容的外观，也可以通过【图层样式】对话框来创建自定义样式。本节让我们一同感受图层样式的神奇魅力。

任务要求

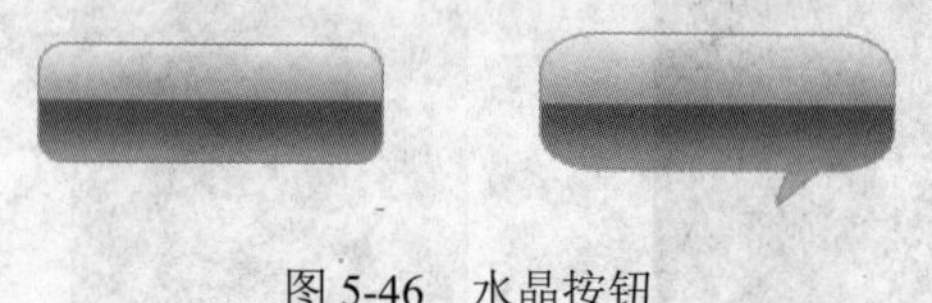

图5-46　水晶按钮

在浏览多媒体界面或者网页时，吸引我们的除了内容就是界面了。界面上一个个用来交互的水晶按钮（图5-46）让人觉得十分漂亮，具有质感。这样的水晶按钮如何制作呢？本节将学习利用图层样式制作水晶按钮的方法。

知识点与技能

1. 图层样式的概念

图层样式包括混合选项、投影、内阴影、外发光、内发光、斜面和浮雕、颜色叠加、光泽、描边、渐变叠加等10种效果。

1）混合选项：【图层样式】对话框左侧列出的选项最上方就是“混合选项：默认”，如果修改了右侧的选项，其标题将会变成“混合选项：自定义”。

2）投影：添加投影效果后，图层的下方会出现一个轮廓和图层的内容相同的“影子”，影子有一定的偏移量，默认情况下会向右下角偏移。阴影的默认混合模式是正片叠底，不透明度75%。

3）内阴影：内阴影可以理解为光源照射球体的效果。

4）外发光：添加了外发光效果的图层好像下面多出了一个图层，这个假想图层的填充范围比上方图层的略大，默认混合模式为【滤色】，默认不透明度为75%，从而产生图层的外侧边缘发光的效果。

5）斜面和浮雕：其中包括内斜面、外斜面、浮雕、枕形浮雕和描边浮雕，虽然每一项中包含的设置选项都是一样的，但是制作出来的效果却大相径庭。

6）光泽：在图层的上方添加光泽效果。光泽效果还和图层的轮廓相关。

7）颜色叠加：最简单的样式，相当于为图层着色。

8）渐变叠加：为图层填充渐变色。

9）图案叠加：为图层填充图案。

10）描边：可以对对象的内部、外部、居中 3 个位置进行纯色、渐变色或图案的描边。

2. 渐变叠加

其作用相当于为图层着色，也可以认为该样式在图层的上方添加了混合模式和不透明度的设置。渐变颜色可以为径向、线性、菱形等具有层次变化颜色，如图 5-47 所示。单击【渐变】色条即可编辑渐变，如图 5-48 所示。此外，还可以设置渐变的角度和缩放比例。

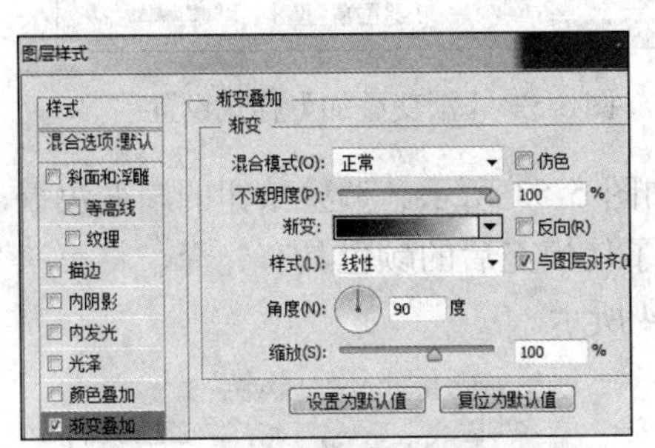

图 5-47 【渐变叠加】样式参数

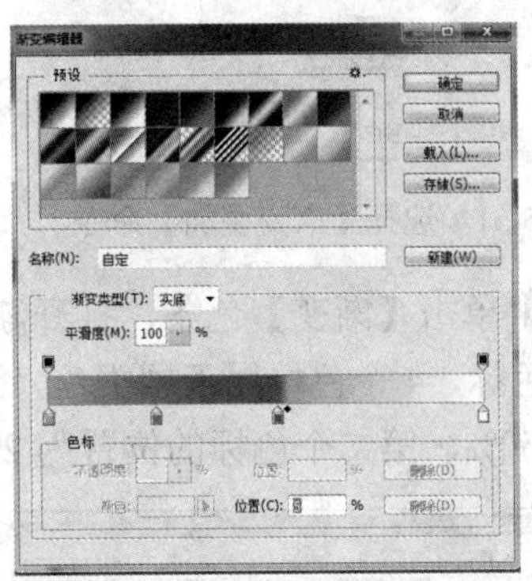

图 5-48　渐变编辑器

任务分析

新建图层，绘制选区，填色；设置【渐变叠加】样式，调整颜色；对图层进行描边，使得按钮的立体感、水晶质感更加明显。

任务实施

1. 绘制形状

新建 600×600 像素的图像文档，为其新建图层。在新的图层上方绘制一个圆角矩形选区，如图 5-49 所示。按 Alt+Delete 组合键为选区填充前景色，如图 5-50 所示。

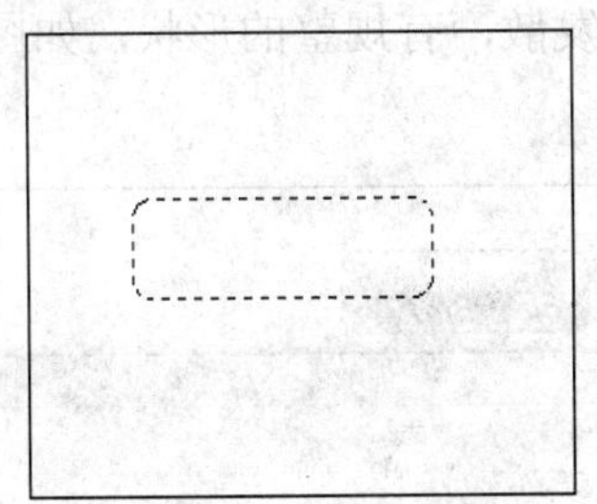

图 5-49　绘制选区

图 5-50　为选区填色

2. 设置图层样式，绘制水晶效果

01 单击【图层】面板下方的【添加图层样式】按钮 *fx*，选择【渐变叠加】命令，如图 5-51 所示。打开【图层样式】对话框，如图 5-52 所示。设置渐变样式为【线性】，角度为

90°，混合模式为【正常】，不透明度为 100%，缩放为 100%。

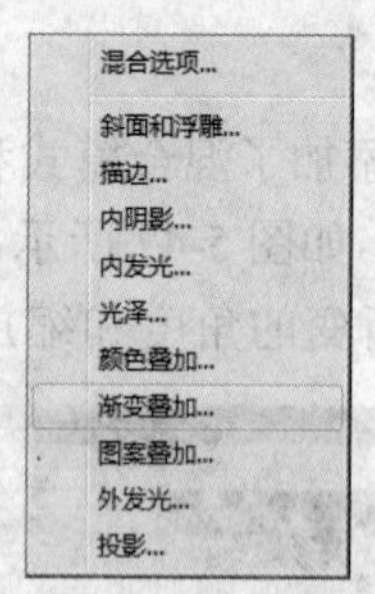

图 5-51 选择【渐变叠加】命令

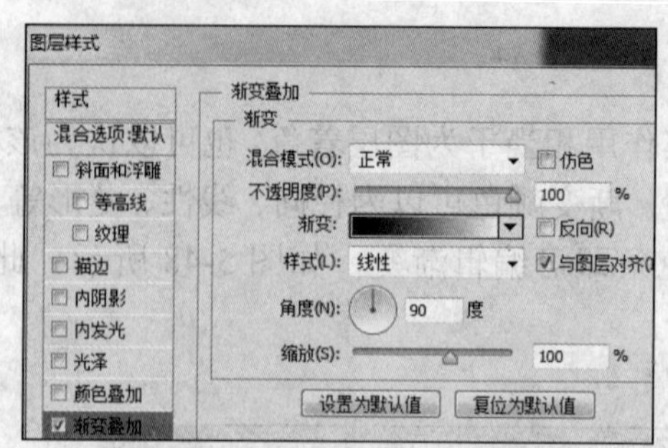

图 5-52 【渐变叠加】样式设置

02 单击【渐变】色条，打开渐变编辑器，如图 5-53 所示。调整按钮的渐变色调，设置 4 个色标，4 个色标属于同类色，这样设置是为了使填充后的颜色具有光泽，将第三个色标放于 50%，第二个色标的位置为 25%，如图 5-54 所示。

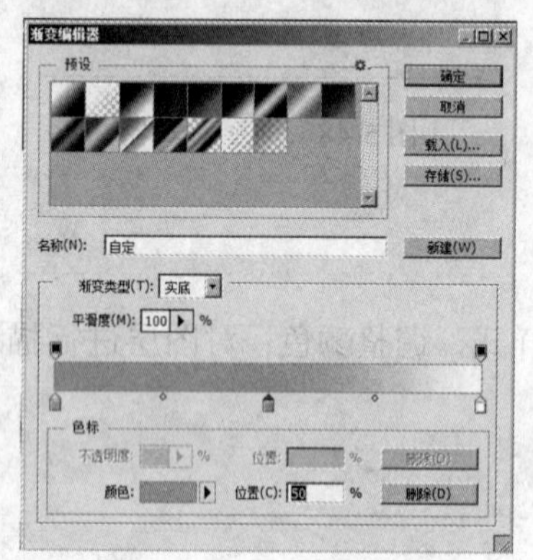

图 5-53 色标 3 的位置

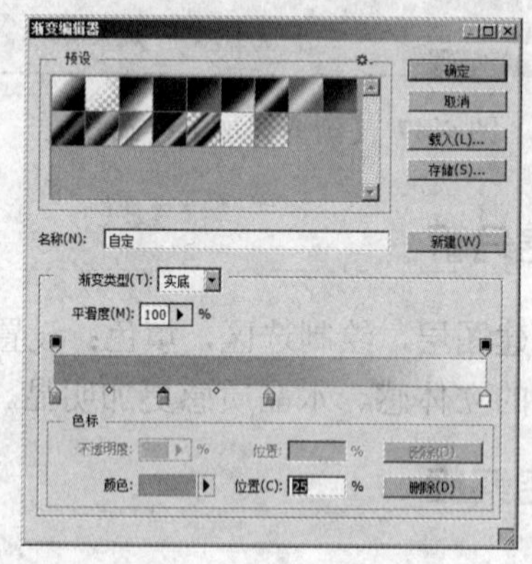

图 5-54 色标 2 的位置

03 为按钮添加一些发光的效果，使得按钮更有光泽感。单击【外发光】选项，对其进行图 5-55 的设置。

04 对按钮的轮廓进行描边，使得按钮边缘不会太发散，有规整的形状，如图 5-56 所示。这样，一个漂亮的水晶按钮就做好了。

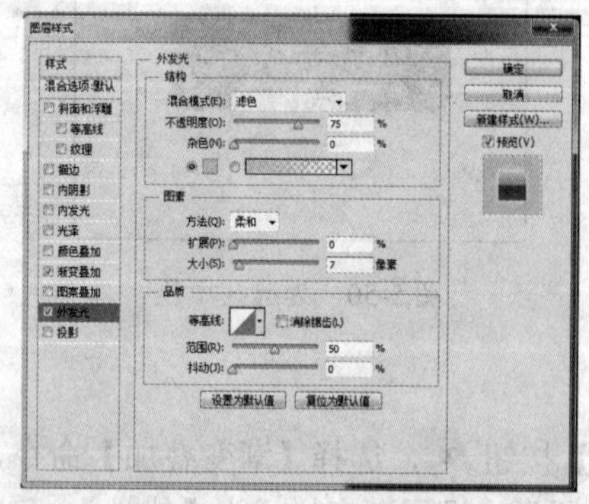

图 5-55 【外发光】样式设置

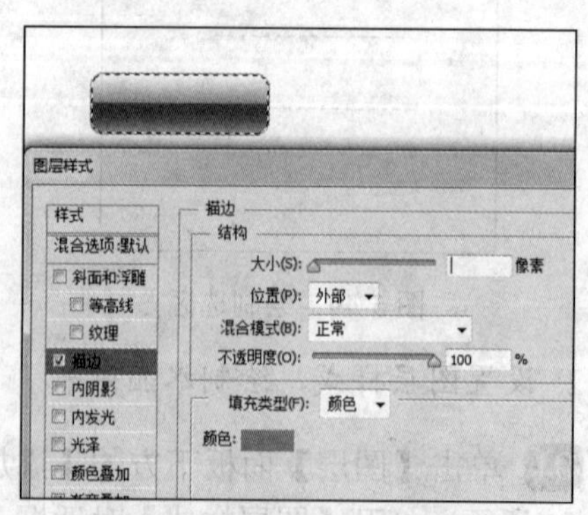

图 5-56 【描边】样式设置

05 只要改变渐变填充和描边的设置，就可以做出类似图 5-57 所示的多彩美丽又富有质感的水晶按钮。

图 5-57　水晶按钮

课外拓展

本实例通过【渐变填充】【外发光】和【描边】图层样式的应用来完成了水晶按钮的绘制。请读者继续探索，利用其他图层样式绘制其他效果和形状的水晶按钮。

5.5　图层剪贴蒙版的应用

剪贴蒙版在 Photoshop 中应用广泛。它是由基于图层的非透明内容裁剪其上方图层的内容，而剪贴图层中的所有其他内容将被遮盖。利用剪贴蒙版可以轻松地制作图案文字、图案形状。本节将通过实例来学习图层剪贴蒙版的应用技巧。

任务要求

怎样把喜欢的图片置入固定的形状中呢？怎样把自己的相片放入杂志中的相框里呢？本节将通过实例来学习如何利用剪贴蒙版制作“画中画”的效果，如图 5-58 所示。

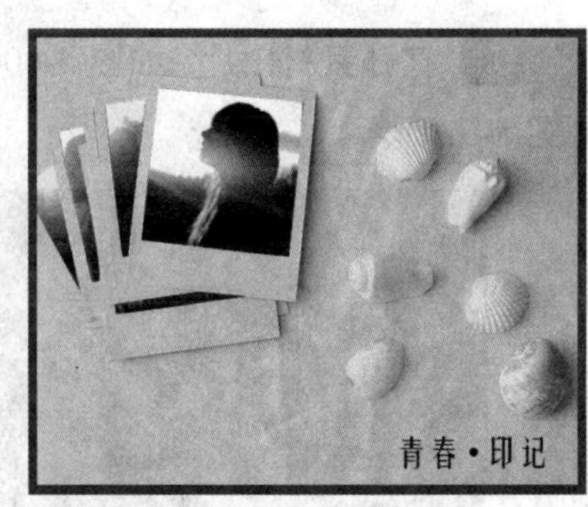

图 5-58　“画中画”青春印记

知识点与技能

剪贴蒙版是蒙版中的一种形式，其作用就像印度新娘脸上的“纱丽”，当新娘蒙上纱丽时，纱丽上镂空的花纹就会呈现在新娘脸上，揭开纱丽，新娘的脸并没有什么变化。

1）剪贴蒙板：可以使用某个图层来遮盖上面的图层，绘制一个形状，将其放置在被遮盖素材的下方，然后按住 Alt 键单击图层间隙处，便产生剪贴蒙版（或者按 Alt+Ctrl+G 组合键），即图稿裁剪为蒙版的形状。

2）与被剪贴图层的关系：必须是连续的图层。蒙版中的基底图层名称带下划线，上层图层的缩览图是缩进的。叠加图层将显示一个剪贴蒙版图标，如图 5-59 所示。

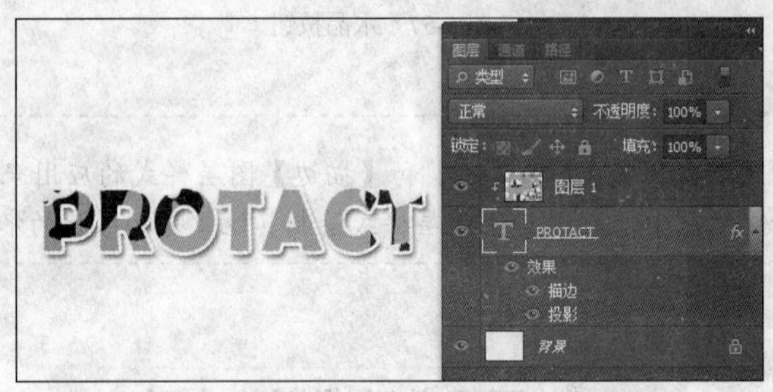

图 5-59　剪贴蒙版图标与效果

任务分析

将素材中的相框用【钢笔工具】抠选，并建立选区，然后复制图层，创建形状；将欲被剪贴的图片拖入素材中，对其大小和方向进行调整，最后执行【图层】|【创建剪贴蒙版】命令，即可将图片贴入素材中的形状中，完成图形的填充。

任务实施

01 打开素材图片，如图 5-60 所示，使用钢笔工具，将相片四周的轮廓勾勒出来，如图 5-61 所示。

图 5-60　素材图片

图 5-61　原图中相片部分勾勒轮廓

02 按 Ctrl+Enter 组合键，将路径转化为选区，按 Ctrl+J 组合键将选区建立为新图层，如图 5-62 和图 5-63 所示。

图 5-62 将路径转化为选区

图 5-63 复制图层

03 将素材图片“夕阳 1.jpg”（图 5-64），使用【移动工具】移入图片中，对其进行自由变换，调整大小和方向，使其能够覆盖相片。然后按 Alt+Ctrl+G 组合键，为图层创建剪贴蒙版，效果如图 5-65 所示。

图 5-64 “夕阳 1”素材

图 5-65 剪贴蒙版效果

04 重复操作步骤 2 和步骤 3，将素材“夕阳 2.jpg”和“夕阳 3.jpg”分别贴入后面的相片中的图片区域，使得整幅图片的风格统一，效果如图 5-66 所示。

这时图片看起来是比较单调，没有完整画面的美感，可通过【色相/饱和度】调整，如图 5-67 所示。

05 为了使得图片的颜色与贴上的相片能够更融合，为图像添加边框和文字，颜色选用主相片上的人物阴影的颜色，效果如图 5-68 所示。

图 5-66 编辑后的相片

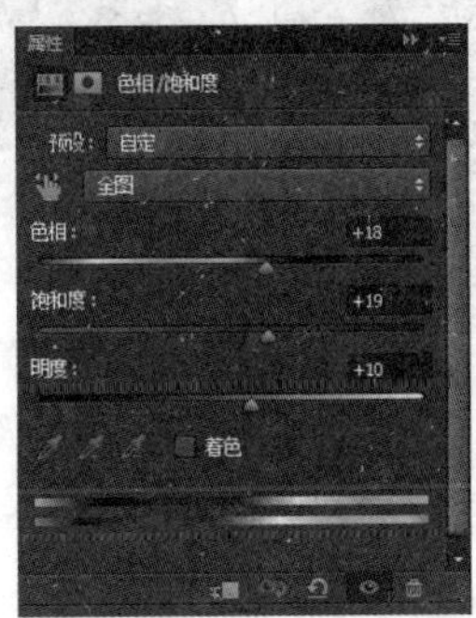

图 5-67 【色相/饱和度】面板

图 5-68 完成效果

这样就能为原本没有主题的图片创建一幅华丽的“纱丽”了！

课外拓展

通过本实例，我们掌握了通过剪贴蒙版来对欲填充图像进行修饰的方法。运用这种方法，能把图片剪成各种各样的形状，从而更好地表明主题。请读者绘制一幅具有土地裂痕的“苹果”图片，以表达水资源紧缺的主题。

实践探索

图 5-69　剪贴蒙版效果

1）使用钢笔工具将素材图片“玉树地图”的“玉树地图外形”抠取，并移入 800×600 像素的画布中，对其进行填色；通过创建剪贴蒙版，将素材图片“救助现场.jpg”放入玉树地图形状中，然后对其进行描边，并添加文字，最终效果如图 5-69 所示。

2）应用本章所学内容，尝试将素材图片“将军.jpg”处理为现代剪影效果，最终效果如图 5-70 所示。

图 5-70　现代剪影效果

第 6 章　滤镜特效在设计中的应用

在使用 Photoshop 进行图像处理和创意设计时，滤镜往往能起到非凡的作用，运用滤镜能设计出神奇的效果。滤镜可以应用于图像变形、特效创建、自然界景象模拟、图像修饰、艺术化效果制作、数码照片处理等多个方面，是 Photoshop 软件的强力外援。本章根据 PhotoshopCS6 外挂滤镜的应用功能特点分别讲解了图像的模糊、锐化、柔化处理，渲染处理，纹理处理，扭曲处理，风格化处理，艺术化处理，边缘效果处理，场景处理，创造性效果处理，特殊效果处理，色彩调整，数码照片处理及其他效果处理等内容。

本章相关素材在“配套资源”→“第 6 章”→“素材文件”中。

6.1　模糊滤镜的应用

滤镜是 Photoshop 软件中丰富图像效果的工具，对图像中像素的颜色、亮度、饱和度、对比度、色调、分布、排列等属性进行计算和变换处理，以使图像产生特殊效果。模糊滤镜组主要用于不同程度地减少相邻像素间颜色的差异，使图像产生柔和、模糊的效果。本节将通过实例来讲解模糊滤镜组的作用，熟悉【径向模糊】滤镜的基本操作。

任务要求

在汽车平面广告中，为了体现汽车的高速性能，常常在海报中增添透视位移感，使汽车产生飞驰的感觉，如图 6-1 所示。这样的效果如何实现呢？通过本实例的学习，掌握模糊滤镜组中【径向模糊】滤镜的操作。

图 6-1 “飞驰的汽车”效果图

知识点与技能

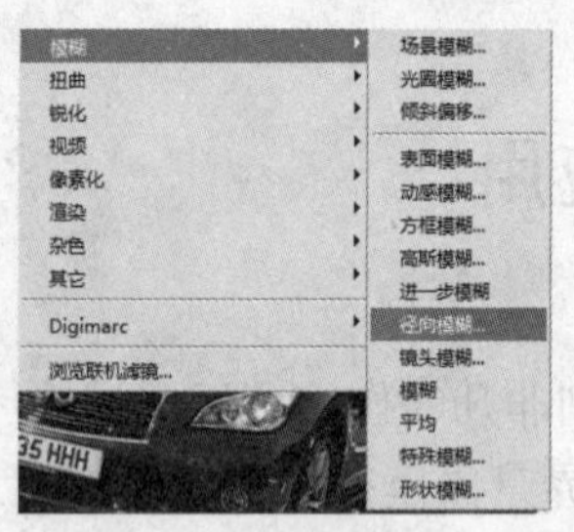

图 6-2　模糊滤镜组

1. 模糊滤镜概念

模糊滤镜组主要用于不同程度地减少相邻像素间颜色的差异，使图像产生柔和、模糊的效果，包括表面模糊、动感模糊、方框模糊、径向模糊、特殊模糊等，如图 6-2 所示。

2. 【径向模糊】滤镜

该滤镜可以产生具有辐射性模糊的效果，即模拟相机前后移动或旋转产生的模糊效果，以体现更自然、更精彩的位移效果。

任务分析

要产生汽车高速飞驰的感觉，首先要将背景模糊化，汽车保持清晰，通过视觉差产生动感效果，即将素材图像中的汽车进行选取，然后复制素材，对图片背景应用【径向模糊】滤镜，具有自然的位移速度感的汽车即制作完成。

任务实施

1. 处理素材

01 执行【文件】|【打开】命令，打开“汽车.jpg”素材图片，如图 6-3 所示。单击【以快速蒙版模式编辑】按钮，如图 6-4 所示，进入蒙版编辑状态。选择【画笔工具】，此时，前景色与背景色为默认状态，将画笔设置为实心画笔，如图 6-5 所示。涂抹汽车所在的区域，由于处于蒙版状态，所涂区域为红色，如图 6-6 所示。

图 6-3　“汽车.jpg”素材

图 6-4　【以快速蒙版模式编辑】按钮

图 6-5　【画笔工具】属性

图 6-6　蒙版状态下被涂抹的汽车

02 再次单击【以快速蒙版模式编辑】按钮，被涂抹的汽车区域变成选区外状态，如图 6-7 所示。

图 6-7　建立选区外的汽车

提示

双击【以快速蒙版模式编辑】按钮，可以打开【快速蒙版选项】对话框，更改【色彩指示】选项，将其设为【所选区域】，这样当切换回标准状态时，建立的选区即涂抹的区域。

03 反选选区，并按 Ctrl+J 组合键复制选区部分，【图层】面板如图 6-8 所示。这样，汽车就被单独从背景中复制出来。

图 6-8　复制的汽车图层

2. 设置效果

01 选中背景图层，执行【滤镜】|【径向模糊】命令，如图 6-9 所示。打开【径向模糊】

对话框，进行图 6-10 所示的设置，即将数量设置为 60，模糊方法为【缩放】，品质为【草图】，中心模糊位置设于汽车的位置。

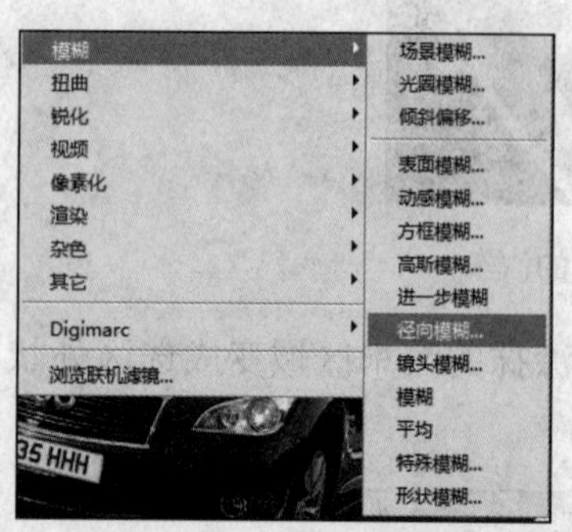

图 6-9 【滤镜】菜单

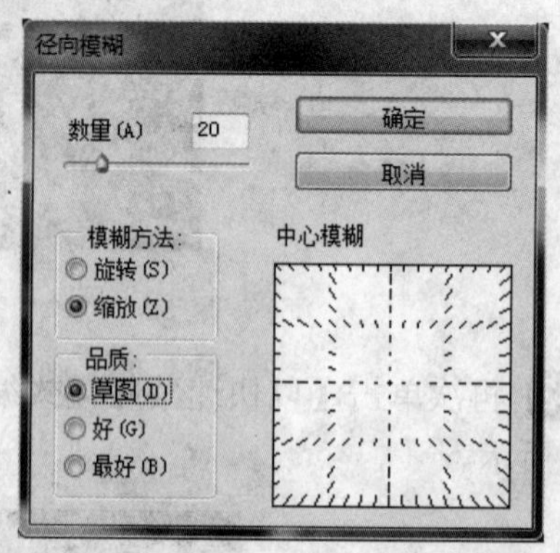

图 6-10 径向模糊

02 这样，具有飞驰效果的汽车完成了，最终效果如图 6-11 所示。可以发现，背景由于有了辐射性模糊的效果，使得汽车有了运动的感觉。这样的图片可以用来作为汽车广告、汽车网站的图片素材或者背景运用。

图 6-11 最终效果

课外拓展

通过本实例，我们了解了滤镜的概念及【径向滤镜】的操作技巧和制作效果。这样的效果经常运用在表现速度的图片上。请读者上网查找素材，制作一幅“竞技场上的赛车”图片。

6.2 扭曲滤镜的应用

在 Photoshop 中，滤镜的功能是十分强大的，除了上一节的模糊滤镜组，还有扭曲滤镜组等。扭曲滤镜是可以对图像进行几何扭曲，创建 3D 或其他整形效果，本节将学习扭曲滤镜组中的【旋转扭曲】滤镜。

任务要求

不论童年还是此时，棒棒糖对于我们而言都不只是一个糖果，或许更是一种符号，代表童年和青春的美好。那么，大家知道棒棒糖在 Photoshop 中如何绘制吗？本节将学习利用【旋转扭曲】滤镜制作漂亮的棒棒糖，如图 6-12 所示。

图 6-12　漂亮的棒棒糖

知识点与技能

扭曲滤镜组中包括多种不同扭曲效果的滤镜，如图 6-13 所示。大致介绍如下：

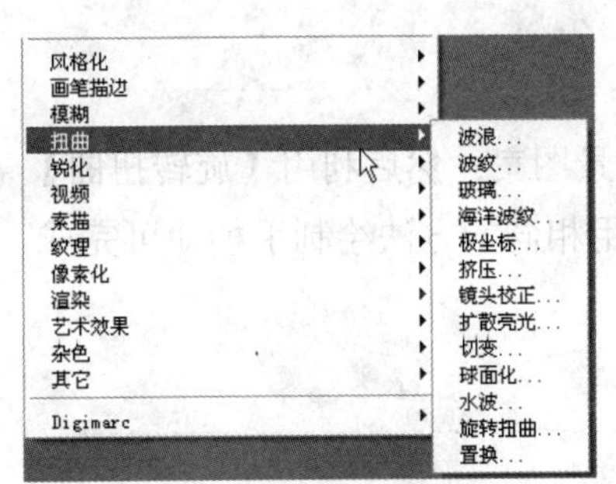

图 6-13　扭曲滤镜组

1）【波浪】：在选区或图层中创建起伏的图案。其选项包括波浪生成器的数目、波长（从一个波峰到下一个波峰的距离）、波浪高度和波浪类型：正弦（滚动）、三角形或方形；单击【随机化】按钮可应用随机值；还可以定义未扭曲的区域。

2）【波纹】：在选区上创建波状起伏的图案，像水池表面的波纹。

3）【玻璃】：使图像看起来像是透过不同类型的玻璃来观看的。可以选取一种玻璃效果，也可以将自己的玻璃表面创建为 Photoshop 文件并应用。可以调整缩放、扭曲和平滑度设置。此滤镜可通过【滤镜库】应用。

4）【海洋波纹】：将随机分隔的波纹添加到图像表面，使图像看上去像是在水中。此滤镜可通过【滤镜库】应用。

5）【极坐标】：可以使用此滤镜创建圆柱变体，当在镜面圆柱中观看圆柱变体中扭曲的图像时，图像是正常的。

6）【挤压】：挤压选区。正值（最大值是 100%）将选区向中心移动；负值（最小值是-100%）将选区向外移动。

7)【镜头校正】：修复常见的镜头瑕疵，如桶形和枕形失真、晕影和色差。

8)【扩散亮光】：将图像渲染成像是透过一个柔和的扩散滤镜来观看的。此滤镜添加透明的白杂色，并从选区的中心向外渐隐亮光。此滤镜可通过【滤镜库】应用。

9)【切变】：沿一条曲线扭曲图像。通过拖动框中的线条来指定曲线，还可以调整曲线上的任何一点。单击【默认】按钮可将曲线恢复为直线。

10)【球面化】：通过将选区折成球形、扭曲图像及伸展图像以适合选中的曲线，使对象具有 3D 效果。

11)【水波】：根据选区中像素的半径将选区径向扭曲。【起伏】选项设置水波方向从选区的中心到其边缘的反转次数。还要指定如何置换像素：【水池波纹】将像素置换到左上方或右下方，【从中心向外】向着或远离选区中心置换像素，而【围绕中心】围绕中心旋转像素。

12)【旋转扭曲】：旋转选区，中心的旋转程度比边缘大。指定角度时可生成旋转扭曲图案。

13)【置换】：使用名为置换图的图像确定如何扭曲选区。 例如，使用抛物线形的置换图创建的图像看上去像是印在一块两角固定悬垂的布上。

任务分析

要制作棒棒糖，首先应执行【半调图案】命令，绘制背景图案；然后利用【旋转扭曲】滤镜制作旋转效果，并利用图层样式为其增加立体感；最后用相同的方法绘制手柄即可完成棒棒糖的制作。

任务实施

1. 糖果部分（半调图案、图像的复制与粘贴）

01 新建文件，大小设为 400×400 像素，设置前景色与背景色，如图 6-14 所示（可设置为自己喜欢的）。双击背景图层，将其转换为“图层 0”，如图 6-15 所示。

图 6-14 颜色设置

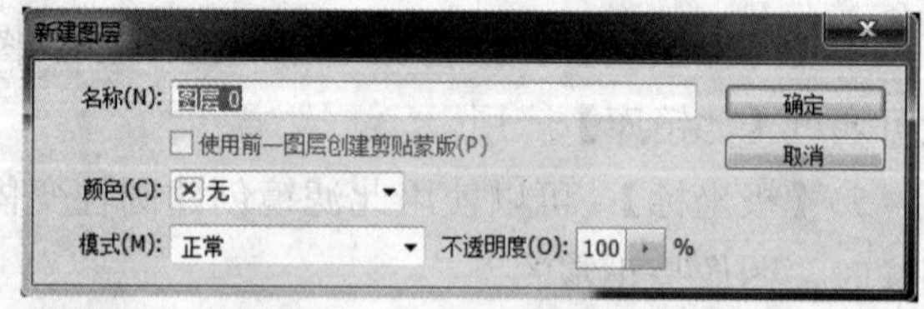

图 6-15 “图层 0”的设置

02 执行【滤镜】|【滤镜库】命令，在【滤镜库】对话框中选择【素描】|【半调图案】滤镜，参数设置如图 6-16 所示，效果如图 6-17 所示。

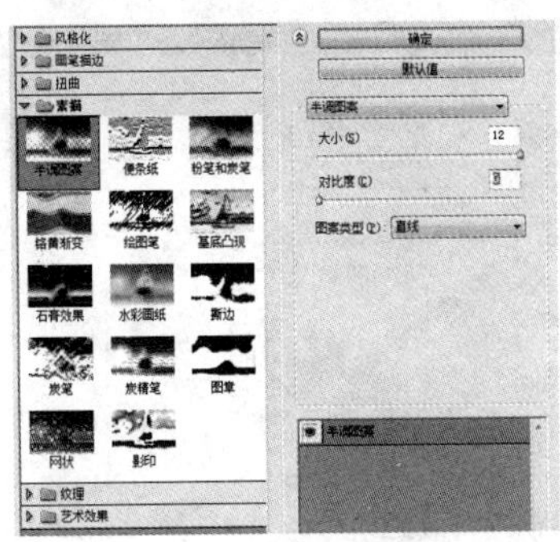

图 6-16 【半调图案】制作滤镜设置

图 6-17　效果图片

03 执行【滤镜】|【扭曲】|【旋转扭曲】命令，参数设置如图 6-18 所示。由于旋转后的图形接近椭圆，因此对其进行自由变换，调整成圆形，效果如图 6-19 所示。

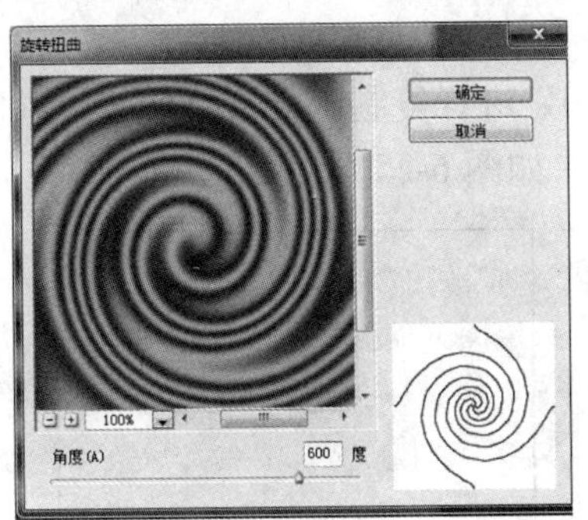

图 6-18 【旋转扭曲】滤镜设置

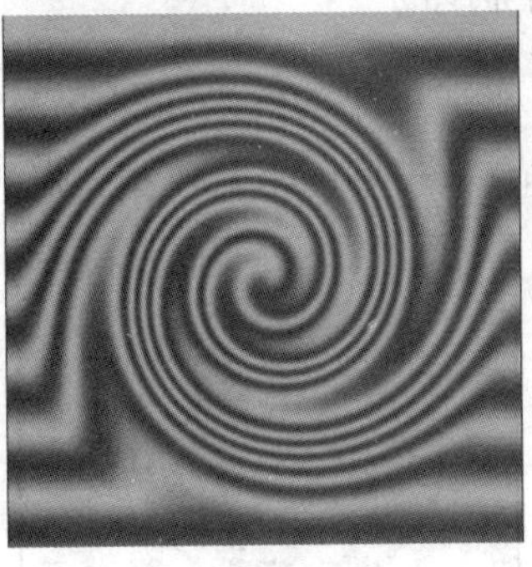

图 6-19　调整形状

04 使用【椭圆选框工具】绘制一个圆形选区，如图 6-20 所示。按 Ctrl+J 组合键复制区域到新图层，得到旋转的圆形。将图层命名为“糖果”，并将“图层 0”填充为白色，如图 6-21 所示。

图 6-20 旋转的圆形

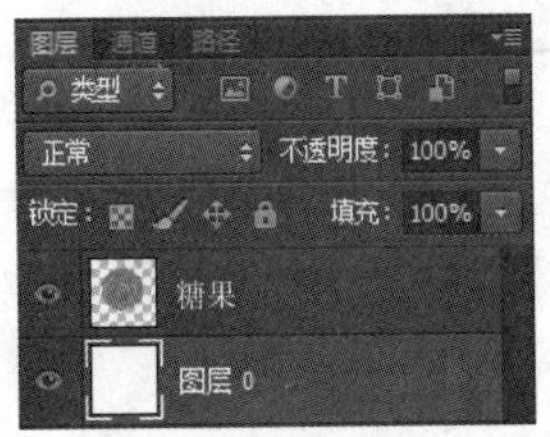

图 6-21　图层

05 对“糖果”图层添加【内阴影】与【斜面和浮雕】图层样式，为其添加质感，具体数值设置如图 6-22 和图 6-23 所示。

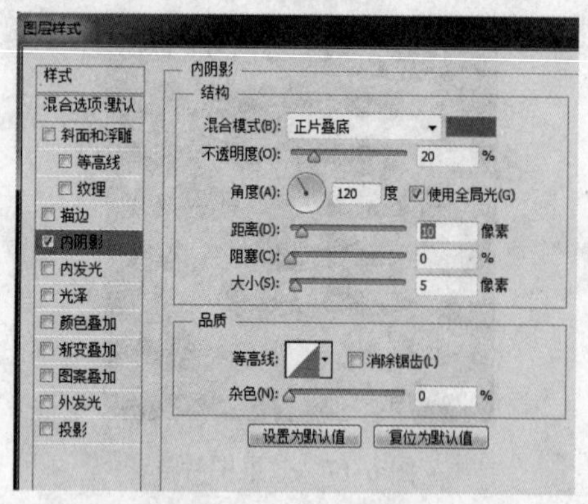

图 6-22 【内阴影】样式设置

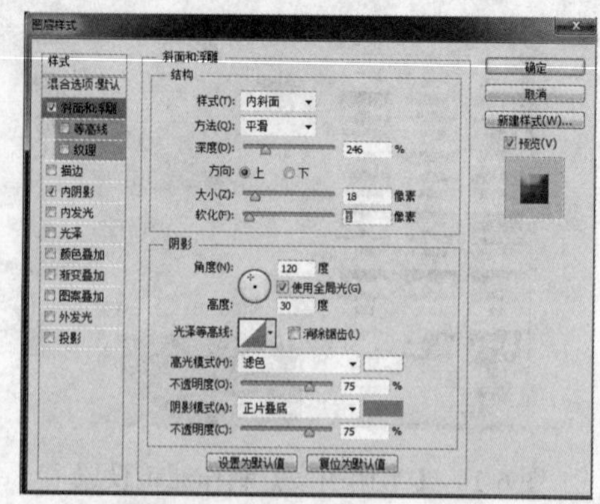

图 6-23 【斜面和浮雕】样式设置

2. 手柄部分

01 此时糖果的效果如图 6-24 所示。对“图层 0”进行复制；设置手柄的前景色与背景色，执行【半调图案】命令，得到手柄的纹理，效果如图 6-25 所示。

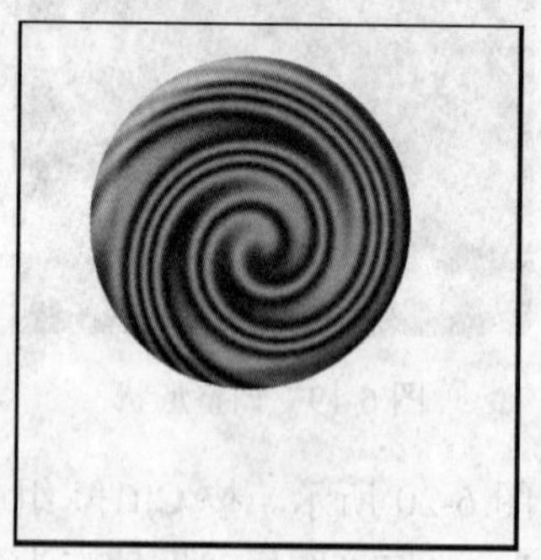

图 6-24 糖果效果

图 6-25 手柄的纹理效果

02 使用【矩形选框工具】绘制一个长方形选区，如图 6-26 所示。按 Ctrl+J 组合键复制区域到新图层，得到细长的手柄形状，将图层命名为“手柄”，并将“图层 0 副本”删除，效果如图 6-27 所示。

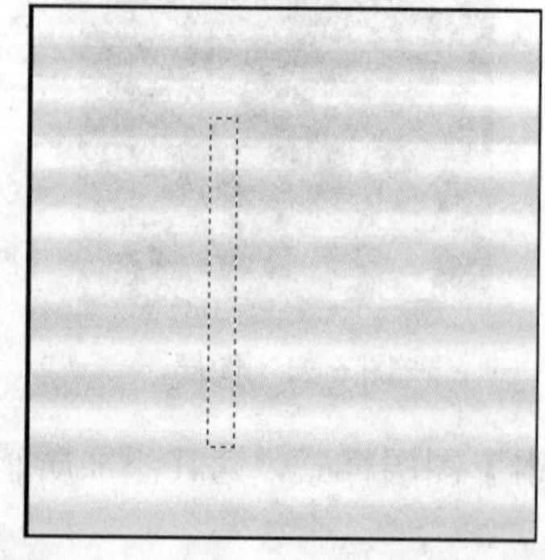

图 6-26 建立选区

图 6-27 手柄效果

03 调整好两者的大小与位置，右击“糖果”图层，选择【拷贝图层样式】命令，如图 6-28 所示。然后右击“手柄”图层，选择【粘贴图层样式】命令，手柄也有了立体感。

04 按 Ctrl+E 组合键，将“糖果”图层与“手柄”图层合并，然后为其添加【投影】图层样式，如图 6-29 所示。

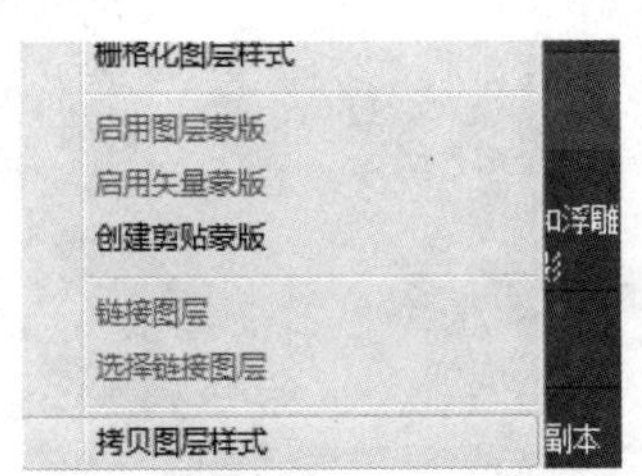

图 6-28　选择【拷贝图层样式】命令

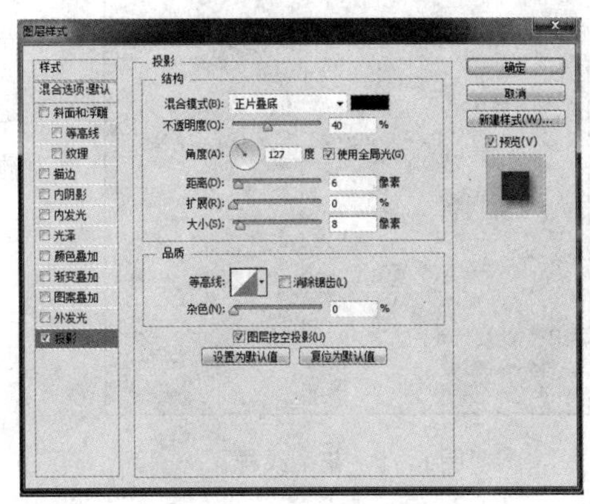

图 6-29 【投影】样式设置

3. 排版和完善界面（横排文字工具、自由变换）

调整“棒棒糖”的大小与位置，并对其进行复制和排版，完善界面，最终效果如图 6-30 所示。

课外拓展

通过本实例的学习，我们掌握了运用【旋转扭曲】和【半调图案】滤镜，绘制棒棒糖的方法。其实【旋转扭曲】滤镜还可以制作出其他效果，请读者绘制旋转的毛笔笔画效果。

图 6-30　最终效果

6.3　风格化滤镜的应用

风格化滤镜通过置换像素和查找并增加图像的对比度，在选区中生成绘画或印象派的效果。本节将学习风格化滤镜组中的【风】滤镜，感受该滤镜的魅力。

任务要求

图 6-31　花朵纹样

工笔画是十分精致的，如果没有美术功底，绘制一幅漂亮的工笔花朵纹样是比较困难的。但是，在 Photoshop 中绘制一幅线条精美的花纹图样并不是很难，本节将学习运用【风】滤镜绘制漂亮、精致的花朵纹样图，如图 6-31 所示。

知识点与技能

Photoshop 中的风格化滤镜组共有 8 种滤镜，如图 6-32 所示。本节依次简介各种滤镜，然后详细讲解【风】滤镜的应用。

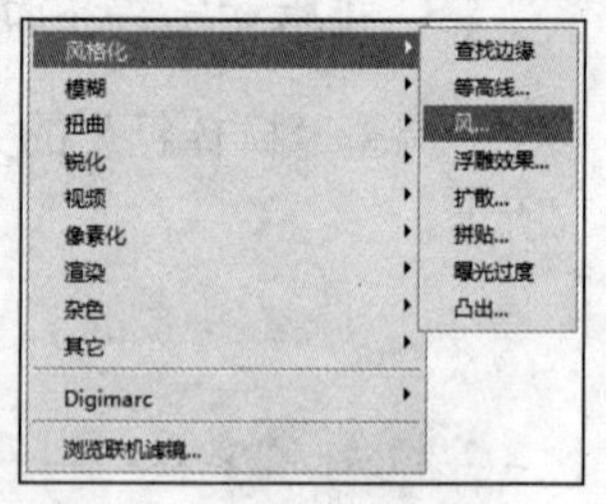

图 6-32　风格化滤镜组

1）【查找边缘】：用显著的转换标识图像的区域，并突出边缘。像【等高线】滤镜一样，【查找边缘】用相对于白色背景的黑色线条勾勒图像的边缘，这对生成图像周围的边界非常有用。

2）【等高线】：查找主要亮度区域的转换，并为每个颜色通道淡淡地勾勒主要亮度区域的转换，以获得与等高线图中的线条类似的效果。

3）【风】：在图像中放置细小的水平线条来获得风吹的效果。方法包括【风】【大风】（用于获得更生动的风效果）和【飓风】（使图像中的线条发生偏移）。

4）【浮雕效果】：将选区的填充色转换为灰色，并用原填充色描画边缘，从而使选区显得凸起或压低。

5）【扩散】：根据所选选项搅乱选区中的像素，以虚化焦点。

6）【拼贴】：将图像分解为一系列拼贴，使选区偏离其原来的位置。可以选取下列对象之一填充拼贴之间的区域：背景色、前景色、图像的反转版本或图像的未改变版本，它们使拼贴的版本位于原版本之上，并露出原图像中位于拼贴边缘下面的部分。

7）【曝光过度】：混合负片和正片图像，类似于显影过程中将摄影照片短暂曝光。

8）【凸出】：赋予选区或图层一种 3D 纹理效果。

9）【照亮边缘】：标识颜色的边缘，并向其添加类似霓虹灯的光亮。可通过【滤镜库】将此滤镜与其他滤镜一起累积应用。

任务分析

要绘制花朵纹样，首先利用【风】滤镜将花朵的一个花瓣绘制出来，然后进行复制、旋转；将 5 个花瓣组成花的形状，利用变形工具进行变形，使得平面的花朵有立体的质感；绘制花蕊；添加颜色图层，更改图层混合选项，为花朵着色，并为其添加发光效果；最后，为了使得界面更丰满，可以对花朵纹样进行复制、旋转；添加文字与画框，使得作品像一幅画。

任务实施

1. 绘制花朵

01 新建文件，大小为 600×600 像素；将背景色设为黑色；新建图层，绘制白色直线，如图 6-33 所示。

02 执行【滤镜】|【风格化】|【风】命令，打开【风】对话框进行图 6-34 所示的设置，将【方法】设置为【风】,【方向】设置为【从右】。执行两次【风】滤镜命令，效果如图 6-35 所示。

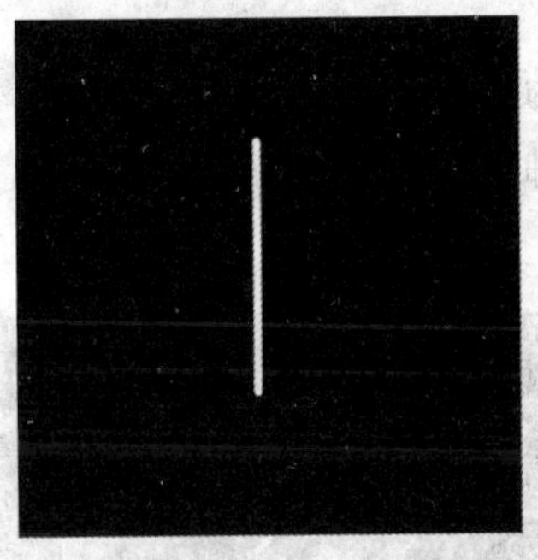

图 6-33　绘制白线

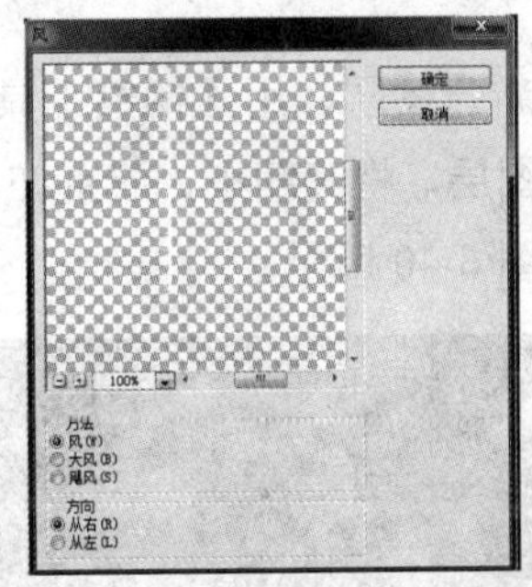

图 6-34 【风】对话框

03 选中白线所在的图层，Ctrl＋T 组合键后右击自由变换框，执行【变形】命令。拖动手柄，使得形状像花瓣，如图 6-36 所示。

图 6-35　执行【风】滤镜后的效果

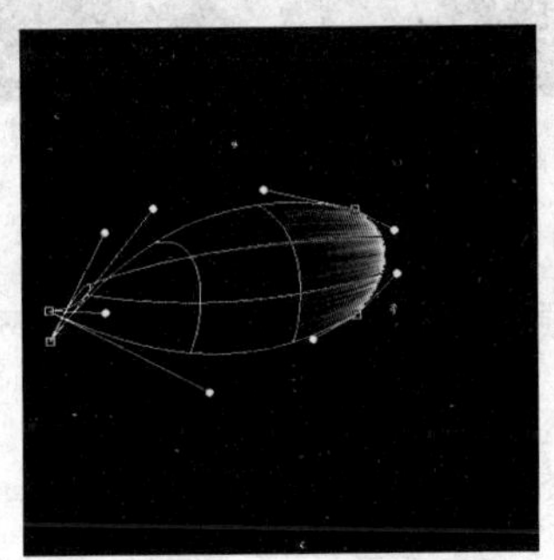

图 6-36　花瓣的变形

04 自由变换，调整花瓣的大小；对其进行旋转，最终组合成一个平面的花朵雏形，如图 6-37 所示。再次利用【变形】工具，对花朵进行变形，使其具有立体感，如图 6-38 所示。

图 6-37 平面的花朵

图 6-38 花朵的变形

2. 修饰花朵，为其添加颜色效果

01 新建图层，用【钢笔工具】绘制花蕊，并为其描边；如图 6-39 所示。复制合并后的花朵图层，将其缩小，放置在花朵的中心位置；绘制圆形放置在花蕊上，以完成花朵的绘制，如图 6-40 所示。

图 6-39 绘制花蕊

图 6-40 花朵的效果

02 将所有组成花朵的图层合并，并为其添加【外发光】及【投影】图层样式。可以更改背景颜色，使其看上去更活泼，充满朝气。

03 为了使得页面更丰富，像一幅画，可为其添加画框，复制几个花朵，并添加标题文字，最终效果如图 6-41 所示。

图 6-41　“绽放的花朵”效果图

课外拓展

通过本实例，我们掌握了通过【风】滤镜以及【变形】命令来绘制花朵，并且通过调整图层样式为花朵增添色彩与光泽。请读者运用【风】滤镜和【变形】命令绘制其他形态的花朵。

6.4　渲染滤镜的应用

渲染滤镜组能在图像中创建 3D 形状、云彩图案、折射图案和模拟的光反射，也可在 3D 空间操纵对象，创建 3D 对象（立方体、球面和圆柱体），并从灰度文件创建纹理填充以产生类似 3D 的光照效果。本节将揭开【云彩】滤镜和【光照效果】滤镜的神秘面纱。

任务要求

逼真的纹理效果如何制作呢？例如岩石的纹理，这样的纹理背景可以用来制作譬如登山网站的界面。本节将学习利用【云彩】滤镜和【光照效果】滤镜制作岩石纹理的方法，如图 6-42 所示。

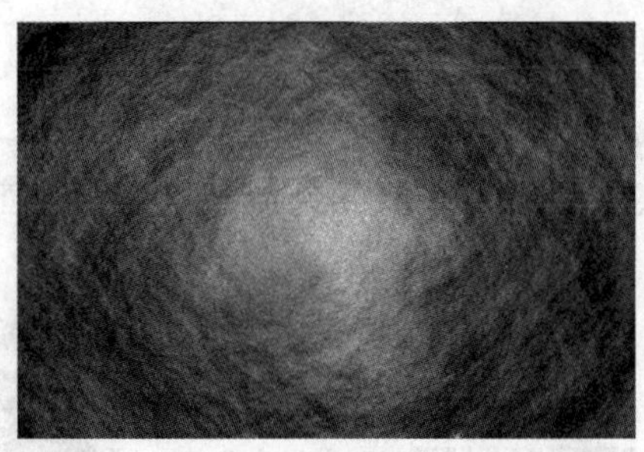

图 6-42　岩石纹理

知识点与技能

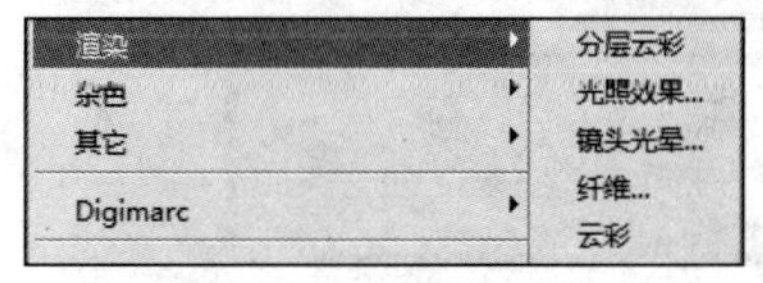

图 6-43　渲染滤镜组

渲染滤镜组包括光照效果、分层云彩、镜头光晕、纤维、云彩 5 种效果，如图 6-43 所示。

1)【分层云彩】：使用随机生成的介于前景色与背景色之间的值，生成云彩图案。此滤镜将云彩数据和现有的像素混合，其方式与【差值】模式混合颜色的方式相同。第一次选取此滤镜时，图像的某些部分被反相为云彩图案。应用此滤镜几次之后，会创建出类似大理石的纹理。

2）【光照效果】：通过改变 17 种预设的光照样式、3 种光照类型和 4 套光照属性，在 RGB 图像上产生千变万化的光照效果。

3）【镜头光晕】：模拟亮光照射到相机镜头所产生的折射。通过单击图像缩览图的任意位置或拖动其十字线，指定光晕中心的位置。

4）【纤维】：使用前景色和背景色创建编织纤维的外观。可以使用【差异】滑块来控制颜色的变化方式（较小的值会产生较长的颜色条纹；而较大的值会产生非常短且颜色分布变化更大的纤维）。

5）【云彩】：使用介于前景色与背景色之间的随机值，生成柔和的云彩图案。要生成色彩较为分明的云彩图案，可按住 Alt 键，然后执行【滤镜】|【渲染】|【云彩】命令。

任务分析

新建图层，设置前、背景颜色；借助【云彩】滤镜和【添加杂色】滤镜绘制岩石背景的雏形，借助通道为岩石增添光照感，使得背景纹理效果质感更加明显。

任务实施

1. 绘制岩石背景的雏形

01 新建 600×400 像素的图像文档，为其新建图层。设置前景色为 RGB（77，77，77），背景色为 RGB（121，91，50），执行【滤镜】|【渲染】|【云彩】命令，效果如图 6-44 所示。

02 执行【滤镜】|【杂色】|【添加杂色】命令，设置数量为 3、高斯分布、单色，使得背景具有凹凸的杂质感，如图 6-45 所示。

2. 设置光照效果，绘制具有质感的岩石纹理

01 切换到【通道】面板，新建一个通道 Alpha1，如图 6-46 所示。执行【滤镜】|【渲染】|【云彩】命令，并对其执行【添加杂色】命令，使得通道附带有纹理图案效果，效果如图 6-47 所示。

图 6-44　应用【云彩】滤镜后的图层效果

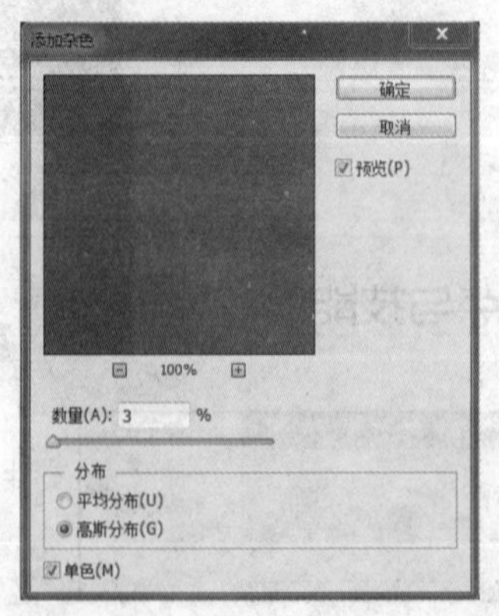

图 6-45　【添加杂色】对话框

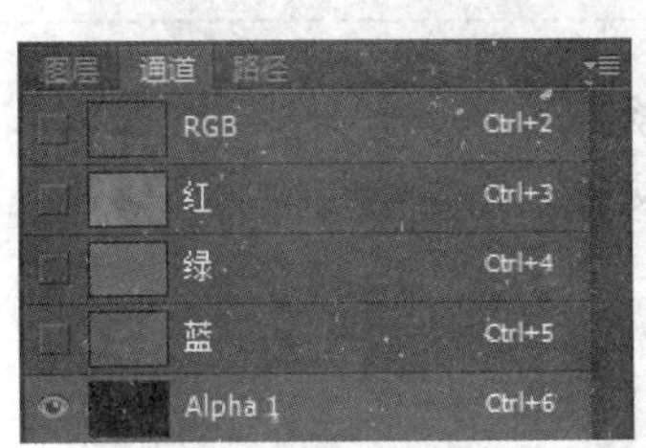

图 6-46　新建通道 Alpha1

图 6-47　添加杂色和云彩的通道效果

02 返回【图层】面板，复制“图层 1”，隐藏“图层 1 副本”。对“图层 1”执行【滤镜】|【渲染】|【光照效果】等命令，为纹样增添质感。同时，也对图层副本进行相同的操作，但调整亮度以及光照范围，具体设置如图 6-48 所示和图 6-49 所示。将纹理通道设置为 Alpha1，这样岩石表面的层次就呈现了。

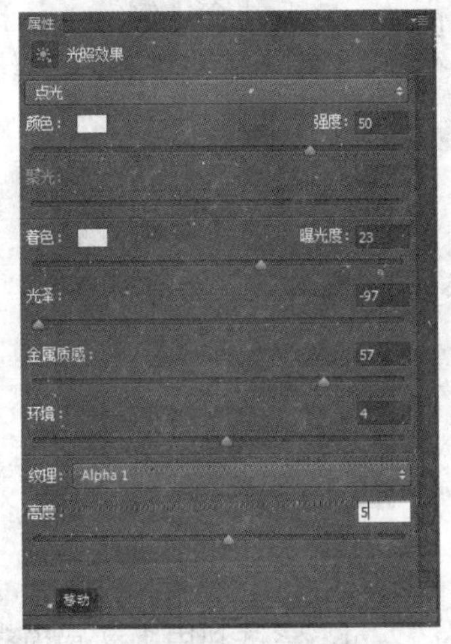

图 6-48　“图层 1”的光照效果设置

图 6-49　“图层 1 副本”的光照效果设置

03 为“图层 1 副本”添加蒙版，依次使用【云彩】滤镜和【分层云彩】滤镜，使得纹理效果更加自然，如图 6-50 所示。这样，逼真的岩石纹样绘制完成，最终效果如图 6-51 所示。

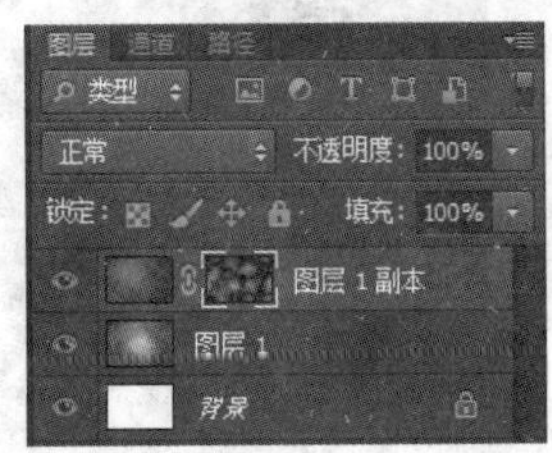

图 6-50 “图层 1 副本”的蒙版效果

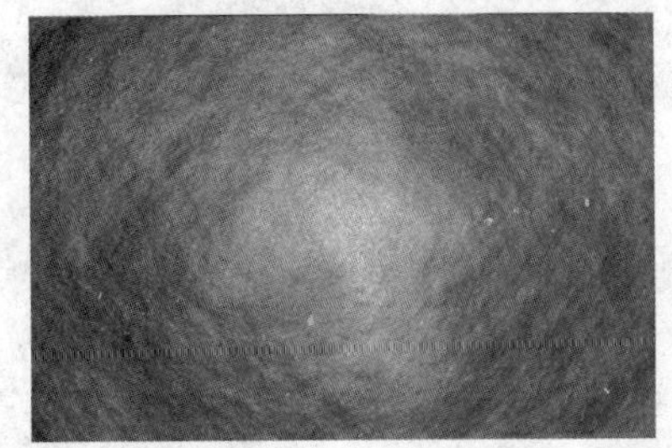

图 6-51　最终效果图

课外拓展

通过本实例，我们掌握了应用渲染滤镜组的【云彩】【分层云彩】和【光照效果】滤镜来完成岩石纹样绘制的方法。请读者利用所学知识，使用渲染滤镜组绘制其他效果和形状的纹样。

实践探索

1）利用【旋转扭曲】滤镜将直线进行变形，组合成为风车片的形状，然后进行复制、旋转，实现风车形状的绘制，并为其上色，如图 6-52 所示。

2）利用【风】滤镜和【光照效果】滤镜绘制舞台背景，然后结合【钢笔工具】将人物抠取出来，最后为了使人物素材较好地与背景融合，使用【模糊工具】涂抹边缘，效果如图 6-53 所示。

图 6-52　童年的风车

图 6-53　舞台上的芭蕾舞演员

3）根据素材图 6-54，新建 A4 大小画布，分辨率为 72dpi，尝试利用【动感模糊】滤镜制作图 6-55 所示的校内海报。

图 6-54　人物素材

图 6-55　校内海报

第 7 章　图像变换在设计中的应用

Photoshop 对图像变换，主要是对图像进行变换比例、旋转、斜切、翻转或变形处理比较多。灵活而巧妙地应用图像变换，能得到许多意想不到的效果。

本章相关素材在“配套资源”→“第 7 章”→“素材文件”中。

7.1　图像的扭曲变换

Photoshop 提供了对图像进行缩放、扭曲、旋转、变形等变换操作的功能，我们可以使用这些命令对图形的形状进行调整，使之符合情景的需要，方便我们进行图片合成。本节将使用【扭曲】命令来实现图片合成。

任务要求

清新秀丽的风景图片给人以美的视觉感受，令人心情愉悦，因此很多人喜欢用它来当电脑屏保或者桌面。本实例通过对风景图片进行变形，然后与显示器图片合成，制作出具有风景桌面的显示器图片，如图 7-1 和图 7-2 所示。

图 7-1 “屏幕上的‘相片’”素材

图 7-2　加工后的作品

知识点与技能

1.【扭曲】变换功能

使用【扭曲】命令可以调整图像四边的形状，使之与目标形状相吻合。

2.【扭曲】命令的使用

执行【编辑】|【变换】|【扭曲】命令，分别拖动图像四周出现的变换控制框的控制句

柄（或顶点），即可对图像进行扭曲调整。

> **提示**
>
> 在使用自由变换控制框时，按住 Ctrl 键拖动控制框的各个控制句柄，即可对图像进行扭曲变换操作。

任务分析

“屏幕上的‘相片’”，其实就是将显示器、风景素材图片进行合成。将风景图片复制到显示器图片中，然后对形状进行扭曲调整，使之与显示器的屏幕形状相吻合，最后利用图层混合模式进行光影效果调整，即可得实例效果。

任务实施

1. 图片合成（图像的复制、图层透明度调整、扭曲变换）

01 执行【文件】|【打开】命令，打开“第 7 章素材”文件夹中的“显示器.jpg”“风景.jpg”文件，如图 7-3 和图 7-4 所示。

图 7-3 “显示器.jpg”文件

图 7-4 “风景.jpg”文件

02 单击“风景.jpg”文件，按 Ctrl+A 组合键全选整张图片，然后使用【移动工具】将选取的图像移入“显示器.jpg”文件中，如图 7-5 所示，此时“显示器.jpg”文件多了一个图层——“图层 1”。

图 7-5 移入“显示器”中的风景图像

03 在【图层】面板中选中“图层 1”，设置不透明度为 50%，如图 7-6 所示。选择【编辑】|【变换】|【扭曲】命令，拖动左上角的控制点至显示器屏幕左上角，如图 7-7 所示。使用同样的方法拖动风景图像的右上角、左下角、右下角的控制点至显示器屏幕相应的角点，即可使风景图像的形状与屏幕形状相吻合，如图 7-8 所示。按 Enter 键，确认扭曲调整完毕。

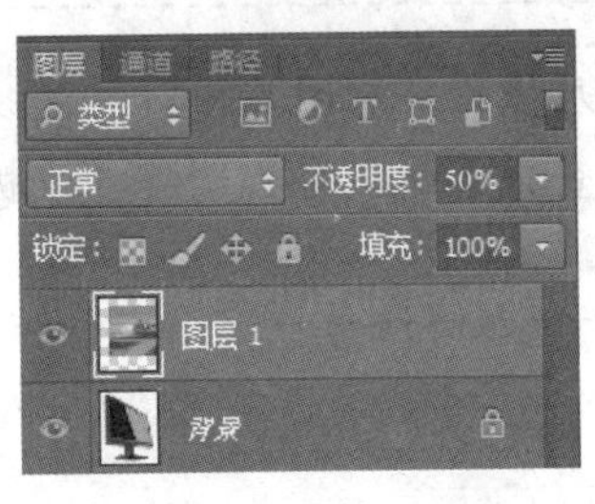

图 7-6　调整“图层 1”的不透明度

图 7-7　调整左上角顶点

图 7-8　扭曲后的图片合成效果

04 在【图层】面板中将“图层 1”的不透明度改为 100%，如图 7-9 和图 7-10 所示。

2. 添加光影效果（图层混合模式）

01 在【图层】面板中选择背景图层，按住 Ctrl 键单击“图层 1”缩略图，将扭曲后的风景图像载入选区，按 Ctrl+C 组合键进行复制，按 Ctrl+V 组合键进行粘贴，【图层】面板中多了一个图层——“图层 2”，如图 7-11 所示。“图层 2”的图像就是原显示器图片中的屏幕。

图 7-9　完全显示“图层 1”图像

图 7-10　图片合成效果

图 7-11　将原屏幕创建为新图层

提示

按住 Ctrl 键同时单击图层缩略图，则可将该图层的图像部分载入选区。

02 将“图层 2”移至“图层 1”的上方，设置图层混合模式为【滤色】，降低不透明度，即可得到图片光影效果，如图 7-12 和图 7-13 所示。此时，“屏幕上的‘相片’”效果制作就完成了。

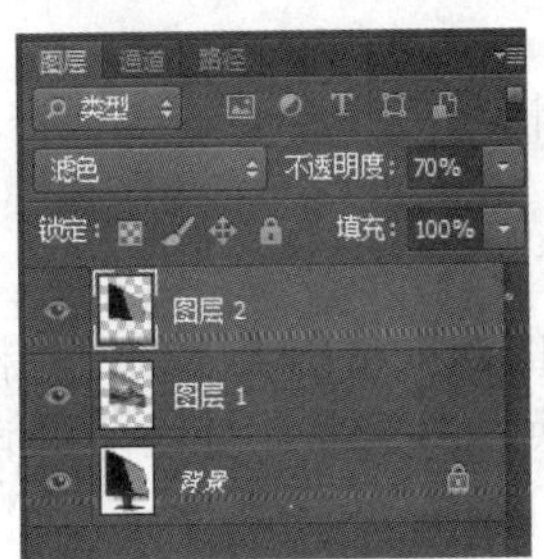

图 7-12　设置图层混合模式

图 7-13　最终效果图

课外拓展

通过本实例的学习，我们掌握了通过【扭曲】命令和图层操作，对图片进行形状改变的合成效果。此实例在图片合成操作中经常使用，请读者查找素材，自己制作“手机屏保”或者“书本封面”的合成图片。

7.2 图像旋转变换及中心点的改变

Photoshop 在提供图像旋转变换功能以实现对选定图形的角度调整的同时，也提供了对变换中心点进行调整及旋转、复制同时进行阵列操作的功能。我们可以使用这些功能来绘制一些有一定规律的图案，如花朵、转盘、蝴蝶图案等。本节将利用【旋转】变换命令来实现中心对称图案的绘制。

任务要求

图 7-14 矢量花朵

在网上经常会看到一些非常漂亮的花卉图案，颜色多样且均匀，总想把它下载下来作为装饰或者收藏……通过本实例的学习，大家可以很快地绘制出类似的“矢量花朵”图案，如图 7-14 所示。

知识点与技能

1. 【旋转】变换功能

使用【旋转】命令可以调整图像的角度，使之与图片情景更吻合。

2. 【旋转】变换命令的使用

执行【编辑】|【变换】|【旋转】命令，当前操作图像的四周将出现变换控制框，将鼠标指针放于变换控制框边缘或者控制句柄上，待鼠标指针转换为↷形状，拖动即可旋转图像。

提示

在使用自由变换命令时，在选项栏上进行角度设置，可以实现图像的精确旋转。

任务分析

“矢量花朵”其实就是使用【钢笔工具】绘制花瓣的形状，再进行填色，然后使用【旋转】变换工具进行变换中心点和图像角度的调整，不断地旋转复制，即可得实例效果。

任务实施

1. 绘制花瓣（钢笔工具、渐变填充）

01 执行【文件】|【新建】命令，弹出【新建】对话框，参数设置如图 7-15 所示。单击【确定】按钮。

02 填充背景为黑色，执行【编辑】|【填充】命令，弹出【填充】对话框，具体设置如图 7-16 所示，将填充颜色设为黑色，如图 7-17 所示。

03 单击工具箱中的【钢笔工具】，使用【路径】模式，绘制出花瓣形状，如图 7-18 所示。

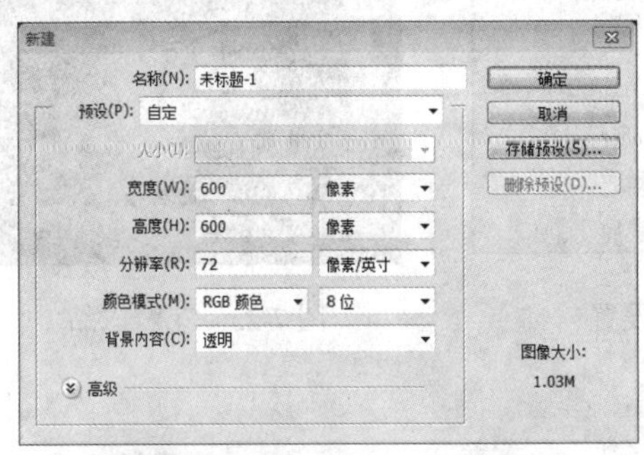

图 7-15 新建文件

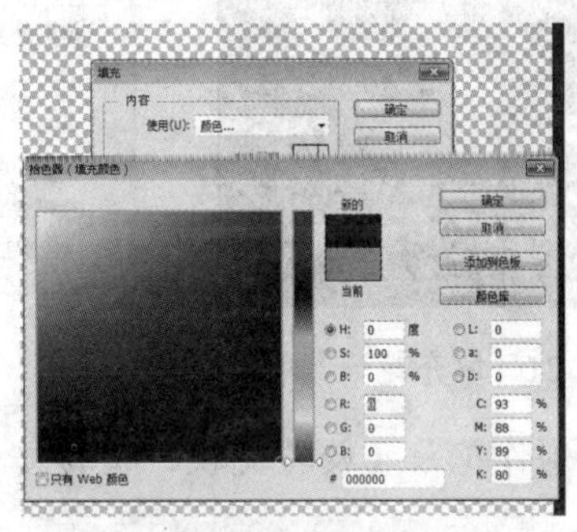

图 7-16 填充设置

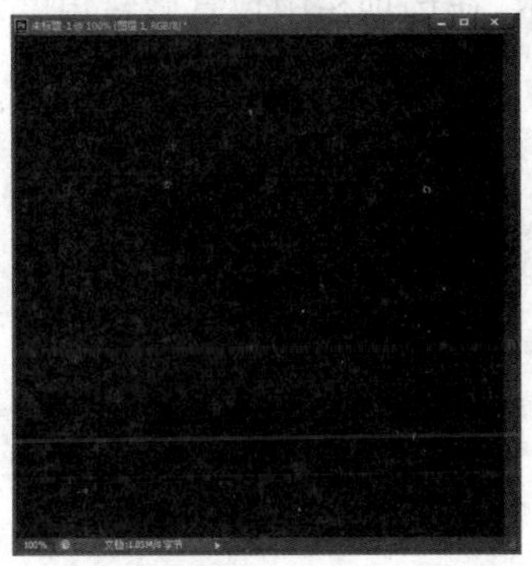

图 7-17 填充背景为黑色

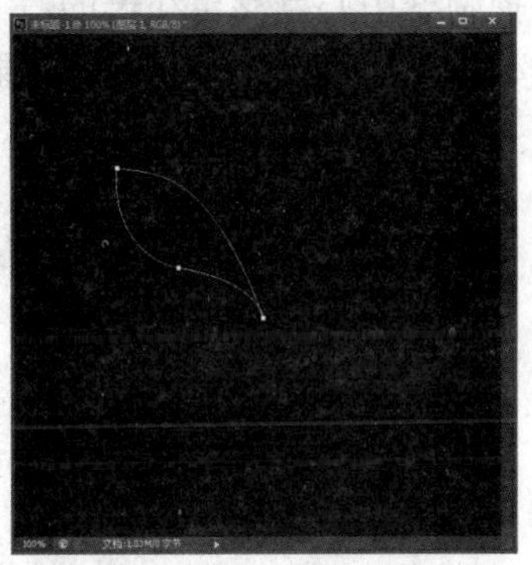

图 7-18 绘制花瓣形状

04 选中该路径，单击【路径】面板中的按钮，将路径转换为选区，如图 7-19 所示。

05 在【图层】面板中新建图层，用来存放花瓣图像。单击工具箱中的【渐变工具】，在渐变编辑器中设置渐变色，如图 7-20 所示。将该渐变色填充于花瓣选区中，如图 7-21 所示。执行【编辑】|【描边】命令，对话框设置如图 7-22 所示，对花瓣进行描边。按 Ctrl+D 组合键取消选择，一片漂亮的花瓣就此诞生了，如图 7-23 所示。

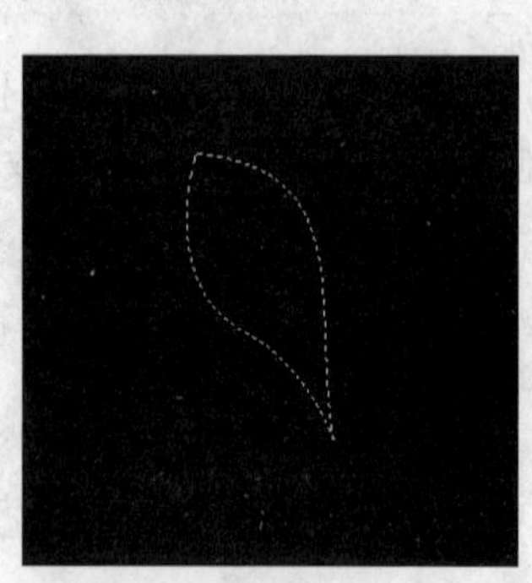

图 7-19　花瓣形状路径转换为选区

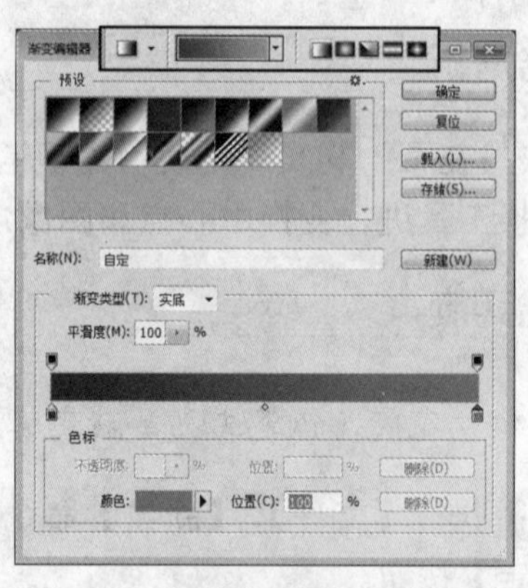

图 7-20　设置渐变色

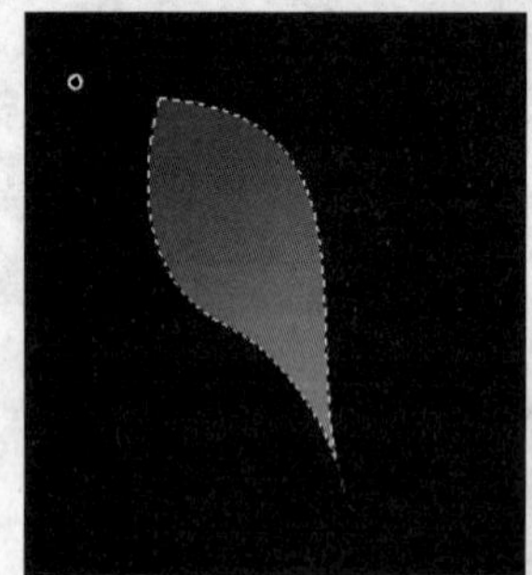

图 7-21　填充花瓣颜色

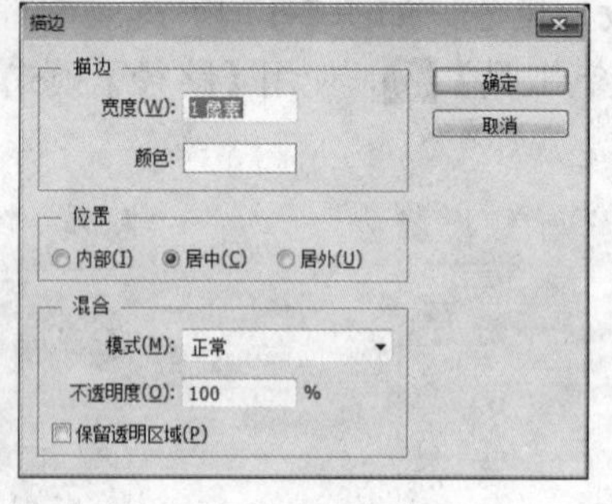

图 7-22　描边设置

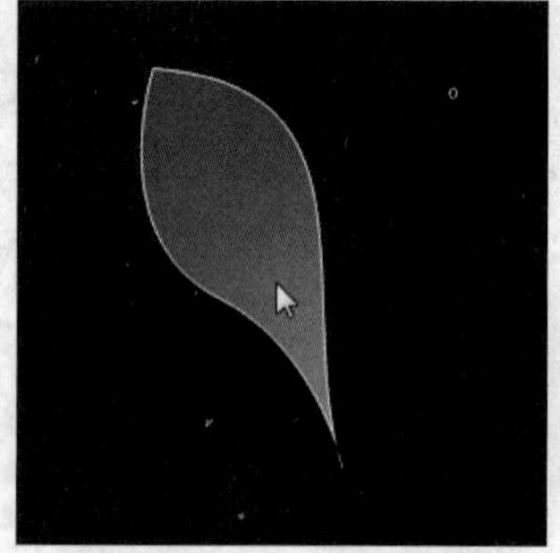

图 7-23　花瓣成品

2. 制作花朵（旋转变换、旋转复制）

01 在【图层】面板中选中花瓣图层——“图层 1”，执行【编辑】|【变换】|【旋转】命令，将控制框中心点移至花瓣的右下角，如图 7-24 所示。在选项栏中设置旋转角度为 30°，单击✔按钮确认，旋转 30° 后的效果如图 7-25 所示。

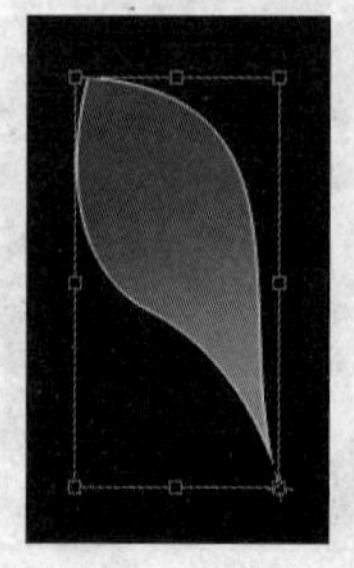

图 7-24　改变变换中心点

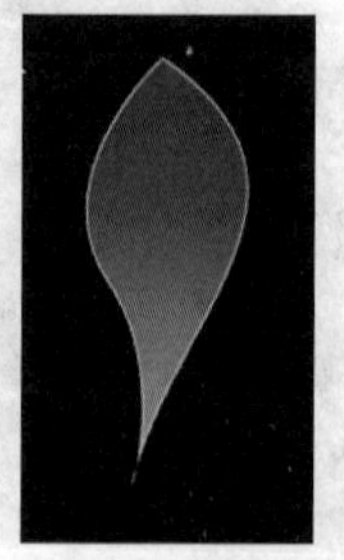

图 7-25　旋转 30° 后的花瓣

提示

- 将路径转换为选区也可以使用快捷键 Ctrl+Enter 实现。
- 在图像四周出现变换控制框的前提下，只要选中变换中心点直接进行拖动，即可改变变换中心点的位置。

02 按住 Ctrl+Shift+Alt 键，不断地按 T 键，可以看到花瓣在旋转变换的同时进行自我复制，最终得到完整的“矢量花朵”效果，如图 7-26 和如图 7-27 所示。

图 7-26　按一次 Ctrl+Shift+Alt+T 组合键后效果

图 7-27　多次旋转复制后的效果

提示

在完成上一次图像变换的前提下，按住 Ctrl+Shift+Alt 键同时，按 T 键，可以实现重复上一次变换操作且进行图像自我复制。多次按 T 键，可以达到多次变换复制的效果。

课外拓展

通过本实例的学习，我们掌握了通过【旋转】变换命令进行“矢量花朵”绘制的方法。此方法在中心对称图形绘制过程中经常使用，请读者自己绘制一幅类似风车或者花朵的图案。

7.3　图像的缩放变换

Photoshop 提供的图像缩放变换命令，可以方便地实现图像区域大小的缩放，使之与图片情景相匹配，甚至可以达到夸张、搞笑的效果，因此在图片处理过程中经常用到。本节将利用【缩放】变换命令来实现图片人物的“Q 版”效果。

任务要求

一些娱乐节目的片头或者宣传海报经常会使用一些夸张的手法，如使用“大头照片”（把人物头像变大，身体变小，使之比例不协调），从而达到娱乐搞笑、吸引观众的效果。通过本实例的学习，我们将能很快地制作出这种“大头照片”，如图 7-28 和图 7-29 所示。

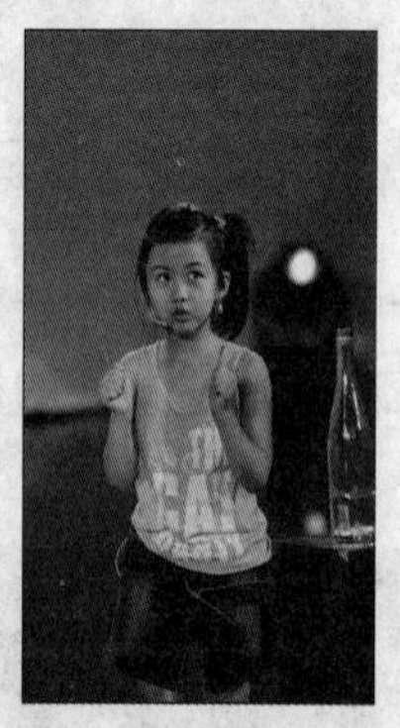

图 7-28 “大头照片”素材

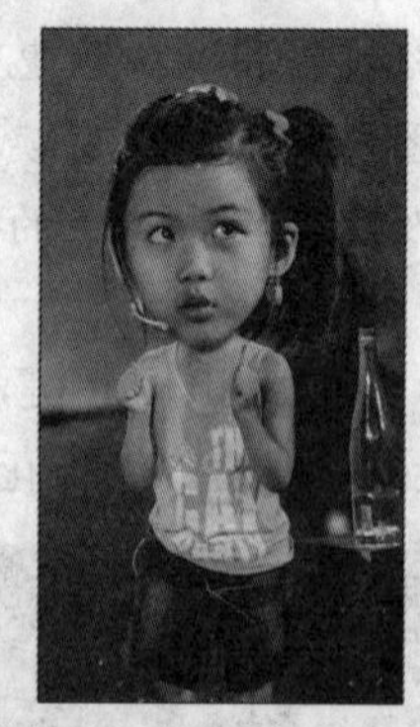

图 7-29 加工后的作品

知识点与技能

1. 【缩放】变换功能

使用【缩放】命令可以调整图像的大小。

2. 【缩放】变换命令的使用

执行【编辑】|【变换】|【缩放】命令，当前操作图像的四周将出现变换控制框，将鼠标指针放于变换控制框边缘或者控制点上时，鼠标指针会变为↘或↔或↗形状，拖动即可改变图像大小。

提示

在使用自由变换命令时，在选项栏上进行比例设置，可以实现对图像的宽、高精确缩放。按下 按钮，即可实现宽、高的等比例缩放。

X: 354.50 像 Y: 226.00 像 W: 100.00% H: 100.00% 0.00 度 H: 0.00 度 V: 0.00 度 插值: 两次立方

任务分析

制作“大头照片”其实就是抠取人物头部选区，进行复制，然后进行【缩放】变换，再适当移动头部位置，即可得实例效果。

任务实施

01 执行【文件】|【打开】命令，在素材文件夹中选择“照片.jpg”文件并打开，如图 7-30 所示。

02 单击工具箱中的【矩形选框工具】按钮，将人物头部框选出来，如图 7-31 所示。按 Ctrl+C、Ctrl+V 组合键，进行人物头部复制，【图层】面板上多出一个“图层 1”用来存放复制的图像，如图 7-32 所示。

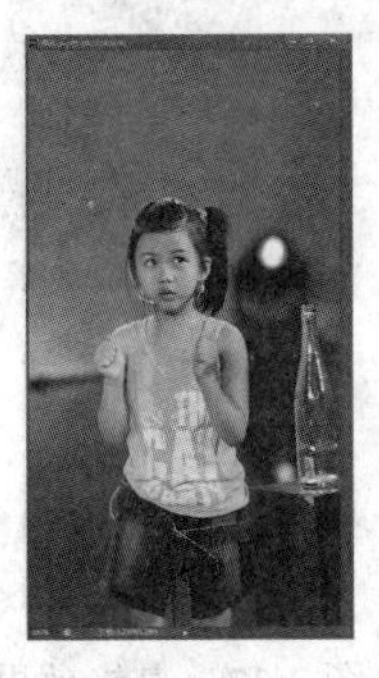

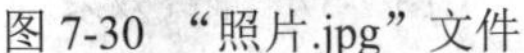

图 7-30　“照片.jpg”文件

图 7-31　框选人物头部区域

图 7-32　复制人物头部

03 选择【编辑】|【变换】|【缩放】命令，按住 Shift+Alt 组合键，向外拖动控制框点，使图像等比例放大，如图 7-33 所示，按 Enter 键确认变换。

> **提示**
>
> - 按住 Shift 键进行变换可实现等比例缩放，按住 Alt 键可实现以图片中心为基点进行变换。
> - 在这里，也可以使用变换工具选项栏的设置，来实现选区图像的等比例放大。如要把头像部分放大为原来的 2 倍，可进行如下设置：
>
> X: 354.50 像素　Y: 226.00 像素　W: 200.00%　H: 200.00%　0.00　度　H: 0.00　度　V: 0.00　度　插值：两次立方

04 单击【移动工具】，使用键盘上的光标移动键进行放大后的图像的微调，使其位于适当的位置，如图 7-34 所示。此时，人物头部已经放大，但头部周围的图像必须删除，使之与背景相吻合，在这里使用图层蒙版来实现。

图 7-33　等比例放大头像

图 7-34　头部位置微调

05 单击【图层】面板中的按钮，给“图层 1”添加蒙版，如图 7-35 所示。

06 单击工具箱中的【画笔工具】按钮，将需要删除的图像部分涂上黑色，最终效果如图 7-36 和图 7-37 所示。一张可爱俏皮的“大头照片”就制作完成了。

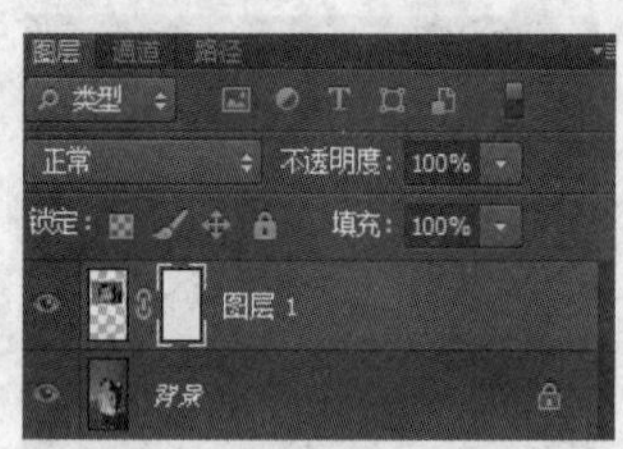

图 7-35 添加图层蒙版

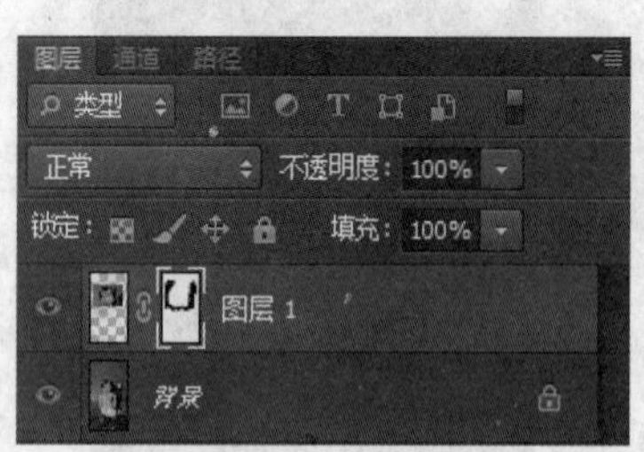

图 7-36 编辑图层蒙版

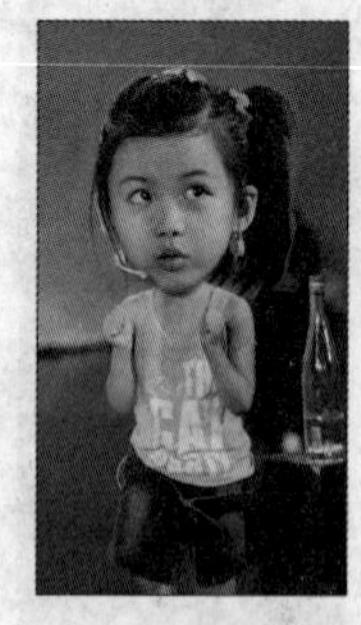

图 7-37 最终效果

提示

在图层蒙版中使用【画笔工具】时，注意画笔的硬度要设置合适，使得头部图像的边缘能过渡自然。此外，如果不小心涂掉脸部，则可以采用白色画笔涂抹还原。

课外拓展

通过本实例的学习，我们掌握了通过【缩放】命令对图像大小进行调整的方法。此方法在图像处理中经常使用，请读者自行查找素材，制作一个“Q 版人物”的图像。

7.4 图像的变形变换

Photoshop 提供的【变形】命令，可以快速地将图像修改成各种形状，在图片处理中经常能达到很多不可思议的效果。本节将利用【变形】命令来实现人物五官的调整。

任务要求

“郁闷！我的眼睛太小了，脸太圆了……”不用担心！经过本实例学习，你将能很快地把眼睛变“大”，甚至可以把圆脸变成“瓜子脸”，如图 7-38 和图 7-39 所示。

图 7-38 “变大”眼睛的素材

图 7-39 加工后的作品

知识点与技能

1. 【变形】变换功能

使用【变形】命令可以对图像进行各种扭曲和变形操作。

2. 【变形】命令的使用

执行【编辑】|【变换】|【变形】命令，工具选项栏如图 7-40 所示，图片显示为图 7-41 所示的状态。

图 7-40 变形工具选项栏

其中各参数的含义是：

- 变形：在该下拉列表框中可以选择 15 种预设的变形选项，如果选择【自定】选项，则可以随意地对图像进行变形操作；
- 更改变形方向按钮：单击该按钮可以改变图像变形的方向；
- 弯曲：在此输入正或负数可以调整图像的扭曲程度；
- H 数值框：在此输入数值可以控制图像扭曲在垂直方向上的比例；
- V 数值框：在此输入数值可以控制图像扭曲在水平方向上的比例。

图 7-41 执行【变形】命令后的图像

提示

除了在变形工具选项栏的“变形”下拉列表框中选择预设的变形方式外，还可以直接利用变形控制框的控制点对图像进行变形操作。

可以在预设变形方式的基础上继续对图像进行变形操作，但必须在【变形】下拉列表框中选择了一个预设的变形方式后，再重新选择【自定】选项。

任务分析

“变大”眼睛，其实就是抠取人物的眼睛，进行复制，然后进行【变形】变换，调整眼睛的大小和形状，即可得到实例效果。

任务实施

01 执行【文件】|【打开】命令，在素材文件夹中选择“照片.jpg”文件并打开，如图 7-42 所示。

02 右击工具箱中的【矩形选框工具】按钮，选择【椭圆选框工具】，将人物眼睛部分框选出来，如图 7-43 所示。可以看到，椭圆选区与眼睛轮廓方向不一致，可以采用变换选区的方法，对椭圆选框进行旋转和移动变换。右击选区，在弹出的快捷菜单中选择【变换选区】命令，如图 7-44 所示，调整选区的角度和位置，如图 7-45 所示，按 Enter 键确认选区变换。

图 7-42 “照片.jpg”文件

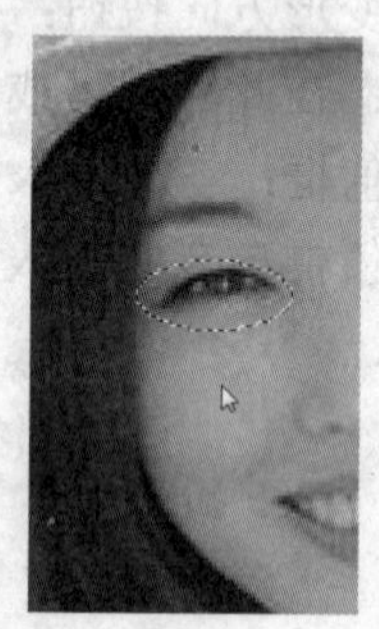

图 7-43 框选人物眼睛区域

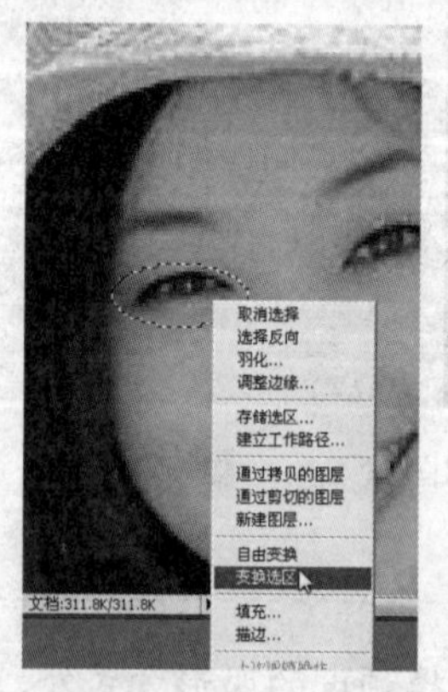

图 7-44 选择【变换选区】命令

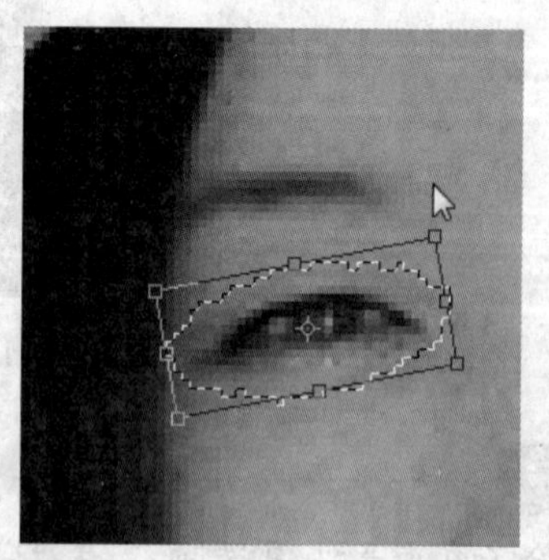

图 7-45 调整选区角度和位置

提示

与图像变换类似，在变换选区的状态下，右击选区，在弹出的快捷菜单中可以对选区进行【缩放】【旋转】【扭曲】【透视】【斜切】【变形】等操作，也可以直接转换为图像变换，如图 7-46 所示。

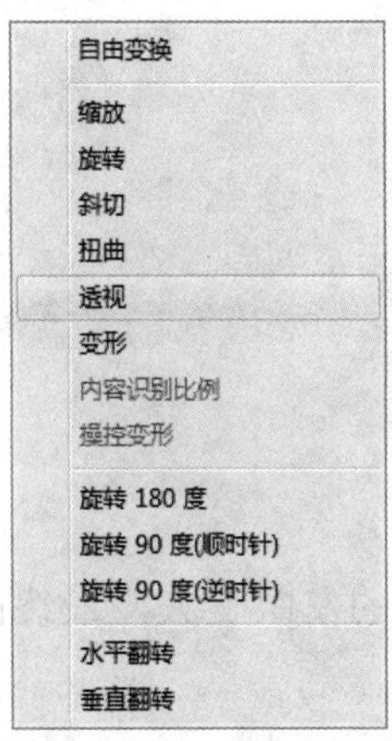

图 7-46　变换选区

03 按 Ctrl+C、Ctrl+V 组合键，进行人物眼睛部分复制，【图层】面板上多出一个“图层 1”用来存放刚刚复制的图像部分，如图 7-47 所示。

04 执行【编辑】|【变换】|【变形】命令，根据本图的眼睛形状，可以采用【鱼眼】变形来进行调整，变形效果如图 7-48 所示，工具选项栏设置如图 7-49 所示，按 Enter 键确认变换。

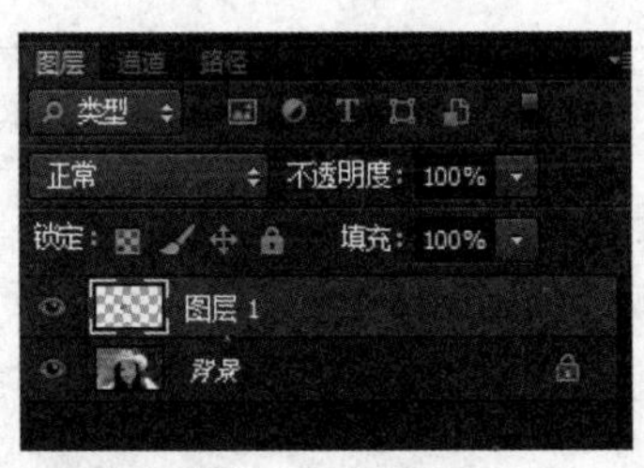

图 7-47　复制眼睛部分

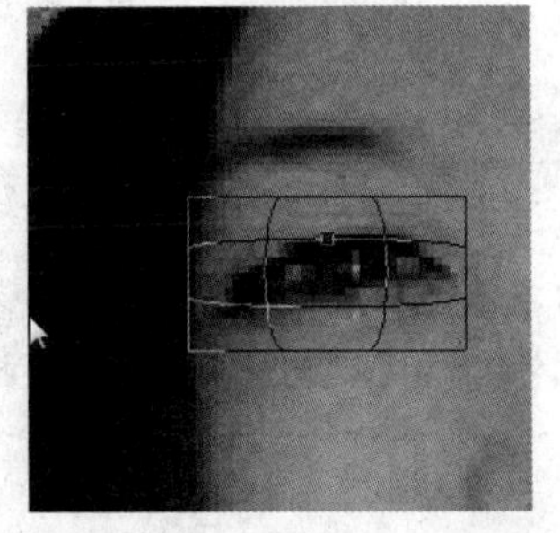

图 7-48　调整眼睛大小、形状

变形: 鱼眼　弯曲: 50.0 %　H: 0.0 %　V: 0.0 %

图 7-49 【变形】工具选项栏设置

提示

在这里，也可以通过直接调整变形控制框的控制点来实现眼睛形状、大小的调整。

05 擦除眼睛周围的多余图像部分：单击【图层】面板中的按钮，给“图层 1”添加蒙版，单击工具箱的【画笔工具】按钮，将需要删除的图像部分涂上黑色，效果如图 7-50 和图 7-51 所示。

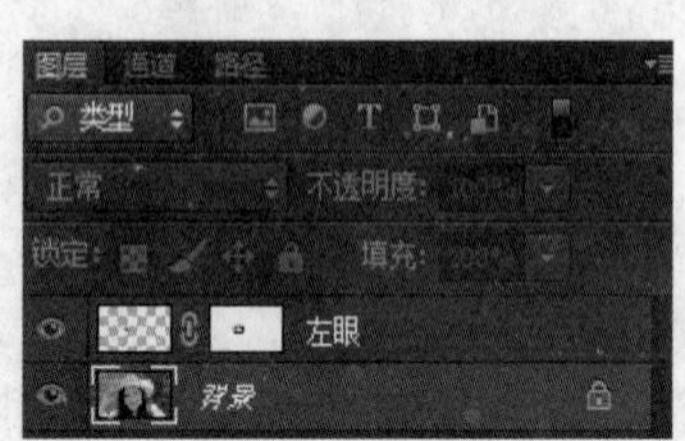

图 7-50 图层蒙版效果

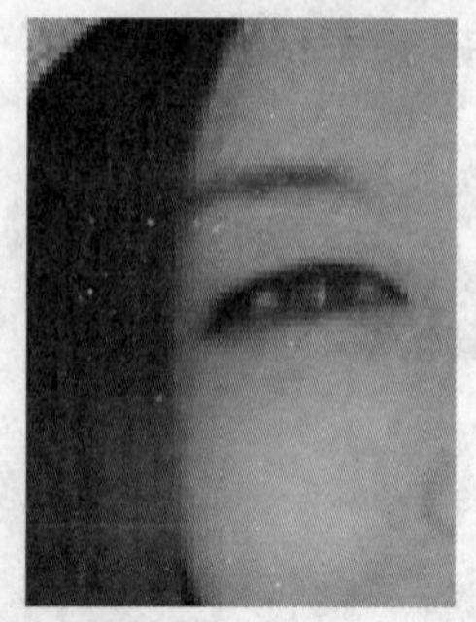

图 7-51 右眼变大效果

使用同样的方法，可以将人物的左眼变大，最终的【图层】面板和效果图如图 7-52 和图 7-53 所示。

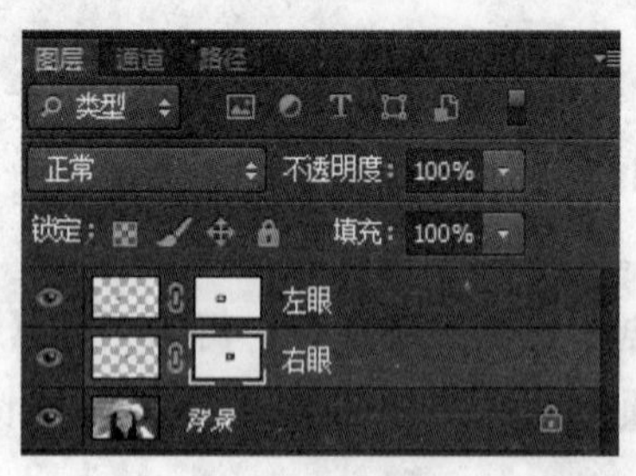

图 7-52 最终效果的【图层】面板

图 7-53 最终效果图

课外拓展

通过本实例的学习，我们掌握了通过【变形】命令完成图像大小调整的操作。使用类似的方法可以实现“瓜子脸”效果，读者可自行查找素材进行练习。

此外，读者还可以找空白的翻开的书本图片，使用【变形】命令为其添加页面内容。

实践探索

1）使用“手机.jpg”“风景.jpg”素材，完成手机屏保效果图，如图 7-54 和图 7-55 所示。

图 7-54 “手机屏保”素材

图 7-55　加工后的作品

2）根据“空白封面书本.jpg”“封面.jpg”素材，完成书本封面制作，如图 7-56 和图 7-57 所示。

图 7-56 “书本封面”素材

图 7-57　加工后的作品

3）制作“呵护”合成图片，如图 7-58 和图 7-59 所示。

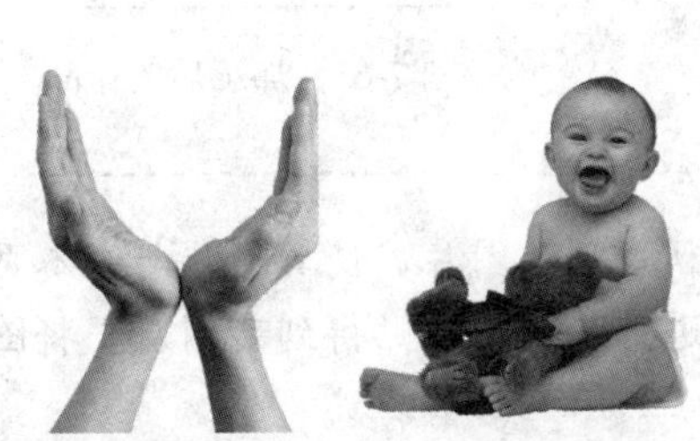

图 7-58 “呵护”图片素材

图 7-59　加工后的作品

提示

将“婴儿”抠取出来，复制到“手”上进行【缩放】变换，再使用图层蒙版将“婴儿”部分图像隐藏。

4）制作“瓜子脸”效果，如图 7-60 和图 7-61 所示。

图 7-60 “圆脸”原图

图 7-61 “瓜子脸”效果图

提示

先将人的头部（包括头发）复制到新的图层，然后进行【变形】变换，之后使用图层蒙版将多余的部分隐藏即可。

5）给空白的书本添加内容，如图 7-62 所和图 7-63 所示。

图 7-62 “给书本添加内容”素材

图 7-63 加工后的作品

提示

分别使用【缩放】【扭曲】【变形】命令变换“秋之痕”图片，使其形状与书本页面相吻合，之后将“秋之痕”图片所覆盖的书本部分进行复制、粘贴得到新图层，将图层混合模式设置为【正片叠底】即可。

第 8 章　矢量图形的绘制和应用

路径是基于“贝塞尔”曲线建立的矢量图形，所有使用矢量绘图软件或者矢量绘图工具制作的线条都可以称为路径。路径的两个主要功能是“绘制”和“选取”。路径工具组中很多必要的名词需要我们去了解，比如“锚点”。路径工具组中的钢笔工具、文字工具、路径选择工具、形状工具的使用频率极高且相互间关系密切、相辅相成。本章主要介绍绘制路径的工具和路径与其他工具的结合应用。

本章相关素材在“配套资源”→“第 8 章”→“素材文件”中。

8.1　钢笔工具的使用

Photoshop 除了具有强大的图片处理功能外，还提供了强大的绘图功能。在 Photoshop 中经常使用【钢笔工具】【画笔工具】及【油漆桶工具】等来实现绘图。本节将学习使用【钢笔工具】进行绘图。

任务要求

众所周知，“麦当劳”的标志是一个大大的“M”，而“M”的字形比较特别，是一般的字体里所没有的。在 Photoshop 里，可以使用【钢笔工具】将其轮廓勾勒出来，并填上合适的颜色，就可以实现“麦当劳”标志的绘制，如图 8-1 所示。

图 8-1　Photoshop 绘制“麦当劳”标志

知识点与技能

1. 路径和形状

1）路径是使用【钢笔工具】或者形状类工具绘制出来的线条轨迹，可以是开放或者闭合的路径。在 Photoshop 中绘制路径时，【路径】面板上会显示相应的路径，而【图层】面板没有发生任何变化，如图 8-2 所示。路径在打印出图时是打印不出来的。

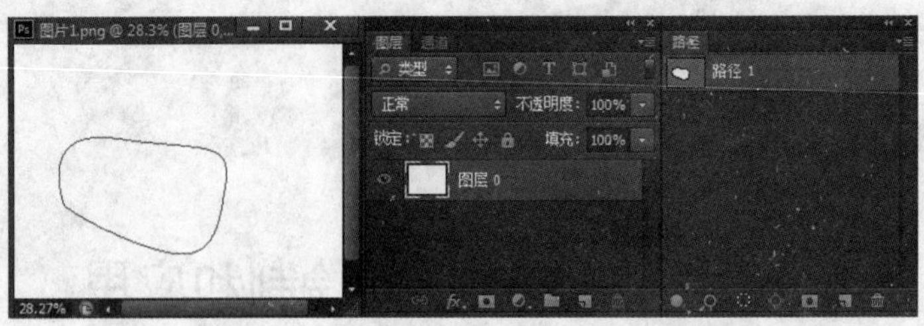

图 8-2　绘制路径时的工作区及【图层】【路径】面板

2）形状是使用【钢笔工具】或者形状类工具绘制出来的形状区域。在 Photoshop 中绘制形状时，【路径】面板上会显示相应的路径蒙版，而【图层】面板也会显示相应的形状图层，如图 8-3 所示。形状在打印出图时是可以打印出来的。

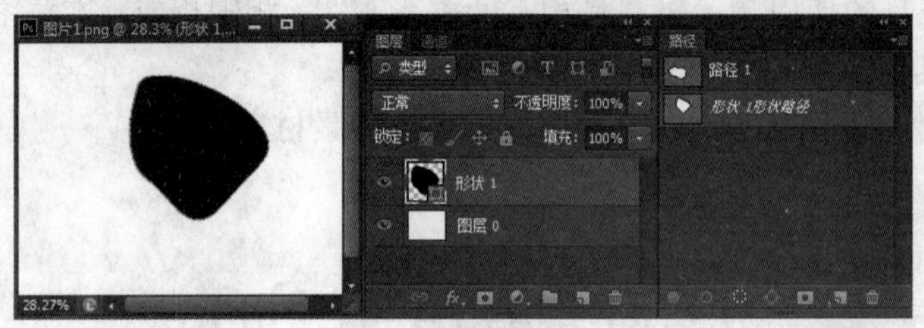

图 8-3　绘制形状时的工作区及【图层】【路径】面板

本节将着重讲解路径的绘制。

2. 钢笔工具组

Photoshop 提供了 5 个用于绘制与编辑钢笔路径的工具，其中用于绘制路径的是【钢笔工具】和【自由钢笔工具】，用于编辑路径的工具包括【添加锚点工具】、【删除锚点工具】以及【转换点工具】，如图 8-4 所示。

3.【钢笔工具】的用法

单点击工具箱中的【钢笔工具】，则可以看到工具选项栏如图 8-5 所示。其中各个参数的含义如下：

1）路径：绘制模式，分为路径、形状、像素 3 种模式。

2）建立：选区... 蒙版 形状：建立形态，分为选区、蒙版和形状 3 种。

3）：路径操作，即合并、相减、相交、重叠等。

4）：路径对齐。

5）：路径叠放顺序。

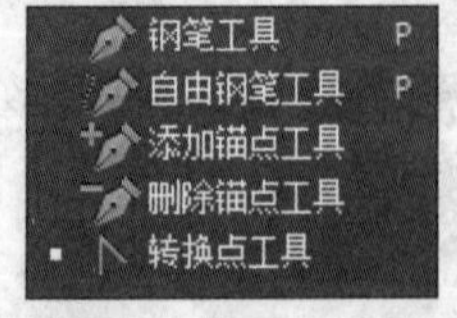

图 8-4　钢笔工具组

图 8-5　【钢笔工具】选项栏

用【钢笔工具】绘制曲线的基本步骤：

1）选择【钢笔工具】，如图 8-6 中 A 所示。

2）将【钢笔工具】定位到曲线的起点，并按住鼠标左键，此时会出现第一个锚点，同时钢笔工具指针变为一个箭头，如图 8-6 中 B 所示。（在 Photoshop 中，只有在开始拖动后，鼠标指针才会发生改变）

3）拖动以确定曲线段的斜度，然后释放鼠标左键，如图 8-6 中 C 所示（按住 Shift 键可将曲线方向限制为 45° 的倍数）。

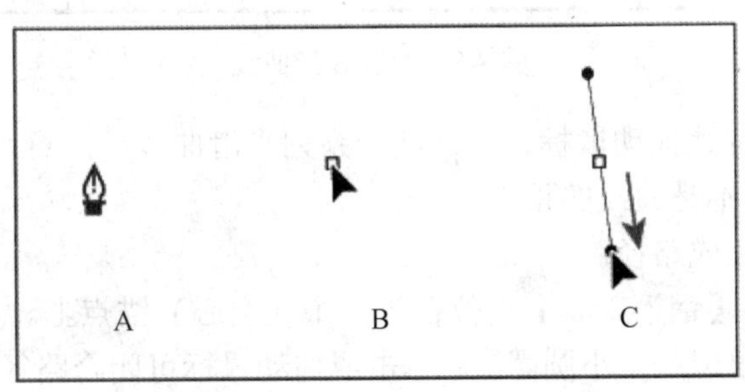

图 8-6　拖动创建曲线的第一个点

4）将【钢笔工具】定位到希望曲线段结束的位置，执行以下操作之一：

- 若要创建 C 形曲线，则向前一条方向线的相反方向拖动，然后释放鼠标左键，如图 8-7 所示。

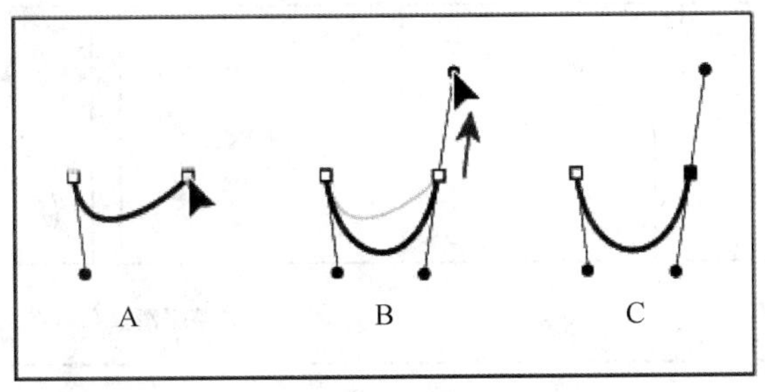

图 8-7　绘制曲线中的第二个点

在图 8-7 中：

A. 开始拖动第二个平滑点；

B. 向远离前一条方向线的方向拖动，创建 C 形曲线；

C. 释放鼠标左键后的结果。

- 若要创建 S 形曲线，则按照与前一条方向线相同的方向拖动，然后释放鼠标左键，如图 8-8 所示。

在图 8-8 中：

A. 开始拖动新的平滑点；

B. 按照与前一条方向线相同的方向拖动，创建 S 形曲线；

C. 释放鼠标左键后的结果。

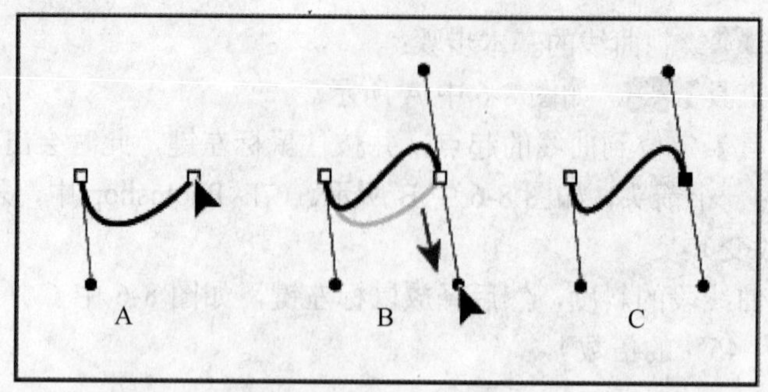

图 8-8　绘制 S 形曲线

5）继续从不同的位置拖动鼠标，以创建一系列平滑曲线。注意，应将锚点放置在每条曲线的开头和结尾，而不是曲线的顶点。

6）执行下列操作完成路径：

要闭合路径，应将【钢笔工具】定位在第一个（空心）锚点上。如果放置的位置正确，【钢笔工具】指针旁将出现一个小圆圈。单击或拖动鼠标可闭合路径。

提示

在绘图过程中按住 Ctrl 键，则可以移动某个锚点；如果按住 Alt 键，则可以进行角点与平滑点间的切换，并进行某一方向线的调整。

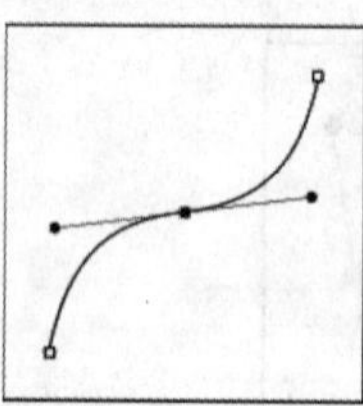

平滑点

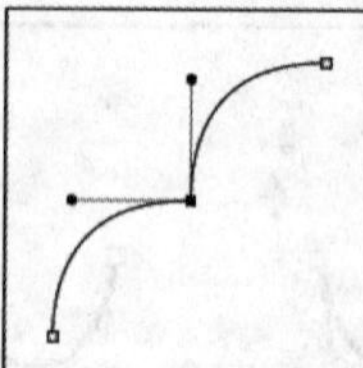

角点

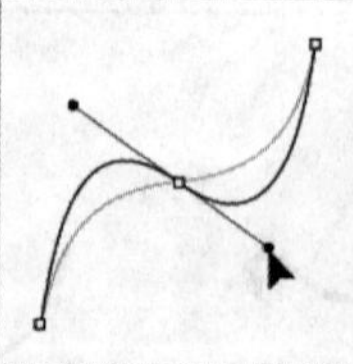

调整平滑点和角点

任务分析

绘制“麦当劳”标志，其实就是使用【钢笔工具】将“M”轮廓、高光区域轮廓绘制出来，再填充适当的颜色即可，其余部分也可以使用同样的方法实现绘制。

任务实施

01 执行【文件】|【新建】命令，弹出【新建】对话框，具休设置如图 8-9 所示。单击【确定】按钮。

02 单击工具箱中的【钢笔工具】，设置绘制模式为【路径】，进行“M”轮廓的绘制，选项栏设置及轮廓效果如图 8-10～图 8-12 所示。将“工作路径”存储为“路径 1”，如图 8-13 所示。

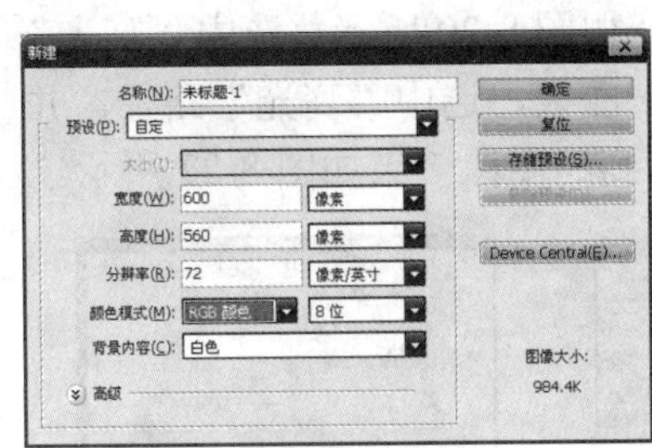
图 8-9　新建文件

图 8-10　【钢笔工具】选项栏设置

图 8-11　“M”轮廓绘制

图 8-12　【路径】面板

图 8-13　存储路径

03 在【图层】面板中新建一个图层，命名为“M”，如图 8-14 所示。选中“M”图层，设置前景色为橙色，如图 8-15 所示。切换到【路径】面板，选中“路径 1”，单击【路径】面板底端的按钮，使用前景色填充路径，如图 8-16 所示。得到的图像效果如图 8-17 所示。

图 8-14　添加“M”图层

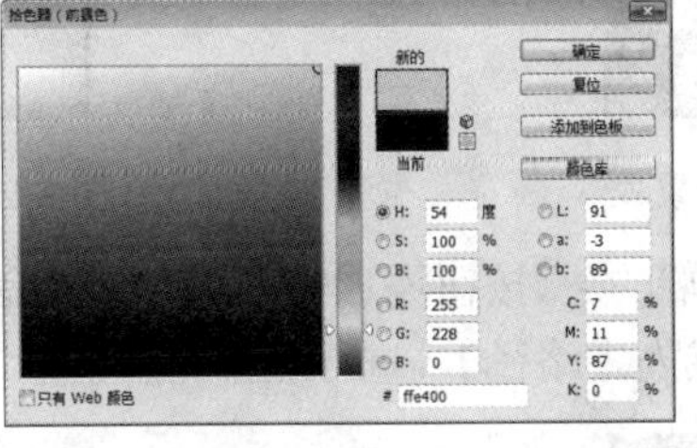
图 8-15　设置前景色

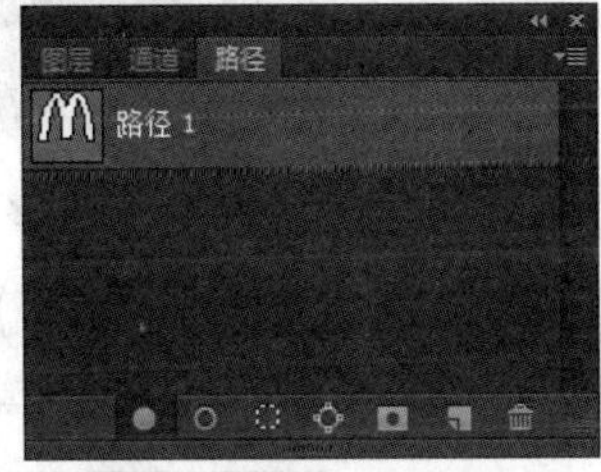
图 8-16　填充路径

04 单击【路径】面板底端的按钮添加一个路径，重命名为“高光”路径，如图 8-18 所示。单击工具箱中的【钢笔工具】，设置绘制模式为【路径】，进行高光轮廓的绘制，如图 8-19 所示。

图 8-17　M 路径填充

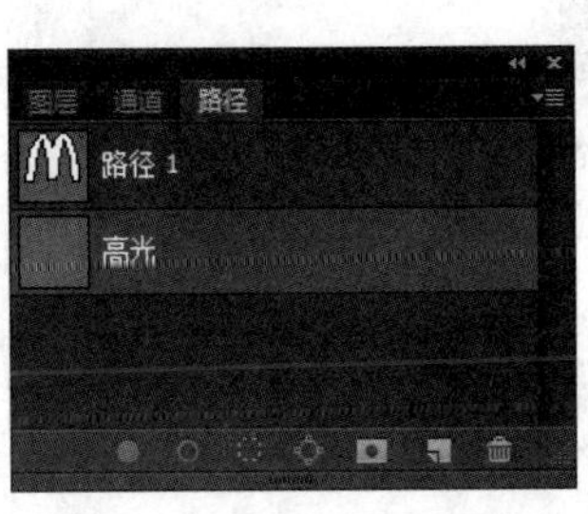
图 8-18　添加“高光”路径

图 8-19　绘制“高光”路径

05 在【图层】面板中新建一个图层，命名为“高光”，如图 8-20 所示。选中“高光”图层，设置前景色为黄色，如图 8-21 所示。切换到【路径】面板，选中“高光”路径，并单击【路径】面板底端的按钮，使用前景色填充路径，得到的图像效果如图 8-22 所示。

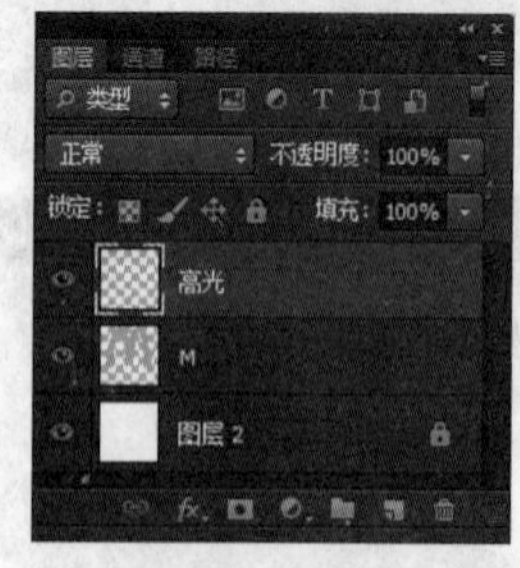

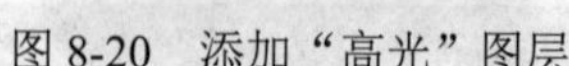
图 8-20 添加“高光”图层

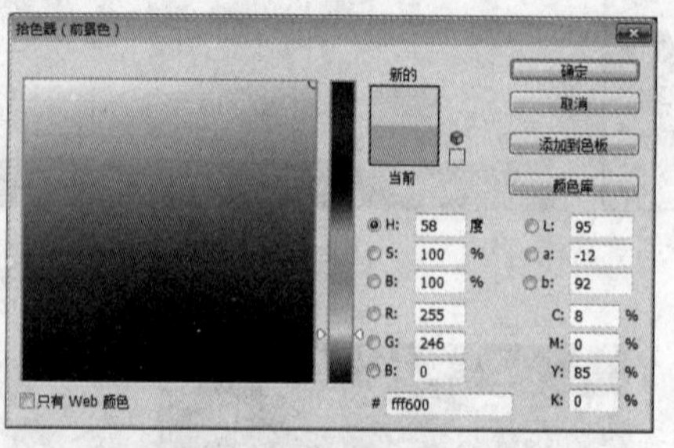

图 8-21 设置前景色

图 8-22 填充“高光”路径

06 单击【图层】面板底端的按钮，给“高光”图层添加蒙版。单击工具箱中的【渐变填充】工具，设置渐变色为黑白渐变，在蒙版中填充从上到下的线性渐变，以将“高光”图层的上半部分图形隐去，如图 8-23 和图 8-24 所示。此时，“M”标志的绘制已完成。

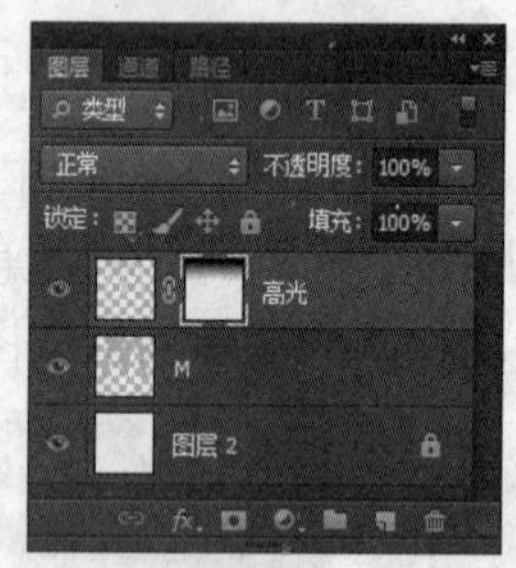

图 8-23 添加图层蒙版

图 8-24 “高光”区域效果

07 单击【路径】面板底端的按钮添加一个路径，重命名为“底部”，单击工具箱中的【钢笔工具】，设置绘制模式为【路径】，进行底部轮廓的绘制，如图 8-25 和图 8-26 所示。

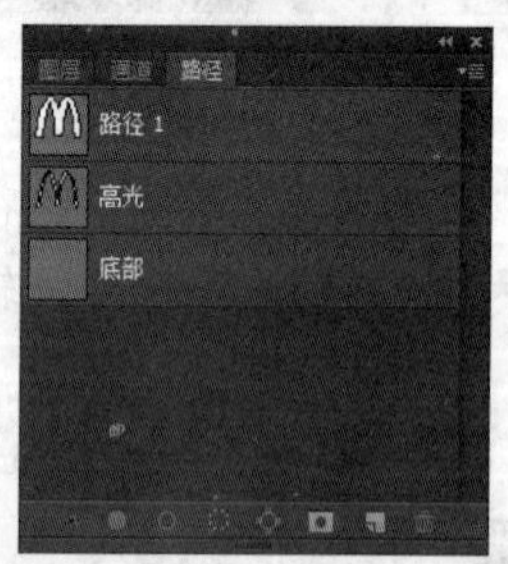

图 8-25 添加“底部”路径

图 8-26 绘制底部路径

08 在【图层】面板中新建一个图层，命名为“底部”，并移至“M”图层下方，如图 8-27 所示。选中“底部”图层，设置前景色为红色，如图 8-28 所示。切换到【路径】面板，选中“底部”路径，并单击【路径】面板底端的按钮，使用前景色填充路径，得到的图像效果如图 8-29 所示。

图 8-27　添加“底部”图层

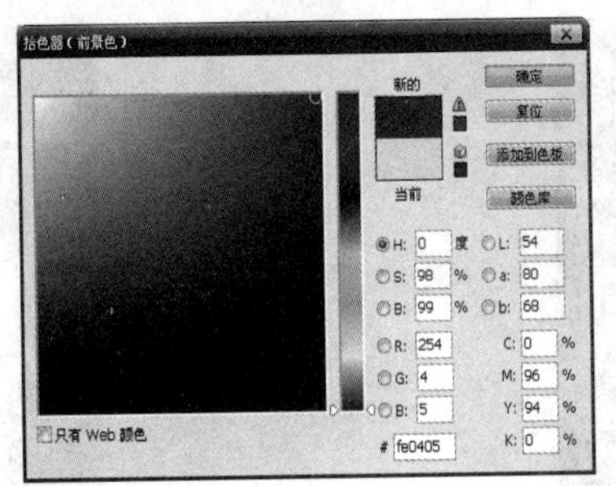

图 8-28　设置前景色

图 8-29　填充“底部”路径

09 在【图层】面板中双击“底部”图层，设置图层样式，如图 8-30 所示，即可得底部效果，如图 8-31 所示。

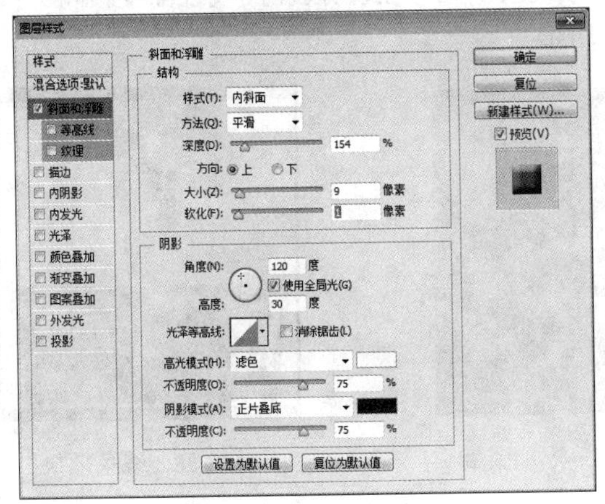

图 8-30　设置图层样式

图 8-31　底部效果

10 在【路径】面板中添加“线条”路径，并绘制路径线条，如图 8-32 和 8-33 所示。

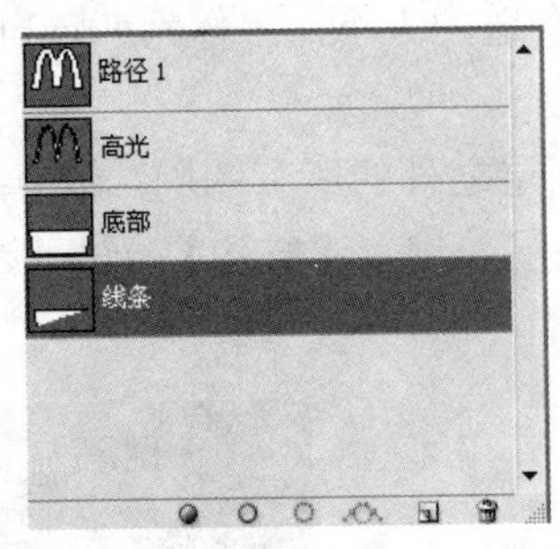

图 8-32　添加“线条”路径

图 8-33　绘制线条路径

11 在【图层】面板“底部”图层上方添加“线条”图层，如图 8-34 所示。单击工具箱中的【画笔工具】，设置画笔参数，如图 8-35 所示。设置前景色为黄色，切换到【路径】面板，选中“线条”路径，单击面板下方的按钮，使用画笔描边路径，单击【矩形选框工具】，选择线条下方一小部分，按 Delete 键删除，效果如图 8-36 所示。

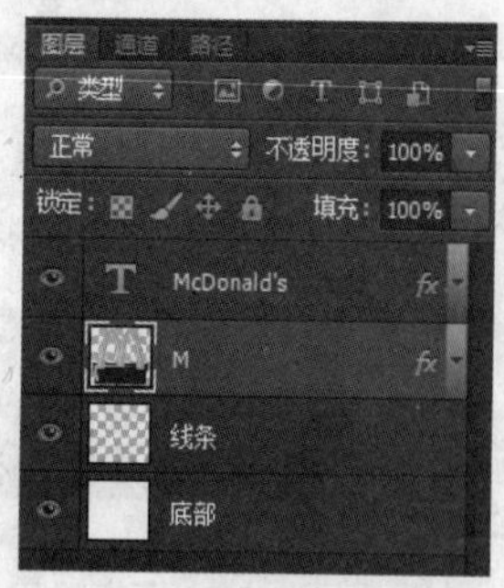
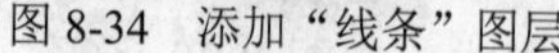

图 8-34　添加“线条”图层

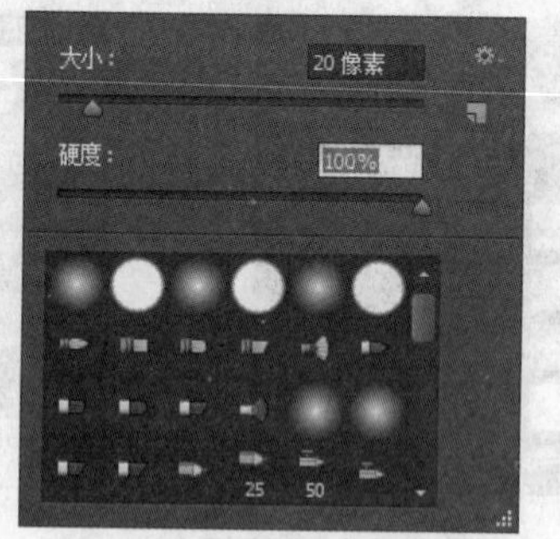

图 8-35　设置画笔

12 单击【图层】面板下方的按钮，给“线条”图层添加蒙版。单击工具箱中的【渐变填充】工具，设置渐变色为黑白渐变，在蒙版中填充从右向左的线性渐变，将“线条”图层的右边图形隐去，如图 8-37 和图 8-38 所示。

图 8-36　删除线条底部

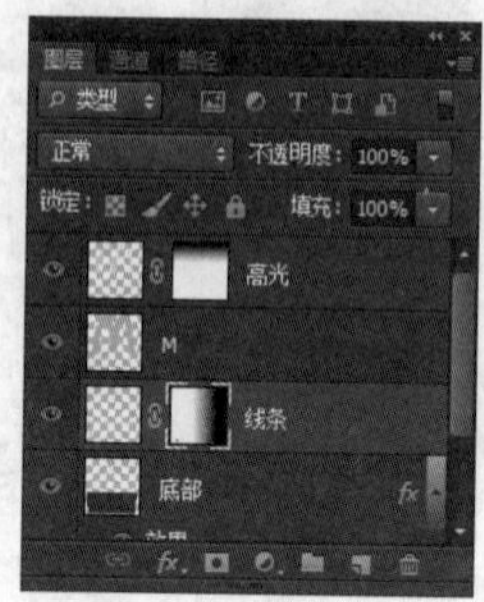

图 8-37　添加蒙版

图 8-38　线条效果

提示

使用画笔描边路径时，边的颜色与前景色相同。

13 单击【横排文字工具】，输入文字，调整到合适的大小，字体为 Franklin Gothic Medium，白色，如图 8-39 和图 8-40 所示。

14 在【图层】面板中，按住 Ctrl 键，选中除背景图层之外的所有图层，然后按 Ctrl+E 组合键进行图层合并，如图 8-41 所示。双击合并后的图层，设置【描边】样式，参数设置如图 8-42 所示，即可得最终效果，如图 8-43 所示。

图 8-39　文字图层

图 8-40　文字效果

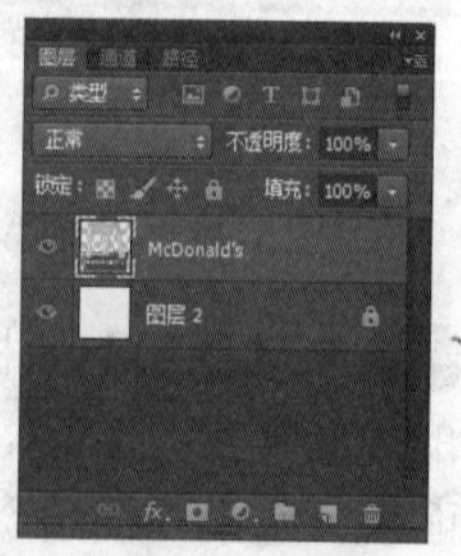

图 8-41　合并图层

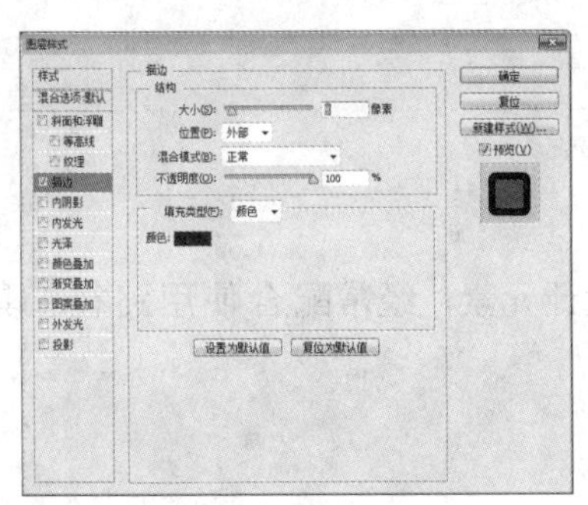

图 8-42　添加外部描边

图 8-43　最终效果

课外拓展

通过本实例的学习，我们掌握了使用【钢笔工具】绘制图形标志的方法，体现了其绘制线条及形状的流畅性。在标志设计领域，经常使用【钢笔工具】进行各种标志的制作。

8.2　路径与蒙版的结合

使用【钢笔工具】绘制的路径不仅可用于图形绘制，还可以结合蒙版进行抠图。本节将使用【钢笔工具】结合矢量蒙版进行“俏皮人物”的抠取。

任务要求

人物图像抠取在图像合成中是必不可少的操作，使用套索工具或者其他选择工具进行操作，效果往往不是特别理想。本例将使用【钢笔工具】结合矢量蒙版进行人物抠图，能得到较好的效果，如图 8-44 和图 8-45 所示。

图 8-44　“俏皮.jpg”素材图片

图 8-45　抠取人物图像

知识点与技能

1. 矢量蒙版的功能

矢量蒙版用于创建基于矢量形状的边缘清晰的设计元素，经常配合使用路径工具进行抠图。

2. 矢量蒙版的用法

要添加一个矢量蒙版，可执行【图层】|【矢量蒙版】|【显示全部】/【隐藏全部】/【当前路径】命令，或者按住 Ctrl 键，单击【图层】面板底部的【添加图层蒙版】图标。

矢量蒙版与图层蒙版的区别如下：

1）不同于图层蒙版的是，矢量蒙版路径与图像分辨率无关，即使放大或缩小也不会变形，在 PostScript 打印机上打印时也会保持边缘清晰。

2）同一个矢量蒙版中可包含多条路径。

3）在矢量形状工具的选项栏中，单击相关按钮，可以对现有形状路径进行添加、删除、交叉和排除操作。

4）矢量蒙版可以转变为图层蒙版，方法是执行【图层】|【栅格化】|【矢量蒙版】命令，一旦栅格化了矢量蒙版，就无法再将它改回矢量对象。

提示

显示全部：显示该图层的全部图像；
隐藏全部：隐藏该图层的全部图像；
当前路径：显示路径所覆盖的该图层图像区域。

任务分析

本任务是使用【钢笔工具】将人物轮廓描绘出来，然后选中路径添加矢量蒙版，即可实现抠图。

任务实施

01 执行【文件】|【打开】命令，打开“第 8 章素材”文件夹中的“俏皮.jpg”文件，如图 8-44 所示。

02 复制背景图层，得到“背景副本”图层，在两图层间新建一个图层，填充背景色（这里取橙色），【图层】面板如图 8-46 所示。

03 单击工具箱中的【钢笔工具】，将人物轮廓描绘出来，如图 8-47 所示，【路径】面板如图 8-48 所示。

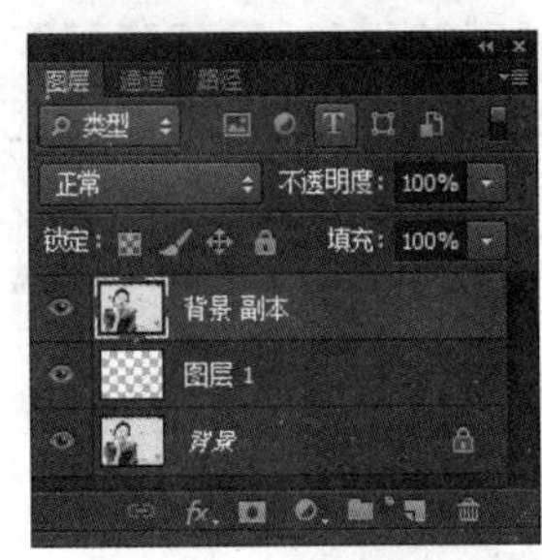

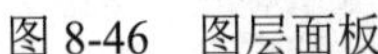
图 8-46　图层面板

图 8-47　描绘轮廓

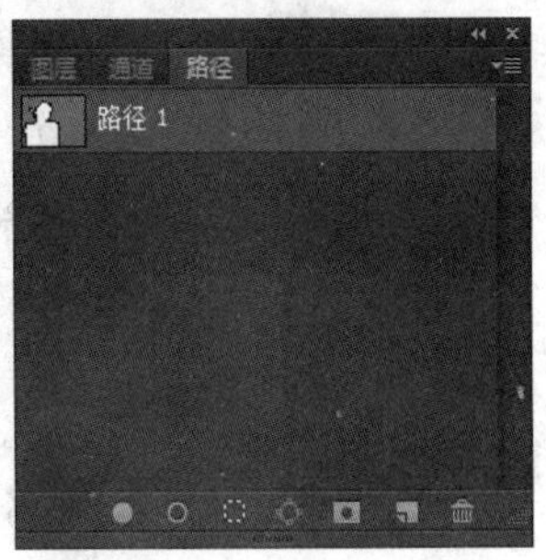

图 8-48　路径面板

04 执行【图层】|【矢量蒙版】|【当前路径】命令，则可得到图 8-49 所示的效果，【图层】面板如图 8-50 所示，【路径】面板中自动添加 “背景 副本矢量蒙版”路径，如图 8-51 所示。

05 对于边角细微处（见图 8-52）使用路径调整工具较难调整时，则可以通过单击【图层】面板底端的按钮添加图层蒙版，使用【画笔工具】进行涂抹，最终实现图像的精确抠取。【图层】面板如图 8-53 所示，效果如图 8-54 所示。

图 8-49　添加矢量蒙版

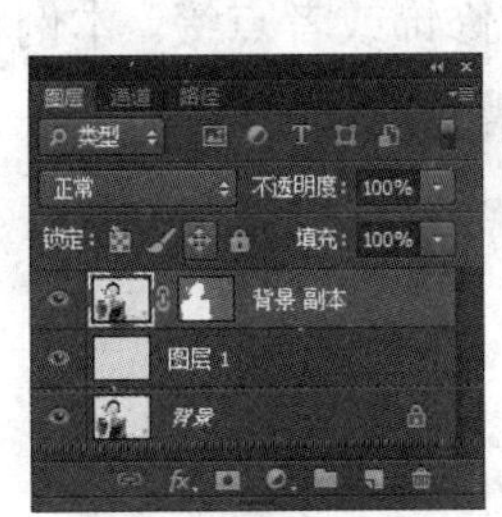

图 8-50　添加矢量蒙版后的图层面板

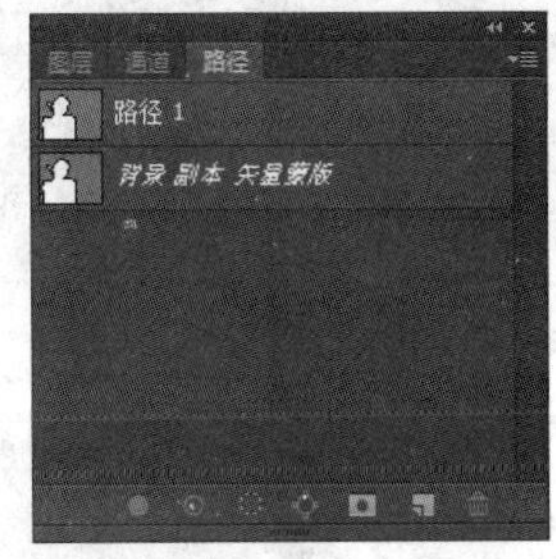

图 8-51　添加矢量蒙版后的【路径】面板

提示

此时，可以发现抠图不是特别完美，尤其是边角处，可以使用路径编辑工具对“背景 | 副本矢量蒙版”中的路径进行调整，抠取的人物区域会跟随路径的调整而改变。

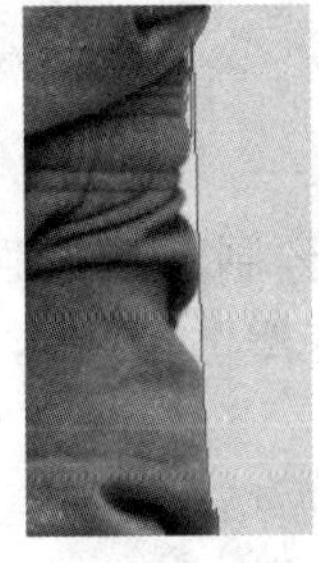
图 8-52　边角细微处

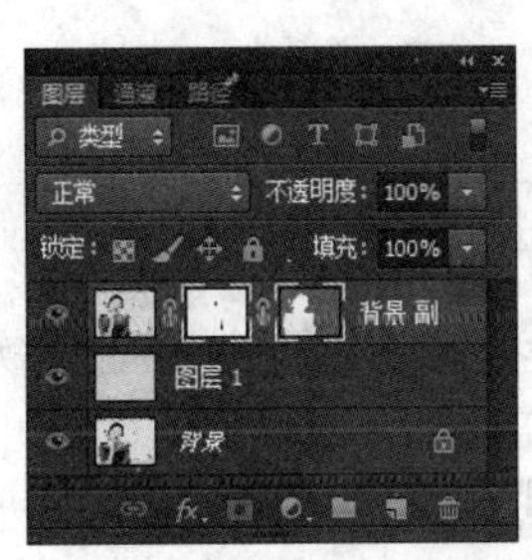

图 8-53　最终【图层】面板

图 8-54　最终效果

课外拓展

通过本实例的学习，我们掌握了使用【钢笔工具】结合矢量蒙版、图层蒙版实现人物抠图的方法。该功能经常用于各种图像的抠取。

8.3 【画笔工具】和路径的应用

Photoshop CS6 中，不仅可以结合使用路径与蒙版实现对图像的抠取，还可以将其与【画笔工具】相结合，实现各种线条图形的绘制。本节将学习使用【画笔工具】和路径实现“花”的绘制。

任务要求

图 8-55 “花”的绘制

我们经常在网上看到一些矢量花朵或图形，清新自然，用于图片修饰或者点缀。本例将使用路径工具组结合【画笔工具】进行“花朵”及“花茎”的绘制，如图 8-55 所示。

知识点与技能

使用【钢笔工具】绘制出路径后，选中路径，切换至【画笔工具】，对【画笔】面板进行设置后，可以通过单击【路径】面板中的【用画笔描边路径】按钮，来实现对路径进行描边，从而完成线条的绘制。

任务分析

要实现“花”的绘制，首先使用【自定形状工具】实现心形路径的绘制，填充颜色后，将心形路径进行放大变换，然后使用【画笔工具】描边路径，实现“花瓣”的绘制，再将“花瓣”进行中心旋转复制，可得“花朵”部分。

“花茎”的绘制是先使用【钢笔工具】将花茎的线条勾勒出来，然后结合【画笔工具】，设置画笔参数，并用画笔描边路径，即可得到所要效果。

任务实施

01 执行【文件】|【新建】命令，弹出【新建】对话框，具体设置如图 8-56 所示。单击【确定】按钮。

02 执行【编辑】|【填充】命令，具体设置如图 8-57，得到图 8-58 所示的效果。

03 单击【自定形状工具】，选项栏设置如图 8-59 所示。

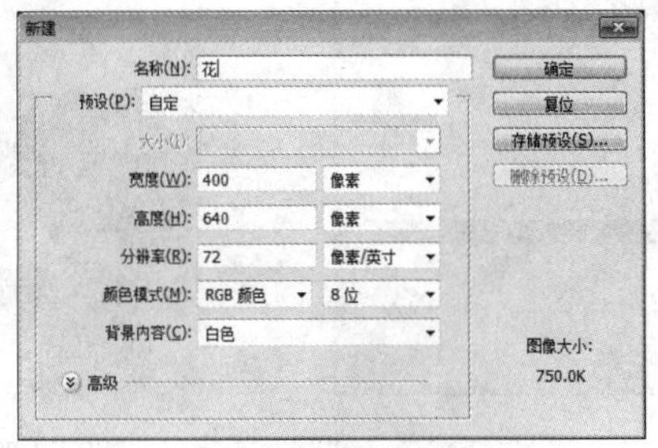

图 8-56 新建文件

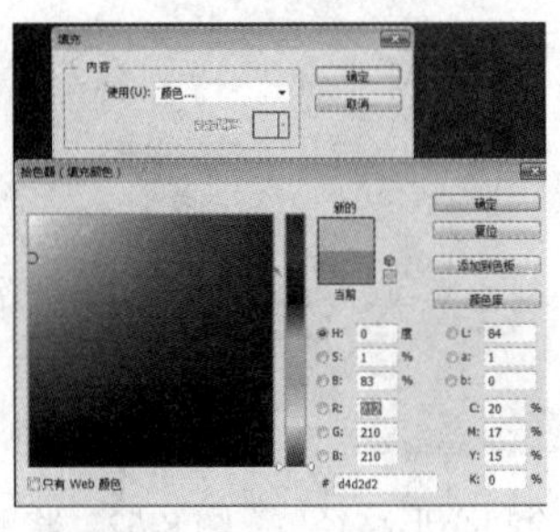

图 8-57 【填充】设置

图 8-58 填充背景

图 8-59 选择形状

提示

【自定形状工具】选项栏中的【形状】参数的默认形状比较少，可以通过单击右边的按钮来添加形状，如图 8-60 所示。

图 8-60 形状添加

04 在【图层】面板上中建一个图层，重命名为“花瓣”，在该图层中，绘制心形路径，如图 8-61 所示。切换至【路径】面板，选中心形路径，单击按钮，将路径转化为选区，如图 8-62 所示。

05 单击【渐变工具】，设置渐变色，如图 8-63 所示，对选区进行径向渐变填充，取消选区，如图 8-64 所示。

图 8-61 绘制心形路径

图 8-62 将路径转化为选区

图 8-63 设置渐变色

图 8-64 填充心形选区

06 切换至【路径】面板，选中心形路径，按 Ctrl+T 组合键，变换路径，按住 Shift+Alt 组合键的同时将路径放大，如图 8-65 所示。按 Enter 键确认变换。

07 单击【画笔工具】，并设置画笔参数，如图 8-66 所示。确保【画笔工具】处于激活状态，设置前景色为深红色，单击按钮用画笔描边路径，完成心形花瓣外圈的虚线描边，效果如图 8-67 所示。

08 使用 7.2 节中的图像旋转变换的方法，对心形花瓣进行中心旋转复制，并进行图层合并，重命名为“花”，可得图 8-68 所示的效果。

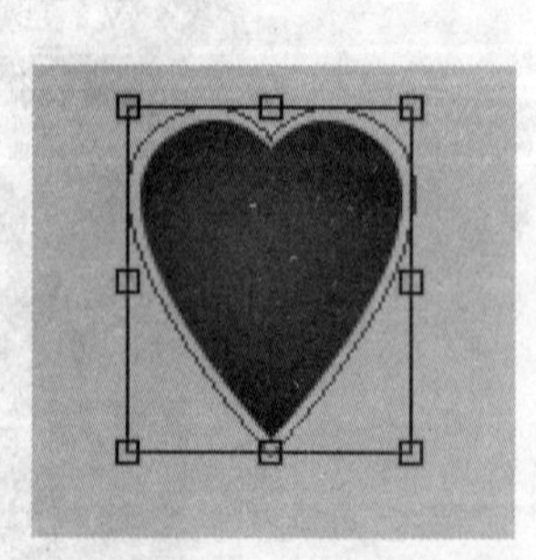

图 8-65 变换路径

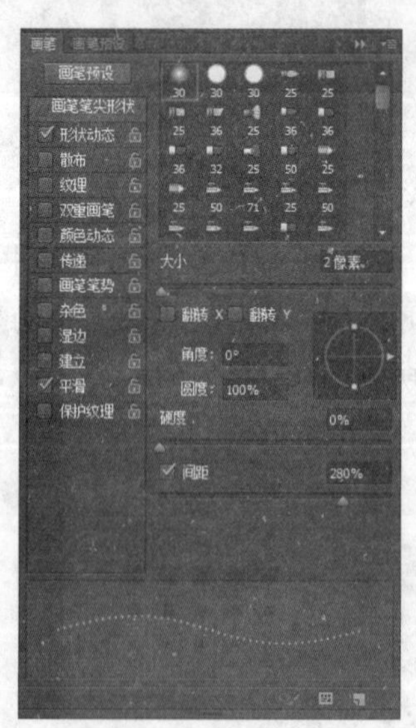

图 8-66 设置画笔

图 8-67　画笔描边路径

图 8-68　中心旋转复制后的花朵

提示

- 按住 Shift+Alt 组合键进行变换时，可实现基于中心点等比例变换的效果。
- 使用画笔进行描边时，【画笔工具】必须处于激活状态，否则描出来的边是 1 像素的实线。
- 使用画笔进行描边所得的线条颜色与前景色一致，如若画笔参数设有【颜色抖动】，则与画笔设置的参数颜色一致。

09 在【图层】面板中新建一个图层，命名为“花心”，单击【椭圆选框工具】，按住 Shift 键，绘制正圆选区，填充黄色；执行【选择】|【扩展】命令，设置扩展 2 像素，并执行【编辑】|【描边】命令，具体设置如图 8-69 所示，实现整个“花朵”的绘制，如图 8-70 所示。

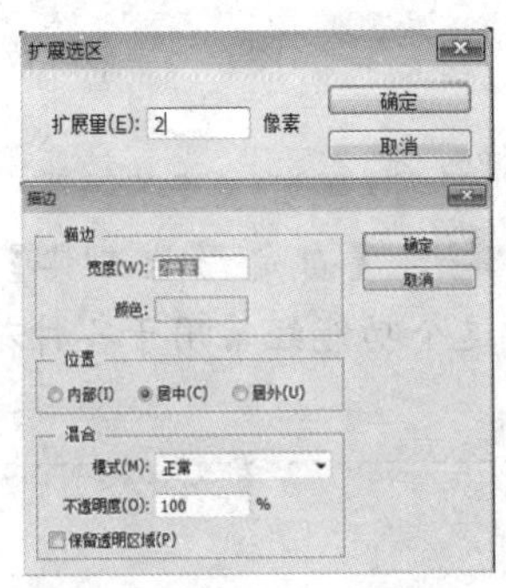

图 8-69　花心绘制

图 8-70　花朵效果

10 单击【钢笔工具】，绘制出花茎的路径，如图 8-71 所示。

11 使用【路径选择工具】选中“主干”路径，如图 8-72 所示。

12 单击【画笔工具】，并设置画笔参数，如图 8-73 所示，设置渐隐数值为 250，设置前景色为深绿色，单击按钮用画笔描边路径，实现对“主干”的描边，效果如图 8-74 所示。

13 使用步骤 11、12 的方法，分别设置不同的画笔参数及渐隐值，对其他茎叶路径进行描边，即可得到图 8-75 所示的效果。

图 8-71 “花茎”路径

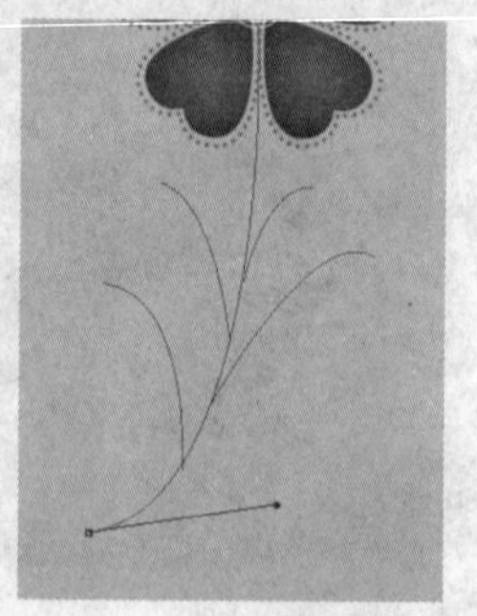

图 8-72 选中“主干”路径

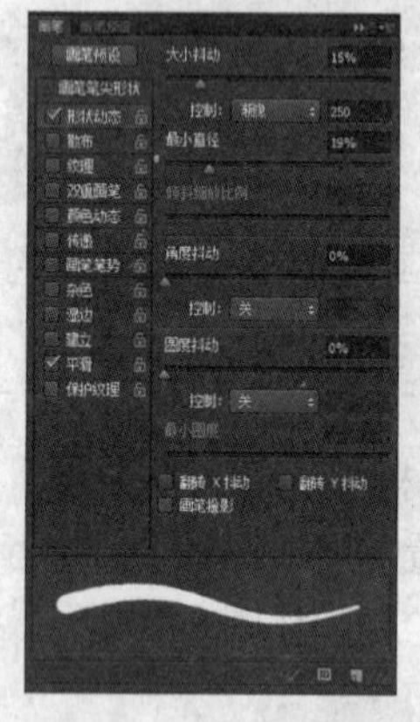

图 8-73 画笔设置

图 8-74 “主干”路径描边

图 8-75 最终效果图

课外拓展

通过本实例的学习，我们掌握了使用【钢笔工具】、【自定形状工具】等结合【画笔工具】，进行路径描边，实现图形的绘制。这个功能经常用于各种花边矢量图的绘制。

8.4 橡皮擦工具与路径的应用

在 Photoshop 中，路径除了能与【画笔工具】结合进行图形绘制，还可以与画笔组的其他工具（如橡皮擦工具）结合使用，以实现更多图形的绘制。本节将学习使用【橡皮擦工具】和路径工具组实现“电影胶片”的制作。

任务要求

“电影胶片”效果在图片排列中经常用到，在 Photoshop 中可以使用路径工具组及【橡皮擦工具】制作出多种形状的“电影胶片”效果。本例学习图 8-76 和图 8-77 所示的“电影胶片”效果图的制作。

图 8-76　素材

图 8-77　成品

知识点与技能

与【画笔工具】类似，使用【钢笔工具】绘制出路径后，选中路径，切换至【橡皮擦工具】状态，对【画笔】面板进行设置后，可以通过单击【路径】面板中的【用画笔描边路径】按钮，对路径进行橡皮擦描边，从而完成对相关图像区域的路径擦除。

任务分析

“电影胶片”的制作，其实就是使用【钢笔工具】将胶片的外轮廓形状绘制出来并填充黑色，然后对外轮廓线条进行复制，移动至适当位置，再使用【橡皮擦工具】进行描边，即可实现胶片中的打孔效果。最后添加图片，使用【变形】命令进行调整，即可得到实例效果。

任务实施

01 执行【文件】|【新建】命令，弹出【新建】对话框，具体设置如图 8-78 所示。单击【确定】按钮。

02 单击【钢笔工具】，绘制出图 8-79 所示的胶片形状路径。

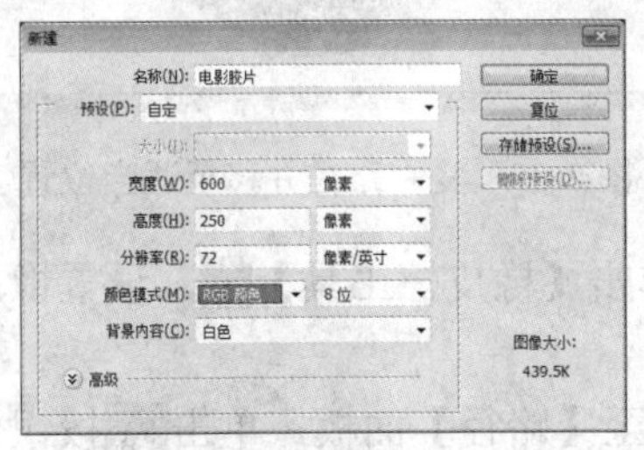

图 8-78　新建文件

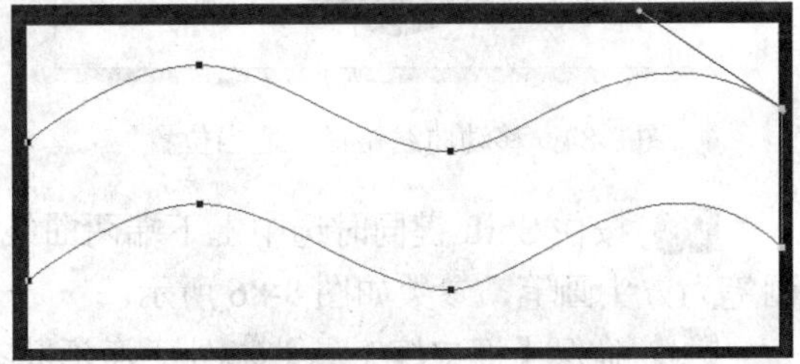

图 8-79　绘制胶片形状路径

03 在【图层】面板中新建一个名为“底片背景”的图层，将前景色设置为黑色。

04 切换至【路径】面板，选中路径，单击面板下方的按钮，使用前景色填充路径，可得图 8-80 所示的效果。

05 在【路径】面板中，对“路径 1”进行复制，得到“路径 1 副本”，如图 8-81 所示。

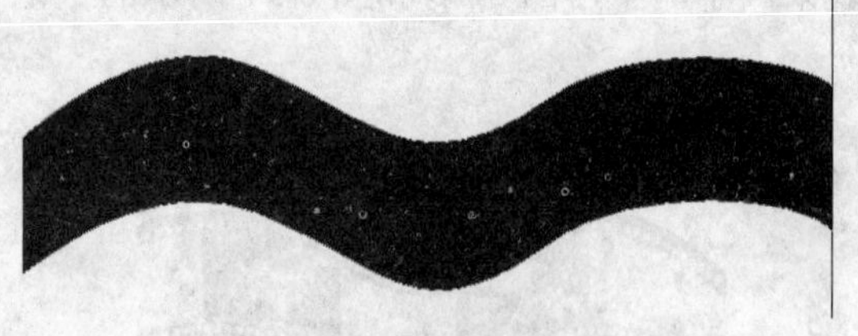

图 8-80　填充路径

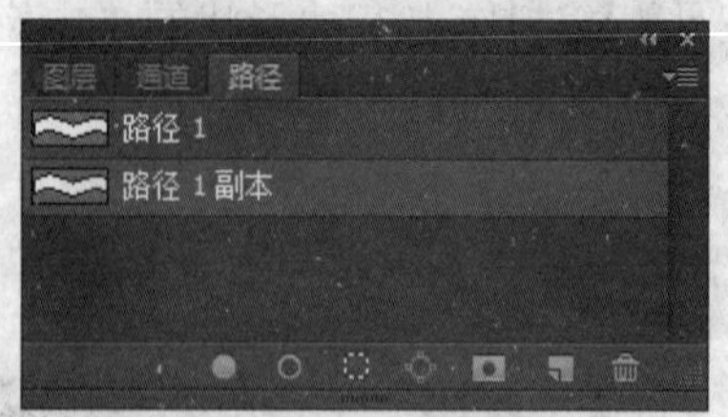

图 8-81　复制路径

06 隐藏"底片背景"图层，选中"路径 1 副本"，使用【直接选择工具】框选路径下端的锚点，如图 8-82 所示，按 Delete 键删除锚点，即可得到上端的曲线路径，如图 8-83 所示。

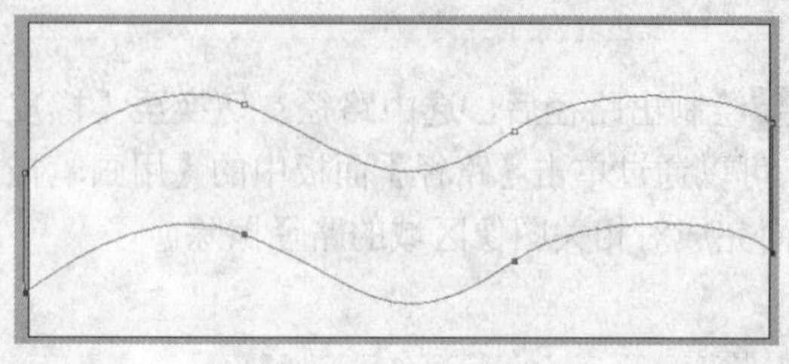

图 8-82　选中下端锚点

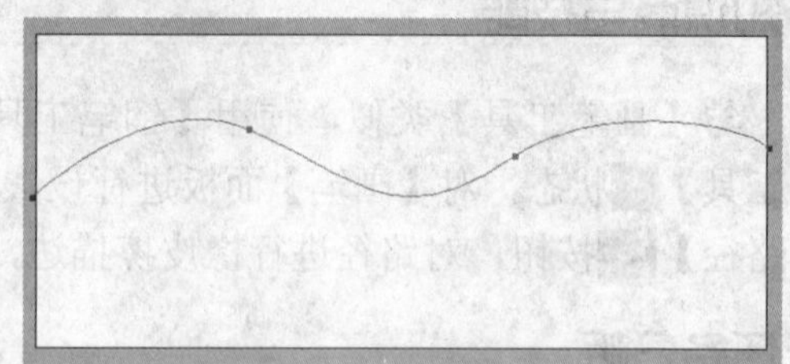

图 8-83　删除下端锚点

07 显示"底片背景"图层，切换至【路径选择工具】，将路径下移至适当位置，如图 8-84 所示。

08 按住 Shift+Alt 组键，拖移曲线路径至胶片下端的适当位置，即可实现对该条曲线路径的复制，如图 8-85 所示。

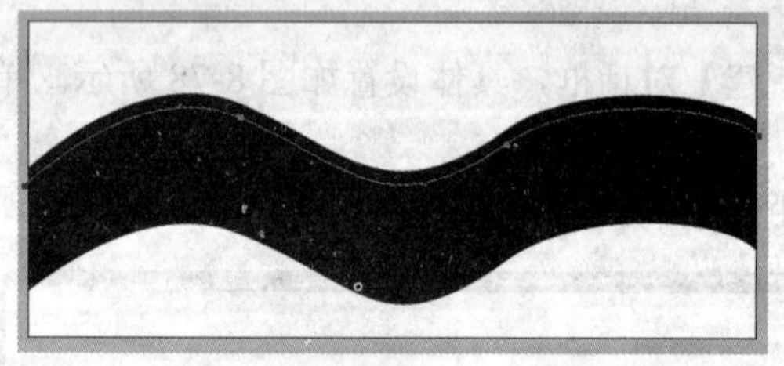

图 8-84　移动曲线路径至适当位置

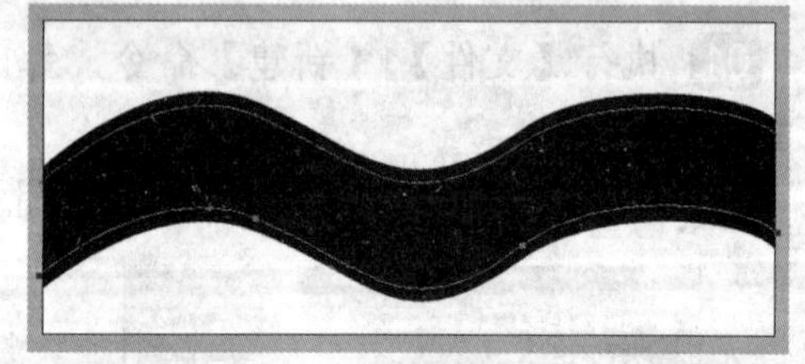

图 8-85　复制路径并移至适当位置

09 按住 Shift 键同时选中上下端两曲线路径，单击【橡皮擦工具】，设置橡皮擦的画笔为方头画笔，参数如图 8-86 所示。

10 确保【橡皮擦工具】处于激活状态，切换至【路径】面板，单击按钮使用橡皮擦描边路径，即可得到胶片打孔效果，如图 8-87 所示。

11 打开素材文件"瑜伽-1.jpg"，切换至【移动工具】，拖移图像至"电影胶片"文件中，按 Ctrl+T 组合键，对图像进行适当的大小调整，并移至适当位置，如图 8-88 所示。右击图像，选择【变形】命令，对图像进行适当的变形，使之与胶片形状相吻合，如图 8-89 所示。确认变换。

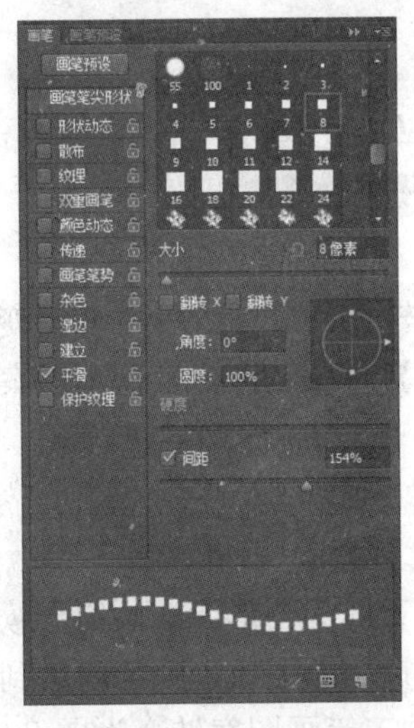

图 8-86　橡皮擦画笔设置

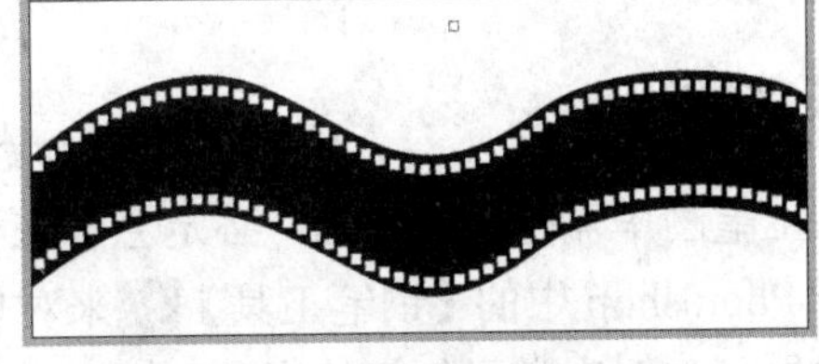

图 8-87　打孔效果

图 8-88　对瑜伽图片进行变换

图 8-89　对图片进行变形使之与胶片形状相吻合

12 使用与步骤 11 相同的方法，将“瑜伽-2.jpg”“瑜伽-3.jpg”“瑜伽-4.jpg”“瑜伽-5.jpg”4 张图片放入胶片中，效果如图 8-90 所示。

图 8-90　最终效果图

课外拓展

通过本实例的学习，我们掌握了使用【钢笔工具】结合【橡皮擦工具】，使用橡皮擦描边路径，从而实现根据一定路径形状部分删除图像。这个功能经常用于各种边框的制作。

8.5 工笔画图案的临摹与上色

在 Photoshop 中，可以对路径填充纯色，或者将路径转化为选区，再填充渐变色等。本节将学习使用【钢笔工具】、【渐变工具】及【变换】命令来进行工笔画图案的临摹与上色。

任务要求

工笔画毕竟是手工作品，必定会存在一些瑕疵，例如对称的图形无法画得一模一样，而采用 Photoshop 中的【钢笔工具】来对单元图案进行路径描摹上色，则可以达到很好的视觉效果。本例来学习如何使用 Photoshop 将图 8-91 所示的工笔画图案转变为图 8-92 所示的电脑图案临摹作品。

图 8-91 工笔画图案

图 8-92 电脑临摹工笔画图案作品

知识点与技能

1. 路径纯色填充

在【路径】面板中使用【路径选择工具】直接选择所要填充的路径，然后单击面板下方的【用前景色填充路径】按钮，即可实现纯色填充。

2. 路径渐变填充

在【路径】面板中使用【路径选择工具】直接选择所要填充的路径，然后单击面板下方的【将路径作为选区载入】按钮，先将路径转化为选区，然后使用【渐变工具】将已经设置好的渐变色填充选区即可。

任务分析

工笔画图案的临摹与上色，其实就是使用【钢笔工具】将图案的轮廓路径勾勒出来，再填充颜色。在填充时需注意颜色该填充在哪一个图层，还要安排好图层顺序。

任务实施

01 执行【文件】|【打开】命令，打开“第 8 章素材”文件夹中的“工笔画图案.jpg”文件，如图 8-93 所示。

02 单击【钢笔工具】，描绘出图案左上方的花朵路径，如图 8-94 所示，将路径保存为“花朵”。

图 8-93　打开素材文件

图 8-94　勾勒出花朵路径

提示

这里所勾勒的形状路径，不仅可以用【钢笔工具】绘制，也可以使用【自由钢笔工具】设置“磁性”来快速描绘，其工具选项栏设置如图 8-95 所示，其功能与【磁性套索工具】类似，只不过【磁性套索工具】绘制出来的是选区，而“磁性”钢笔工具绘制出来的是路径而已。

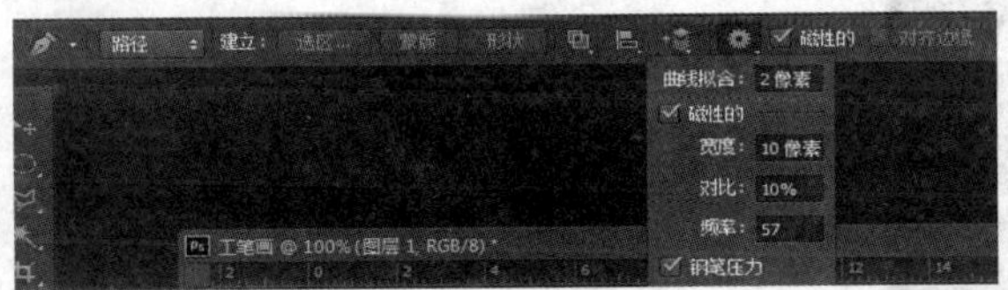

图 8-95　设置“磁性”钢笔

03 单击【路径选择工具】，在【路径】面板中选择“花朵”路径，如图 8-96 所示。单击面板下方的【将路径作为选区载入】按钮，将路径转化为选区，如图 8-97 所示。

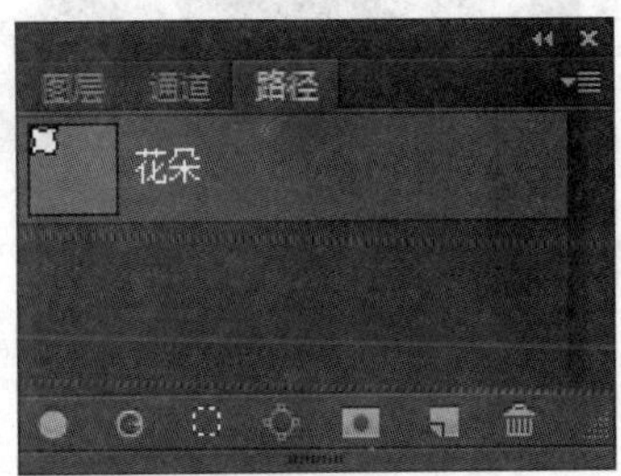

图 8-96 【路径】面板

图 8-97　“花朵”路径转化为选区

04 单击【渐变工具】，设置渐变色为红色到淡红色的径向渐变，如图 8-98 所示。

05 单击【图层】面板下方的按钮，新建一个图层组，并命名为“花”，并在该组中新建一个名为“花朵”的图层，如图 8-99 所示。

图 8-98 设置渐变色

图 8-99 新建图层组和图层

06 选中“花朵”图层，使用【渐变工具】对选区进行填充，可以看到图 8-100 所示的效果。取消选区。

07 隐藏“花朵”图层，单击【钢笔工具】，设置选项栏如图 8-101 所示，新建一个名为“点缀”的路径，勾勒出花朵上的白色点缀部分，如图 8-102 所示。

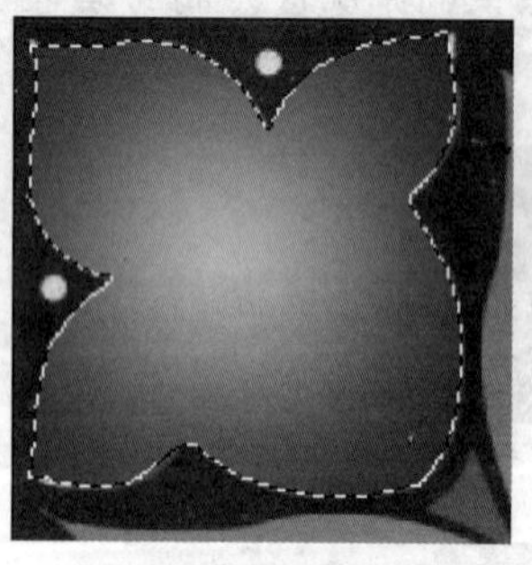

图 8-100 填充花朵

图 8-101 设置选项栏

图 8-102 勾勒出花朵上的点缀部分

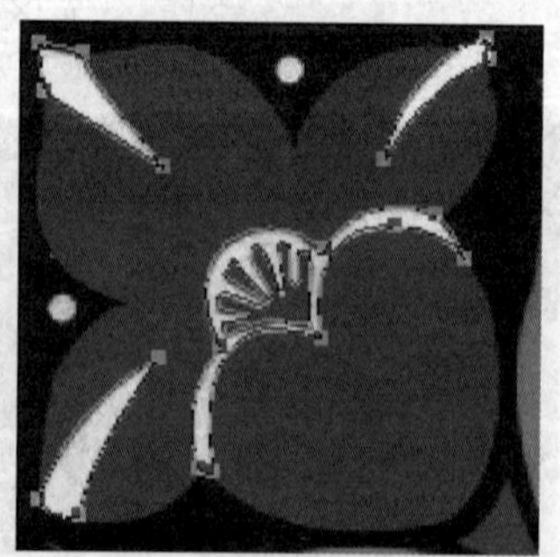

图 8-103 选中要填充白色的路径

08 切换到【图层】面板，在“花”图层组中新建一个名为“点缀”的图层，选中该图层，将前景色设置为白色；切换至【路径】面板，使用【路径选择工具】选中图 8-103 所示的路径（按住 Shift 键分别单击要选择的路径），单击面板下方的【用前景色填充路径】按钮，为路径填充白色，效果如图 8-104 所示。

09 使用路径选择工具选中图 8-105 所示的路径，单击面板下方的【将路径作为选区载入】按钮，将路径转化为选区，使用【渐变工具】进行填充，取消选区，将“花朵”图层显示出来，隐藏背景图层，得到图 8-106 所示的效果。

图 8-104 填充白色点缀

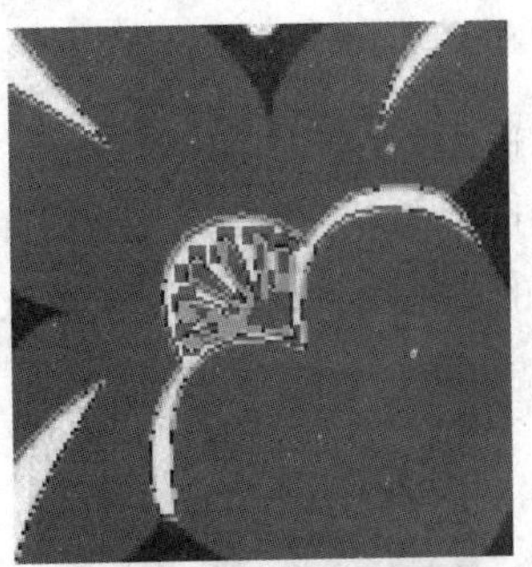

图 8-105 选中花心路径

10 显示背景图层，使用【钢笔工具】，新建一个名为“叶子”的路径，勾勒出叶子的路径，如图 8-107 所示。

11 在“花”图层组内新建一个名为“叶子”的图层，并使用步骤 9 的方法，分别对每片叶子进行颜色填充，效果如图 8-108 所示。

图 8-106 整朵花的效果

图 8-107 描绘叶子路径

图 8-108 填充叶子颜色

12 在【图层】面板中复制“叶子”图层，按 Ctrl+T 组合键，对其进行变换，如图 8-109 所示。执行【逆时针旋转 90°】命令，再垂直翻转，适当调整位置，得到另外一边的叶子。隐藏背景图层，效果如图 8-110 所示。

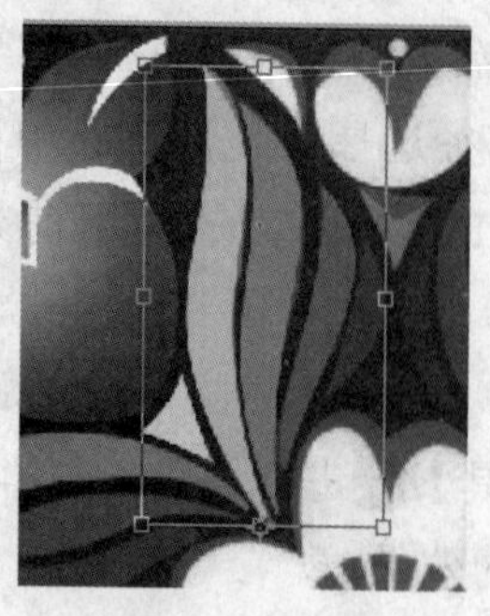

图 8-109　变换图像

图 8-110　花朵绘制效果

13 选中“花”图层组并右击，选择【合并组】命令，得到“花”图层，如图 8-111 所示。

14 选中“花”图层，按 Ctrl+T 组合键，进入变换状态，如图 8-112 所示。将中心点设置在画布的中心，旋转 90° 并确认，隐藏背景图层，如图 8-113 所示。

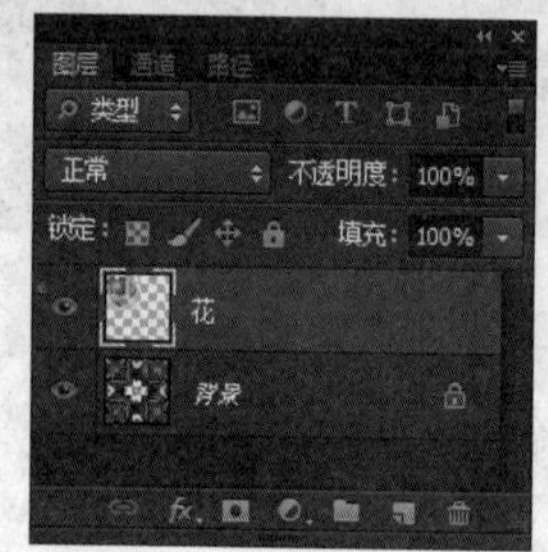

图 8-111　合并图层组为图层

图 8-112　设置变换

15 按 Ctrl+Shift+Alt+T 组合键，重复变换复制“花”图层，得到图 8-114 所示的效果。

图 8-113　变换后的花

图 8-114　多次变换复制

16 图案的其他部分也可以使用与类似“花”的绘制方法实现绘制，如图 8-115 所示。这里不再赘述。

17 在背景图层上方新建一个图层，填充从深红色到暗红色的径向渐变，作为图案的背景色，如图 8-116 所示。

18 使用【画笔工具】给图案添加点缀的点，并给图案整体添加修饰边，使得整张图更具整体感，如图 8-117 所示。是不是比原先的手工图漂亮了很多？读者若有兴趣，可以自己尝试制作其他图形。

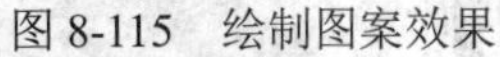

图 8-115　绘制图案效果

图 8-116　填充背景色

图 8-117　最终效果图

课外拓展

通过本实例的学习，我们掌握了使用路径工具组、【渐变工具】及【变换】命令来进行工笔画图案的临摹与上色，制作出更加漂亮的图案效果。

实践探索

1）使用【钢笔工具】及路径填充等知识，实现两个 logo 的绘制，颜色可以自行搭配设置，如图 8-118 和图 8-119 所示。

图 8-118　logo 效果图一

图 8-119　logo 效果图二

2）结合使用【钢笔工具】及蒙版，实现人物图像的抠图。素材及效果图如图 8-120 和图 121 所示。

3）结合使用路径工具组及【画笔工具】，实现图 8-122 所示的花边图形的绘制。

图 8-120　素材

图 8-121　效果图

图 8-122　花边图形绘制

4）结合使用路径工具组和【橡皮擦工具】，实现邮票的制作，如图 8-123 和图 8-124 所示。

5）结合所学的知识，对图 8-125 所示的图案进行临摹并上色，色彩可以自行搭配。

图 8-123　素材

图 8-124　邮票效果图

图 8-125　图案练习素材

第 9 章　通道工具的应用

本章通过通道工具的应用，来认识另一种选取和调整图像的方法，更加多变、灵活地编辑图像。“通道是核心，蒙版是灵魂”足以说明通道在 Photoshop 中的重要地位。只有弄明白通道，你才能离开初学者的行列，向高手的境界迈进。那究竟什么是通道呢？有多少类通道呢？它们又可以做什么？本章带着这些问题，通过对通道的简介及应用实例，更加深入地了解 PS 通道的应用，揭开通道的神秘面纱，希望大家都能成为 Photoshop 高手。

本章相关素材在“配套资源”→“第 9 章”→“素材文件”中。

9.1　通道的认识

Photoshop 中有很多种选择图像的方法，使用之前使用的选择方法，选区无法保存并再次利用。Photoshop 为此提供了一个功能，那就是通道。通道在 Photoshop 中是一个比较难掌握的概念。本节将学习使用通道进行“怀旧照片”的制作。

任务要求

泛黄的照片总会给人带来一种怀旧的感受，勾起人们对过往光阴的回忆。如果想让一张照片变成旧照片的样式，最重要的就是颜色的变化。彩色照片放置日久，由于光线、温度的影响，会逐渐褪去鲜艳的颜色，发黄、发暗。在 Photoshop 中可以使用编辑颜色通道的方法来快速实现这种效果。本例将学习使用这种方法将图 9-1 所示的素材图变为图 9-2 所示的“怀旧照片”效果（任务实施过程图解见彩图 7）。

图 9-1　素材

图 9-2　成品

知识点与技能

1. 通道的概念

通道是基于颜色彩模式衍生出的简化操作工具。一幅 RGB 三原色图有 3 个默认的颜色通道：红、绿、蓝。而一幅 CMYK 图像，有 4 个默认颜色通道：青、洋红、黄和黑。由此看出每一个通道其实就是一幅图像中的某一种基本颜色的单独通道。

从某种意义上说，通道实际上可以理解为选择区域的映射。通道的功能简而言之就是“选择所需的部分”，如果需要可以随时拿来使用，并且可在通道中应用各种效果，因此常用于立体文字的制作或图像的合成等。

2. 通道的分类

通道共有 3 种分类，分别为：

1）复合通道：不包含任何信息，它只是同时预览并编辑所有颜色通道的一个快捷方式。它通常被用来在单独编辑完一个或多个通道后使【通道】面板返回到默认状态。

2）颜色通道：当在 Photoshop 中编辑图像时，实际上就是在编辑颜色通道。这些通道把图像分解成一个或者多个色彩成分，图像的模式决定了颜色通道的数量，RGB 模式有 3 个颜色通道，CMYK 模式有 4 个颜色通道，灰度模式只有一个颜色通道，它们包含了所有将被打印或显示的颜色。

3）Alpha 通道：用来存储任意添加的选区，可以更改为所需的名称，也可以随时调用。

任务分析

“怀旧照片”的制作，其实就是使用【应用图像】命令对图像中的各个颜色通道进行编辑，再进行【曲线】命令调整，即可得到实例效果。

任务实施

01 执行【文件】|【打开】命令，打开“第 9 章素材”文件夹中的“合影.jpg”文件，如图 9-3 所示。

02 切换至【通道】面板，选择“红”通道，如图 9-4 所示，此时会看到“红”通道的灰度图像，如图 9-5 所示。

图 9-3　打开“合影.jpg”文件

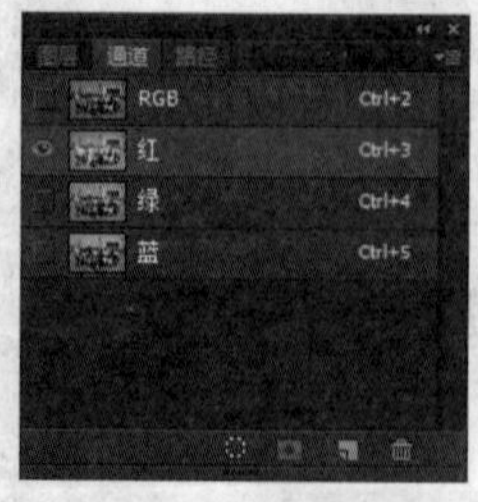

图 9-4　选中“红”通道

图 9-5　“红”通道的灰度图像

03 执行【图像】|【应用图像】命令，在对话框中，设置通道为“RGB”，混合为【正常】，如图 9-6 所示。由于 RGB 复合通道的灰度版本的高光区域较之红通道暗，因此这个设置过滤掉了图像中的大部分红色，图像此操作前发青，如图 9-7 所示。

04 选择“绿”通道，同样执行【图像】|【应用图像】命令，具体设置与“红”通道修改时相同，效果如图 9-8 所示。

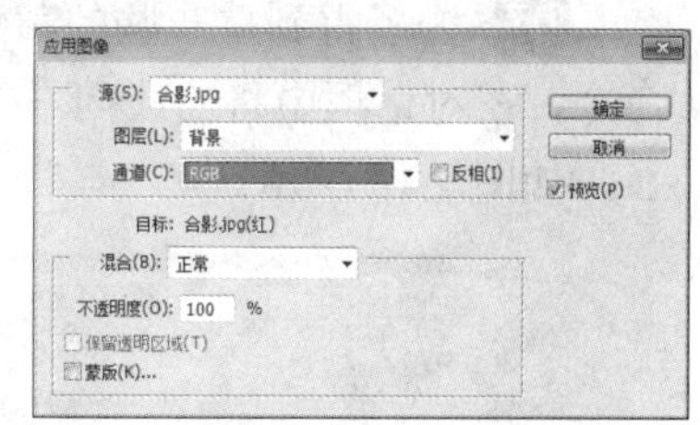

图 9-6 【应用图像】对话框设置

图 9-7　编辑“红”通道后的效果

图 9-8　编辑“绿”通道后的效果

05 选择“蓝”通道，同样执行【图像】|【应用图像】命令，勾选的选项与“红”通道修改时相同，效果如图 9-9 所示。

06 选择“RGB”通道，执行【图像】|【调整】|【曲线】命令，在对话框中调整曲线，如图 9-10 所示，提高了整张图片的亮度，图像效果如图 9-11 所示。

图 9-9　编辑“蓝”通道后的效果

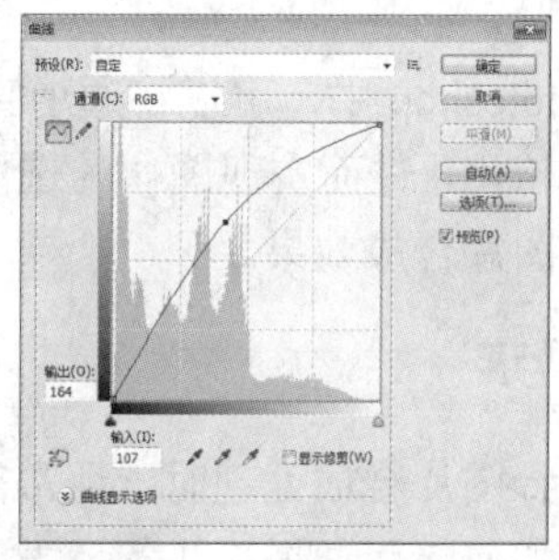

图 9-10　【曲线】调整

图 9-11　【曲线】调整后的效果

07 为了得到重一些的黄色，可以选择“蓝”通道，执行【图像】|【调整】|【曲线】命令，在对话框中将曲线向右下方拖动，如图 9-12 所示，可以看到照片的泛旧黄色更加明显，如图 9-13 所示。

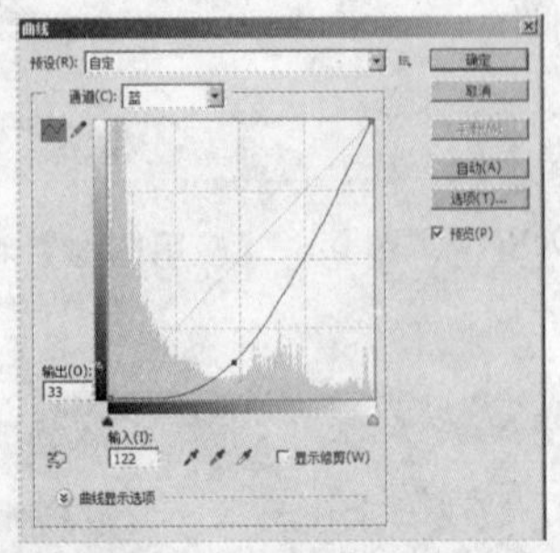

图 9-12 调整【曲线】

图 9-13 最终效果图

课外拓展

通过本实例的学习，我们掌握了使用通道进行颜色调整的方法，这种方法在图片颜色调整方面经常使用。

9.2 通道和选区

在 Photoshop 中，可以将通道直接转化为选区，也可以对相关通道进行编辑修改，然后进行选区转化，进而实现图像的选取和处理。本节将学习使用通道抠取人物的发丝，进而达到较好的图片合成效果。

任务要求

在进行图片合成处理时，经常需要进行人物头像抠取，而细碎的头发丝较难抠取。本例就来学习如何使用通道来进行头发丝的抠取，从而达到较好的图片合成效果。本实例所使用的素材和效果图如图 9-14 和图 9-15 所示（见彩图 9）。

图 9-14 素材

图 9-15 成品

知识点与技能

1. 通道转化为选区

在【通道】面板中选中相应的颜色通道或者 Alpha 通道，然后单击面板下方的按钮，就可将通道转化为选区。转化的原理是：通道中的白色区域就是被选中的区域，黑色区域未被选中，而灰色的部分则根据灰度的深浅进行不同程度的选择。

2. 通道的编辑

在 Photoshop 中，可以通过对选中的通道执行色调调整命令或者填充命令等，来改变通道中的颜色的灰度，从而实现对选区的修改。

任务分析

抠取人物的发丝，其实就是结合【色阶】命令对黑白对比较为鲜明的颜色通道进行灰度的修改，使得所要选取的头像部分及发丝部分区域呈现为黑、灰色，而其余部分区域呈现白色，再进行选区转化、反选，将选中的人物头像及发丝进行复制，即可得实例效果。

实例将人的主体部分和发丝分开来抠取，可以提高工作效率。

任务实施

01 执行【文件】|【打开】命令，打开 “第 9 章素材”文件夹中的“发丝素材.jpg”和“背景.jpg”文件，如图 9-16 所示。

02 单击“发丝素材.jpg”文件，使其处于激活状态，使用【磁性套索工具】及【套索工具】将人的主体部分抠选出来，如图 9-17 所示。按 Ctrl+J 组合键复制到新的图层，【图层】面板如图 9-18 所示。

图 9-16　打开素材文件

图 9-17　选中人的主体部分

03 在【图层】面板中选中背景图层，按住 Ctrl 键单击“图层 1”缩略图，将人物主体部分载入选区，执行【选择】|【修改】|【收缩】命令，设置收缩 1 像素。按 Ctrl+Shift+I 组合键，进行选区反选，则可选中主体外的区域，按 Ctrl+J 组合键进行将图像区域复制到新的图层中，在【图层】面板中将“图层 1”和背景图层隐藏，【图层】面板如图 9-19 所示，图像效果如图 9-20 所示。

04 切换到【通道】面板，先来观察下哪个颜色通道的黑白对比较为鲜明，图 9-21～图 9-23 分别为“红”“绿”“蓝”通道的灰度图像，从中可以看出【蓝】通道的黑白对比最为理想，因此选择使用“蓝”通道进行头发丝的抠取。

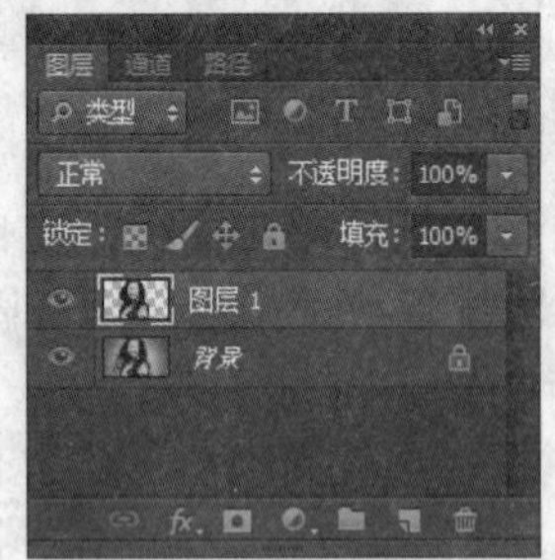

图 9-18 复制主体部分后的【图层】面板

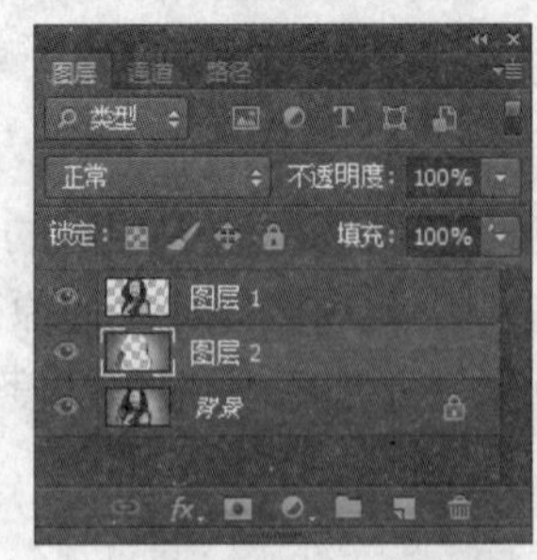

图 9-19 复制主体以外区域后的图层面板

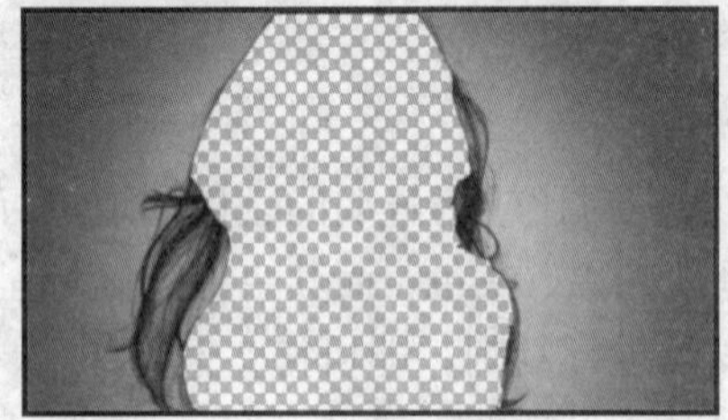

图 9-20 显示头发丝区域部分

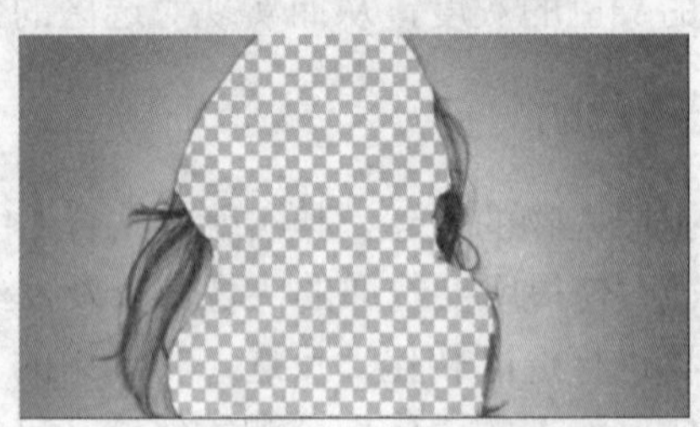

图 9-21 【红】通道

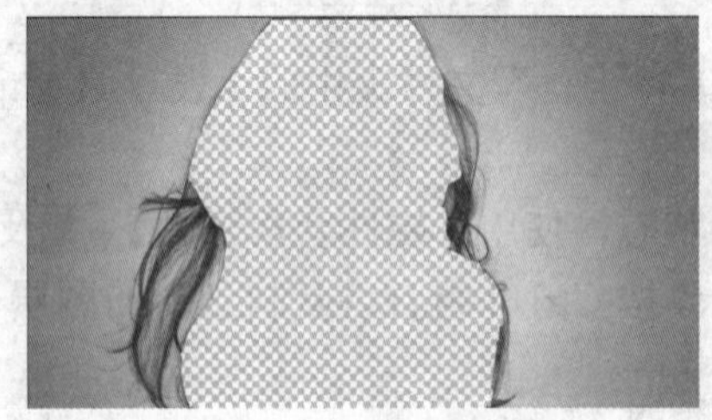

图 9-22 【绿】通道

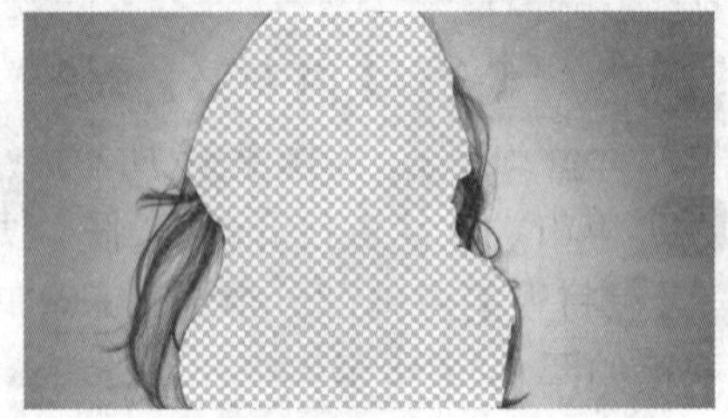

图 9-23 【蓝】通道

05 复制“蓝”通道，得到“蓝副本”通道，如图 9-24 所示。

06 选中“蓝副本”通道，执行【图像】|【调整】|【色阶】和【曲线】命令，对该通道进行色阶和曲线调整，设置如图 9-25 所示，使得该通道图像中的头发丝部分能呈现黑色，而其余部分呈现白色或者淡灰色，使用【画笔工具】将灰色部分涂抹成白色，如图 9-26 所示。

图 9-24 复制“蓝”通道

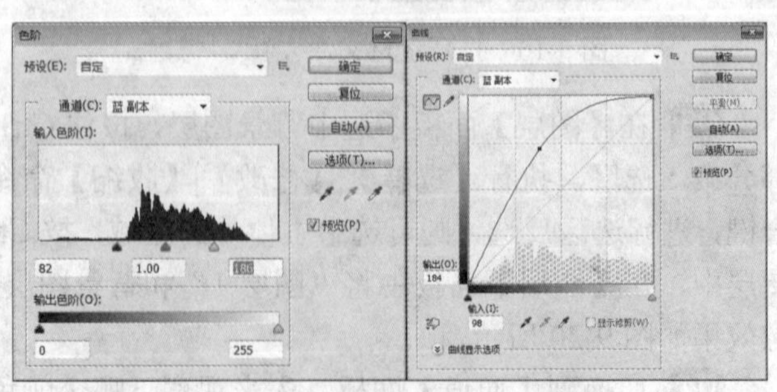

图 9-25 【色阶】和【曲线】调整

07 确保“蓝副本”通道处于选中状态，单击【通道】面板下方的按钮，将通道转化为选区，可以看到白色的区域被选中，而黑色区域未被选中，如图 9-27 所示。

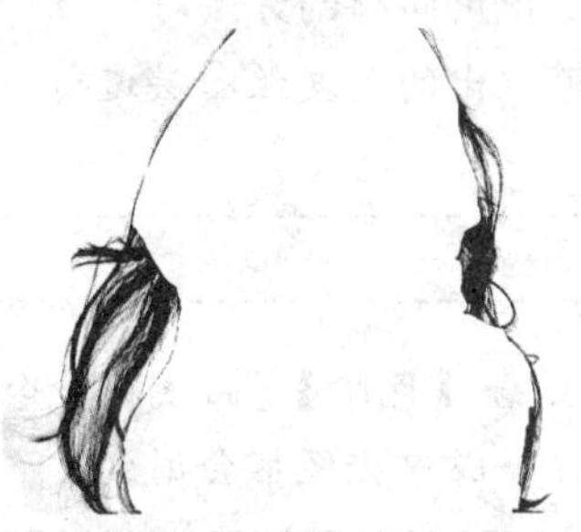

图 9-26 【色阶】调整后的效果

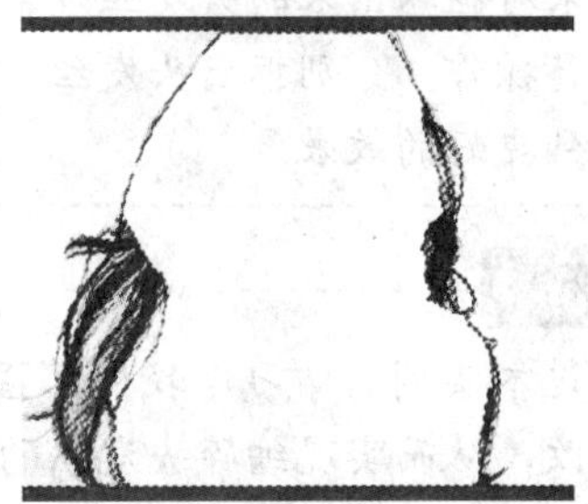

图 9-27　通道转化为选区

提示

如果头发丝以外的部分不全是白色，则可以使用【画笔工具】将其涂为白色。

08 按 Crtl+Shift+I 组合键，进行选区反选，切换到【图层】面板，选中“图层 2”，可以看到，头发丝被选中，如图 9-28 所示。

09 按 Ctrl+J 组合键将头发丝部分复制到新的图层，【图层】面板如图 9-29 所示。将“图层 2”隐藏，同时显示“图层 1”，则可以看到图 9-30 所示的效果。

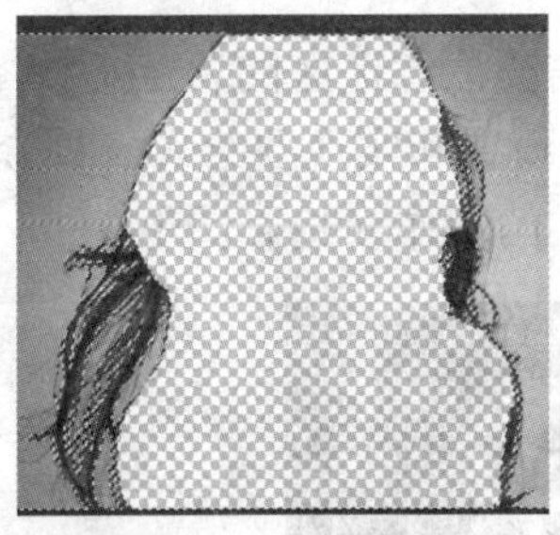

图 9-28　选区反选后的效果

图 9-29　复制头发丝后的【图层】面板

10 单击“背景.jpg”文件，使用【移动工具】将其拖动到处理过的“发丝素材.jpg”文件中，并调整好图层位置，【图层】面板如图 9-31 所示，效果如图 9-32 所示。至此，已经实现了对人物的头发丝清楚地进行抠取及复制。

图 9-30　抠取头发丝的效果

图 9-31　拖入背景后的图层面板

图 9-32　最终效果图

提示

如果对抠取出来的头发丝效果不是特别满意，还可以使用同样的方法对“红”“绿”通道进行操作，分别抠出头发丝，再将使用 3 个颜色通道抠出的头发丝图层进行合并，便能得到更好的效果。

课外拓展

通过本实例的学习，我们掌握了使用颜色通道，并结合【色阶】【曲线】命令进行通道修改，从而实现细碎头发丝的抠取，这种方法在图片合成中会经常会用到。

9.3 Alpha 通道的应用

在 Photoshop 中，结合使用滤镜和 Alpha 通道，可以达到很多不可思议的效果，因此经常用它们来实现特效文字的制作。本节将学习使用 Alpha 通道和滤镜进行金属质感文字的制作。

任务要求

制作文字特效时，经常要用到滤镜，而使用滤镜时需要注意选区的设定。如图 9-33 所示，要制作出“钢铁侠”文字的效果，边缘和高光区域的设置和实现要给人一种金属特有的光泽感，本例将使用滤镜及 Alpha 通道来进行该特效文字的制作（见彩图 14）。

图 9-33　金属质感文字特效

知识点与技能

Alpha 通道可以用来储存选区，并且通过对 Alpha 通道颜色的修改，可以实现对选区的编辑。

使用 Alpha 通道设置选区可以结合滤镜进行处理，如【光照效果】滤镜需要设置纹理通道，如果使用自定义的 Alpha 通道作为纹理通道，可以在设置阴影、高光区域体现光泽感的同时，得到很多特别效果。

任务分析

“钢铁侠”金属质感文字的制作，其实就是先将文字作为选区存储在 Alpha 通道中，对该通道进行【高斯模糊】滤镜处理后，再对文字进行【光照效果】滤镜处理，使文字呈现金属光泽效果，再通过图层叠加及文字的亮度处理，使得金属光泽更加明显自然。

任务实施

01 执行【文件】|【新建】命令，弹出【新建】对话框，具体设置如图 9-34 所示。单击【确定】按钮。

02 将背景色设置为深灰色，如图 9-35 所示。按 Ctrl+Delete 组合键将背景色填充到图层中，可以看到图 9-36 所示的背景。

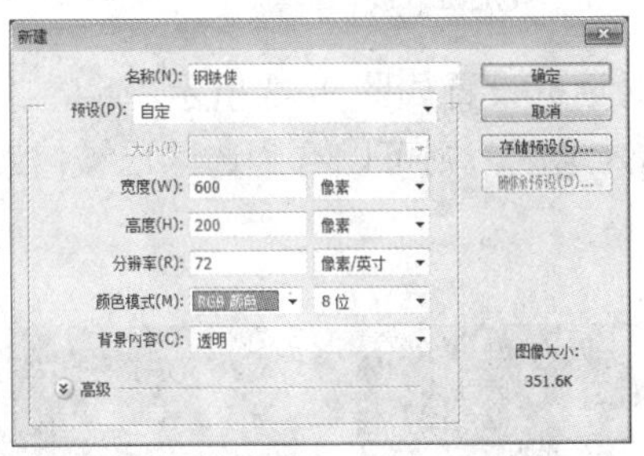

图 9-34　新建文件

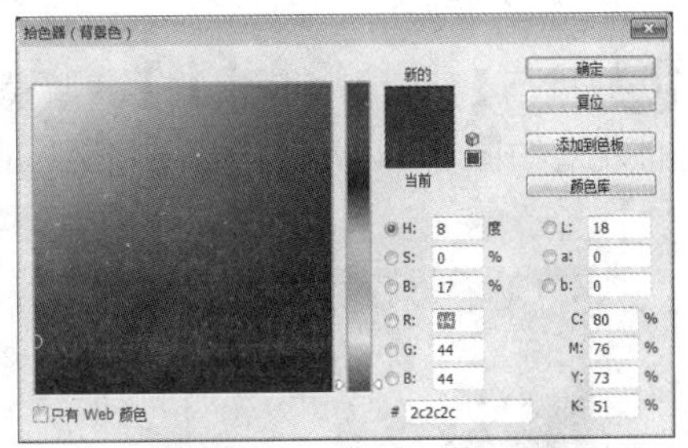

图 9-35　设置背景色为深灰色

03 单击【横排文字工具】T，输入文字“钢铁侠”，字体、字号自设，字体颜色为金黄色，如图 9-37 所示。

04 按住 Ctrl 键单击【图层】面板中的“钢铁侠”文字图层，将文字载入选区，如图 9-38 所示。

图 9-36　填充背景为深灰色

图 9-37　输入文字

图 9-38　将文字载入选区

05 切换到【通道】面板，单击面板下方的【创建新通道】按钮，创建“Alpha1”通道，如图 9-39 所示，图像显示为图 9-40 所示的效果。按 Alt+Delete 组合键，将前景色（这里是白色）填充到选区中，【通道】面板如图 9-41 所示，图像显示如图 9-42 所示。

图 9-39　新建 Alpha1 通道

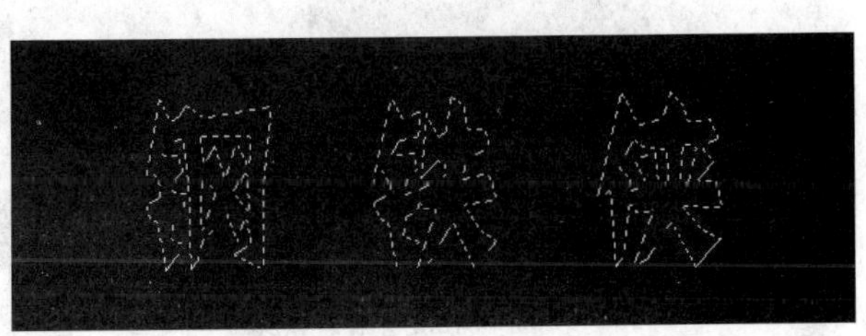

图 9-40　Alpha1 通道视图

图 9-41 填充 Alpha1 通道

图 9-42 填充 Alpha1 通道后的视图效果

06 执行【滤镜】|【模糊】|【高斯模糊】命令，对话框设置如图 9-43 所示，此时 Alpha1 通道的效果如图 9-44 所示（如果将 Alpha1 通道转化为选区，则可以看到选区已被修改）。

图 9-43 设置【高斯模糊】参数

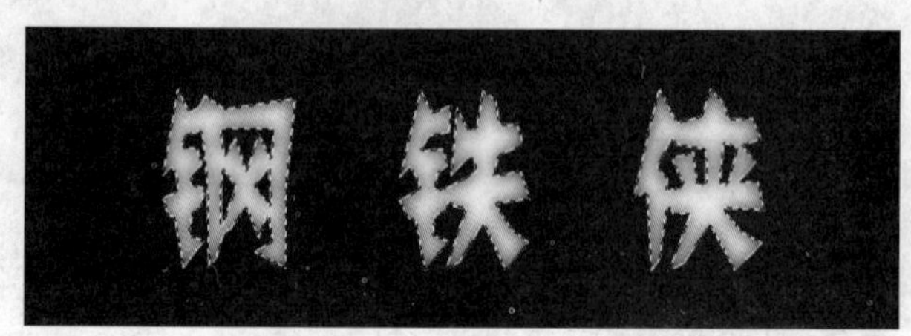

图 9-44 【高斯模糊】后的 Alpha1 通道

07 回到【图层】面板，选择“钢铁侠”图层并右击，选择【栅格化文字】命令，将文字图层转化为图像图层，按 Ctrl+D 组合键取消选区。

08 执行【滤镜】|【渲染】|【光照效果】命令，在弹出的对话框中设置区参数，如图 9-45 所示。注意将纹理通道设为“Alpha1”通道，可以得到图 9-46 所示的图像效果，文字已经有了金属光泽。

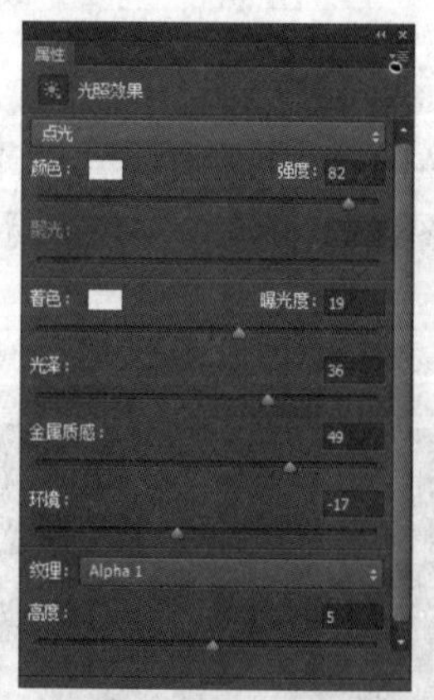

图 9-45 设置【光照效果】参数

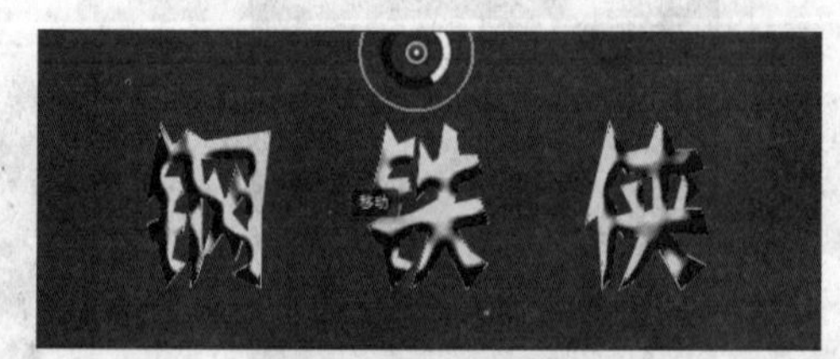

图 9-46 设置【光照效果】后的效果

09 为了使金属光泽更加明显，使用【曲线】命令来进行调整。执行【图像】|【调整】|【曲线】命令，设置曲线，如图 9-47 所示，可以得到图 9-48 所示的效果。

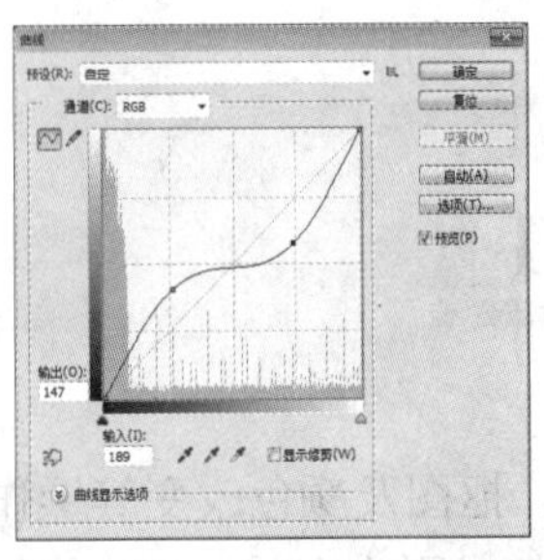

图 9-47　设置【曲线】

图 9-48　设置【曲线】后的效果

10 在【图层】面板中复制“钢铁侠”图层，对“钢铁侠副本”图层，执行【图像】|【调整】|【去色】命令，效果如图 9-49 所示。

11 执行【滤镜】|【艺术效果】|【塑料包装】命令，设置参数，如图 9-50 所示。

图 9-49　【去色】后的效果

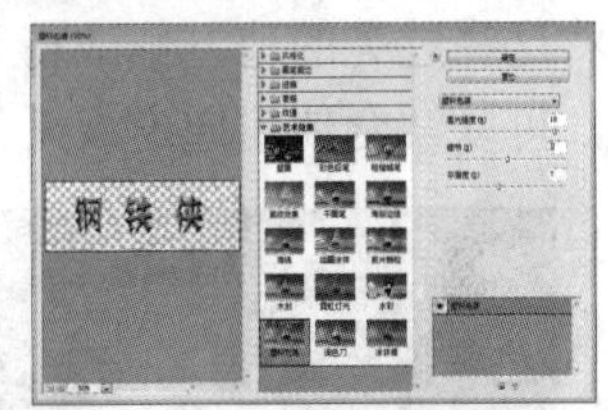

图 9-50　【塑料包装】参数设置

12 将“钢铁侠副本”图层的混合模式设置为【叠加】，效果如图 9-51 所示。

图 9-51　设置混合模式为【叠加】后的效果

13 将“钢铁侠”图层及其副本图层进行合并，执行【图像】|【调整】|【亮度/对比度】命令，设置参数如图 9-52 所示，将背景色改为黑色，最终效果如图 9-53 所示。

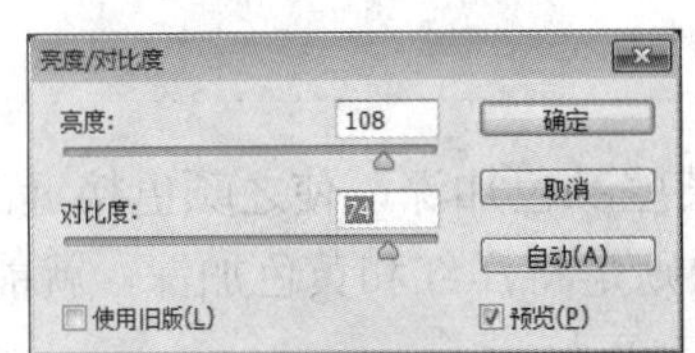

图 9-52　设置【亮度/对比度】

图 9-53　最终效果图

课外拓展

通过本实例的学习，我们掌握了结合通道和滤镜在文字处理方面的一些应用技巧，也可以使用这种方法来实现其他文字特效的制作。

9.4 通道与【加深工具】

在 Photoshop 中，不仅可以使用通道进行文字特效制作、抠图及颜色改变等操作，还可以使用通道对照片的高光和暗调部分进行调整，使得照片看起来更为自然。本节将使用通道和【加深工具】来去除人像照片面部油光。

任务要求

从图 9-54 所示的素材图片中可以看到，人物的眼部及脸颊部分显得过亮，本例的目的就是将这些过亮的地方修改得与周围的皮肤协调起来，使画面更柔和，达到图 9-55 所示的效果，可以结合使用通道及【加深工具】来实现（任务实施图过程图解见彩图 10）。

图 9-54 素材

图 9-55 去除油光后的效果

知识点与技能

在颜色通道中使用润饰工具，如【加深工具】等来改变相关颜色通道的灰度，其实就是改变该颜色通道中颜色的浓度，从而达到改变颜色的目的。例如，在“红”通道中使用【加深工具】能达到加深该区域红色的颜色浓度。

任务分析

去除人像照片面部油光，其实就是将高光区域中的某些颜色加深，使之颜色接近肉色。如 RGB 模式的图像将绿色和蓝色加深，CMYK 模式图像则是将洋红和黄色加深，就能达到去除油光的效果。相比之下，在 CMYK 模式中修改效果会更好。

对于本节中的实例，只要先将图像模式改为 CMYK 后，同时选中“洋红”“黄”通道，使用【加深工具】对高光区域进行涂抹，使之颜色接近周围区域即可达到效果。

任务实施

01 执行【文件】|【打开】命令，打开“第 9 章素材”文件夹中的“油光照片.jpg”文件，如图 9-56 所示。

02 执行【图像】|【模式】|【CMYK 颜色】命令，将 RGB 模式转化为 CMYK 模式。

03 切换到【通道】面板，选中“洋红”通道，按住 Shift 键单击“黄”通道，即可同时选中“洋红”“黄”通道，如图 9-57 所示。

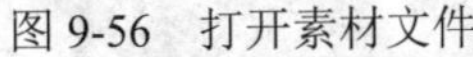

图 9-56　打开素材文件

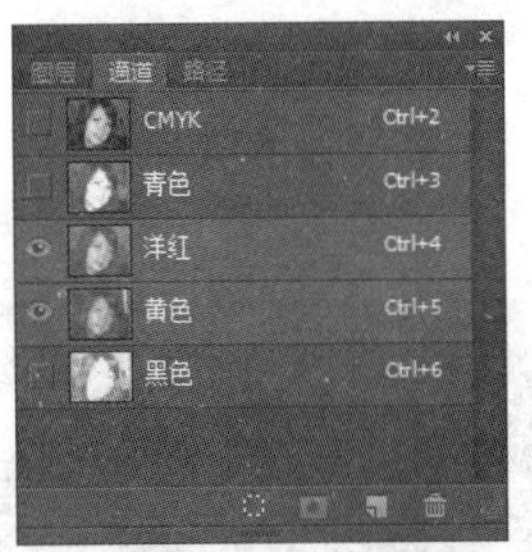

图 9-57　同时选中“洋红”“黄”通道

04 单击【加深工具】，在工具选项栏中设置参数，如图 9-58 所示，【范围】设为【高光】，【曝光度】设低一点，画笔硬度也设小一些。

图 9-58 【加深工具】选项栏设置

05 在图像中的高光处开始涂抹，在涂抹时注意要从外圈向中间最亮的地方涂抹，这样才能过渡自然，与周围的皮肤颜色协调，涂抹后的视图如图 9-59 所示。

06 单击“CMYK”通道，切换至正常视图，可以看到高光处被加深了，肤色与周围的皮肤相似了，显得较为协调，如图 9-60 所示。

07 加深工作完成后，可以根据需要使用【模糊工具】或者【锐化工具】进行微调，可以看到过亮的部分没有了，图片更加柔和。

还有一种情况，就是皮肤显示为非自然的肤色，可能由于灯光或者周围环境的影响呈现出偏向某种颜色的情况，如图 9-61 所示的照片。这种情况可以根据画面的色调，选择一个接近的颜色通道或者尝试用另外的通道组合起来加深，可以达到图 9-62 所示的效果（见彩图 11）。

图 9-59　涂抹高光区后的效果

图 9-60　切换至正常视图下的效果

图 9-61　非自然肤色油光照片

图 9-62　去油光后的效果

课外拓展

通过本实例的学习，我们掌握了结合通道和润饰工具对照片进行去油光处理，这种应用在日常生活中也经常使用，可以采用这种方法对自己的照片进行处理。

实践探索

1）使用通道改变车的颜色，如图 9-63 和图 9-64 所示（见彩图 12）。

图 9-63　红车

图 9-64　改变车的颜色

2）使用所学的知识，实现将图 9-65 所示的素材合成为图 9-66 所示的效果（见彩图 13）。

图 9-65　素材

图 9-66　图片合成效果

3）结合使用滤镜和通道知识，进行“DESIGN”泥塑文字特效的制作，如图 9-67 所示（见彩图 15）。

图 9-67　泥塑字特致

4）结合使用通道和【加深工具】，将图 9-61 中的人物照片处理成图 9-62 所示的效果。

提示

对于这道练习题，可以将“青色”“洋红”“黄色”这 3 个颜色通道一起选中，然后再进行加深处理。如果对处理的效果不够满意，可以结合【减淡工具】、【模糊工具】或者【锐化工具】处理。

第 10 章　Photoshop 在广告招贴设计中的应用

平面设计是 Photoshop 应用最为广泛的领域，从对照片的编辑和修饰，到复杂的平面广告设计、美术设计都离不开功能强大的 Photoshop 的支持。作为平面设计最重要的一个组成部分，广告招贴设计是目前最为常见的广告形式之一，应用 Photoshop 进行广告招贴设计更是许多设计师的首选。

本章相关素材在“配套资源”→“第 10 章”→“素材文件”中。

10.1　广告招贴概述

广告招贴也称海报设计，是目前应用十分广泛的广告形式之一，常见于街头、影院、展会、机场、码头、车站、公园等公共场所。匆匆而过的人群常常被一些招贴所吸引，广而告之的效果不言而喻。本节将简要介绍广告招贴的分类及其应用，初步学习用 Photoshop 进行广告招贴设计的基本方法。

任务要求

通过展示 Photoshop 软件在广告招贴设计方面的应用，介绍广告招贴设计的目的及设计法则；通过制作“手机海报”，了解 Photoshop 在广告招贴设计中的具体应用。

知识点与技能

1. 广告招贴的目的

广告招贴的目的是通过告知人们确定的信息，引起人们相应的行动反应。这就决定了广告招贴的时效性和信息传达的准确性。

2. 广告招贴的分类

招贴从内容上可分为商业招贴、文化招贴和公益招贴等。

（1）商业招贴

商业招贴是用于商业目的的广告招贴，是最常见的一种招贴，各广告商往往租用最醒目的位置宣传自己的产品，内容涉及生活中衣食住行各个方面。商业招贴一般由专业的广告公司设计，往往设计巧妙，制作精良，拥有自己独特的标志和色彩，非常引人注目。例如，图 10-1 所示为喜力啤酒的广告，标志性的绿色，啤酒实物的展示，加上俯拍两杯啤酒形成的两个白色的圆，均衡的构图使画面更完美；图 10-2 所示是澳柯玛冰箱系列广告中的一幅，由各色瓜果组成螃蟹，构思巧妙，令人印象深刻。

图 10-1　喜力啤酒广告

图 10-2　澳柯玛冰箱广告

（2）文化招贴

文化招贴应用的范围很广，文艺、教育、新闻、出版、体育、旅游、戏剧、电影、展览等行业的招贴都可称为文化招贴。文化招贴或轻松，或沉重，或古朴，或现代，因表达的主题不同而精彩纷呈。如图 10-3 所示的书画展览海报，古朴、隽永，令人回味；图 10-4 所示的北京奥运文化招贴，天坛与水立方的组合呈现古典与现代的完美结合，传达北京奥运的文化内涵与现代意识精神；图 10-5 所示的北京奥运体育招贴，则以明朗的画面诠释“更高 更快 更强”的精神；图 10-6 所示是文化招贴中最古老而常新电影海报，突出主题，吸引眼球是电影海报永远不变的目标。

图 10-3　书画展览海报

图 10-4　北京奥运文化招贴

图 10-5　北京奥运体育招贴

图 10-6　《像素大战》电影海报

（3）公益招贴

不以营利为目的，有关社会公德、社会福利、环境保护、劳动保护、交通安全、防火防盗、禁烟禁毒、预防疾病、保护人权等公益性内容的招贴都可称为公益招贴。公益招贴以图形语言和注入文化理念的主题设计碰撞着人们的生活和精神领域，成为最具精神浸透力的传媒之一。图 10-7 所示的“5・12”抗震救灾招贴，是《我们在一起》“5・12”全国抗震救灾公益设计作品之一，震撼人心，令人难忘。图 10-8 所示是世界自然基金会（WWF）的保护环境系列海报招贴之一，巨大的油漆罐与城市密密麻麻的建筑形成强烈的对比，触目惊心，加上“一罐油漆可以污染一百万升的水”的解说，令“请勿污染环境”的主题深入人心。

图 10-7 “5・12”抗震救灾招贴

图 10-8 公益海报：保护环境

任务分析

“手机海报”以橙色与白色作为基调，在大面积的渐变色块上添加蝴蝶、星点和曲线，运用平面设计中的点线面构成，使画面协调。

在技法上，主要运用画笔、图层效果、路径、通道以及滤镜工具等进行处理。案例素材如图 10-9～图 10-14 所示，效果如图 10-15 所示。

图 10-9 大手机

图 10-10 小手机

图 10-11 手机 LOGO

图 10-12 4G

图 10-13 蝴蝶

图 10-14　功能图

图 10-15　完成作品效果图

任务实施

1. 背景部分（路径、描边路径、动感模糊）

01 新建 A4 尺寸文件，分辨率 150 像素/英寸，名称为“手机海报”，如图 10-16 所示。

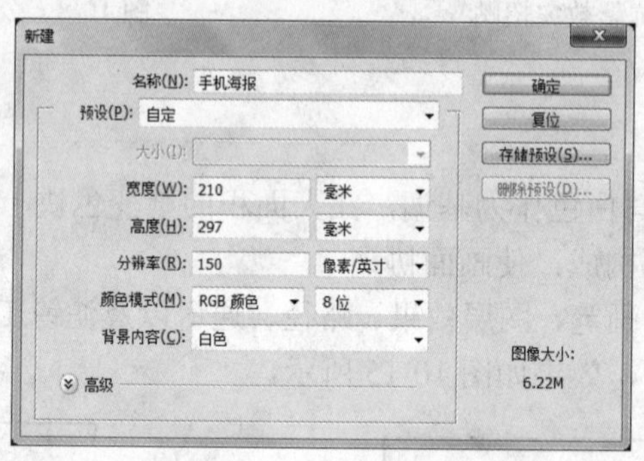

图 10-16 【新建】对话框

02 执行【图像】|【图像旋转】|【90 度（顺时针）】命令，旋转图像为横向。

03 新建图层，命名为“渐变背景”。

04 单击工具箱中的【矩形选框工具】按钮，选取画布上半部约 85%范围。

05 更改前景色、背景色分别为 RGB（220,62,0）、RGB（254,153,34）。

06 单击工具箱中的【渐变工具】按钮，选择【线性渐变】模式，由矩形选区上方向下拖动，填充渐变颜色，如图 10-17 所示。

提示

- 招贴的尺寸一般有全开、对开、长三开及特大画面（八张全开）等。在国外，招贴的大小有标准尺寸，最基本的一种尺寸是 30in × 20in（508mm × 762mm），相当于国内对开纸大小，依照这一基本标准尺寸，又发展出其他标准尺寸：30in × 40in、60in × 40in、60in × 120in、10in × 6.8in 和 10in × 20in。
- 招贴作品最终要印刷张贴，为了印刷质量，一般分辨率都设为 300dpi（像素/英寸）。
- 由于真正招贴制作所用的大尺寸高分辨率对硬件要求较高，为了方便读者学习，本章的所有实例均采用 A4 尺寸、150dpi 分辨率。

07 单击工具箱中的【钢笔工具】按钮，选择【路径】模式，绘制一条曲线路径，如图 10-18 所示。

图 10-17　填充背景

图 10-18　绘制路径

08 单击工具箱中的【画笔工具】按钮，选择“喷溅 14 像素”画笔，修改主直径为 9 像素，如图 10-19 所示。

09 更改前景色为白色。

10 新建图层，命名为“曲线”。

11 打开【路径】面板，单击【用画笔描边路径】按钮，如图 10-20 所示。

图 10-19　设置画笔

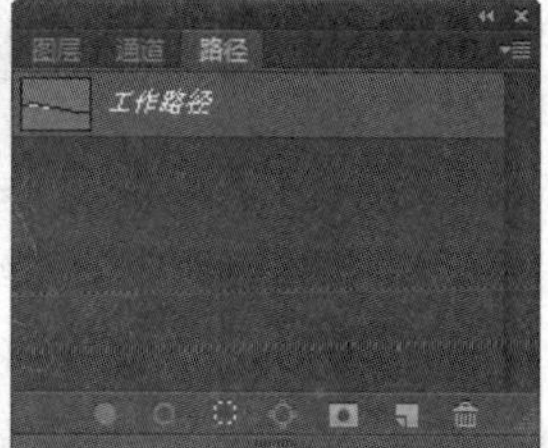

图 10-20 【路径】面板

12 复制“曲线”图层 4 次，如图 10-21 所示。

13 选择“曲线 副本 2”图层，逆时针旋转 1.5°，选择“曲线 副本 3”图层，逆时针旋转 3°，合并“曲线 副本”“曲线 副本 2”和“曲线 副本 3”图层，更名为“韵律曲线”，修改图层不透明度为 50%，效果如图 10-22 所示。

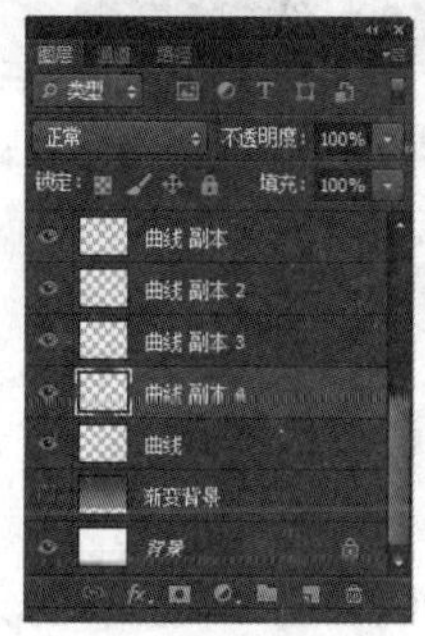

图 10-21 【图层】面板

图 10-22　韵律曲线

14 选择“曲线 副本 4”图层，更名为“韵律曲线底色”。

15 执行【滤镜】|【模糊】|【动感模糊】命令，设置角度为【60 度】，距离 50 像素，如图 10-23 所示。

16 选择“曲线”图层，顺时针旋转 10°，向上移动至合适位置，如图 10-24 所示。

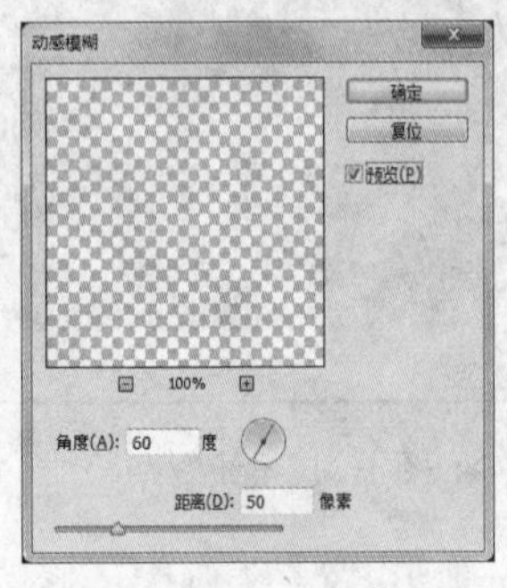

图 10-23 动感模糊

图 10-24 移动曲线至合适位置

17 执行【滤镜】|【模糊】|【动感模糊】命令，设置角度为【30 度】，距离 80 像素。

18 按 Ctrl+T 组合键执行自由变换命令，拉宽曲线，使左右两端都超出画面，并微移曲线至合适位置。

19 复制“曲线”图层 2 次，将复制的图层分别顺时针旋转 1.5°和逆时针旋转 1.5°，效果如图 10-25 所示。

20 合并“曲线”“曲线 副本”“曲线 副本 2”图层，更名为“上方曲线”。

21 选择“上方曲线”“韵律曲线”和“韵律曲线底色”图层，从图层新建组，命名为“背景图形”，【图层】面板如图 10-26 所示。

图 10-25 上方曲线

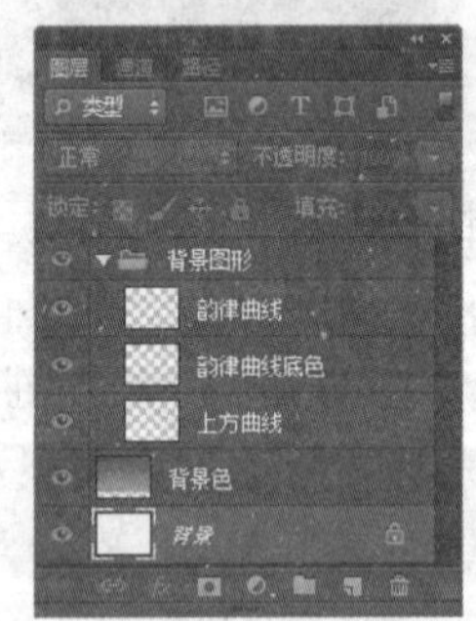

图 10-26 【图层】面板

2. 手机（色相/饱和度、图层效果）

01 执行【文件】|【打开】命令，打开“第 10 章素材”文件夹中的“手机素材.psd”文件。

02 执行【图层】|【复制图层】命令，将“手机素材.psd”中的“大手机”图层复制到“手机海报.psd”文件中，如图 10-27 所示，回到“手机海报.psd”文件。

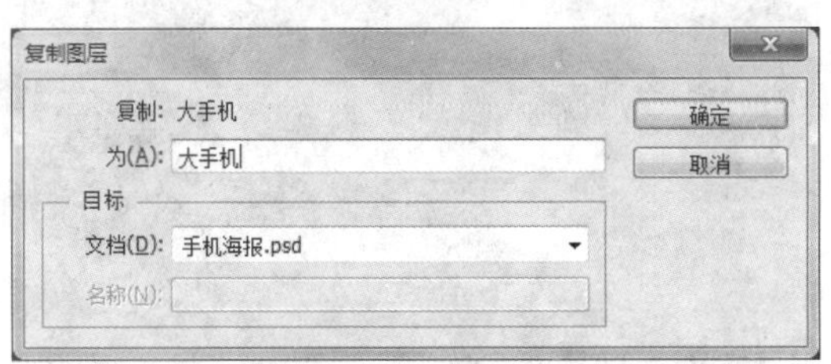

图 10-27　复制图层

03 按 Ctrl+T 组合键执行自由变换命令，缩小并旋转图形，并移动至合适位置。

04 单击工具箱中的【多边形套索工具】按钮，选择手机显示屏部分，如图 10-28 所示。

05 执行【图像】|【调整】|【色相/饱和度】命令，调整色相为+180，如图 10-29 所示，将显示屏部分色调调整为蓝色。

图 10-28　选择手机屏幕部分

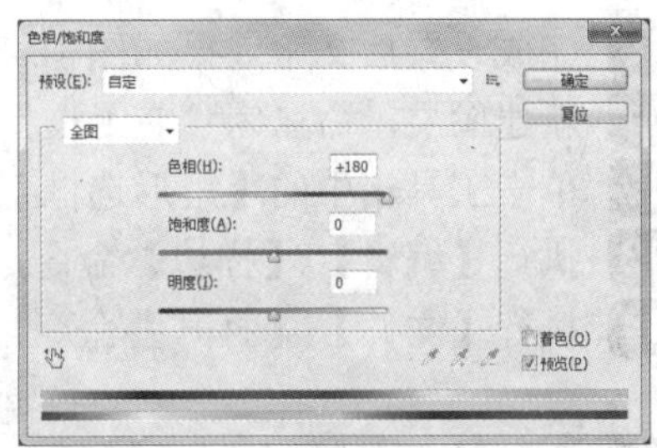

图 10-29　色相、饱和度调整

06 双击“大手机”图层，为图层设置【外发光】特效，其中【不透明度】调整为 34%，发光颜色调整为白色；【扩展】为 6%，【大小】为 40 像素，【外发光】样式局部属性如图 10-30 所示。

07 单击【确定】按钮完成设置，手机效果如图 10-31 所示。

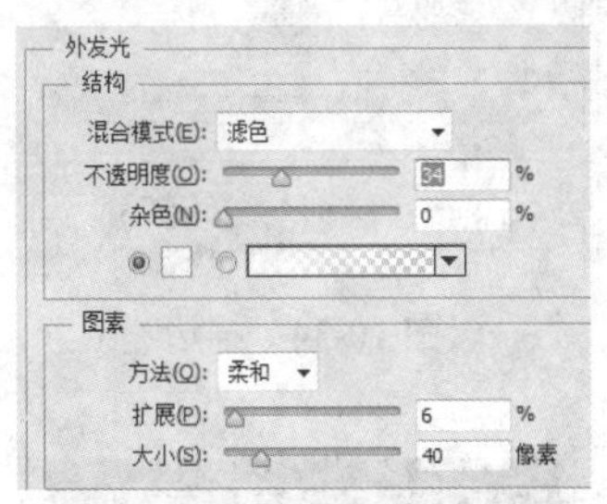

图 10-30　【外发光】样式设置

图 10-31　手机效果

08 选择工具箱中的【横排文字工具】，输入“艾猫手机”，文字颜色为纯白色，中文字体为“微软雅黑”，大小为 60 点，英文字体为“Arial Rounded MT Bold”，大小为 70 点。

09 双击文字图层，设置【斜面和浮雕】样式，其中【结构】中的【深度】为 200%，【大小】为 18 像素；【阴影】中的阴影颜色为灰色 RGB（209,209,209），如图 10-32 所示。

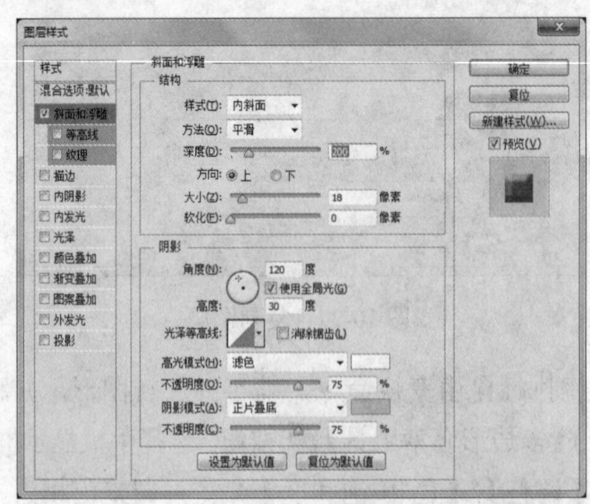

图 10-32 【斜面和浮雕】样式设置

10 完成设置后文字效果如图 10-33 所示。

11 新建图层，命名为“右上框”。

12 单击工具箱中的【矩形选框工具】按钮，在画面的右上角选取一个正方形框。

13 执行【编辑】|【描边】命令，设置宽度为 1 像素，颜色为白色，如图 10-34 所示。

14 执行【文件】|【打开】命令，打开“第 10 章素材”文件夹中的“手机素材.psd”文件。

15 将“手机素材.psd”中的“小手机”图层复制到“手机海报.psd”文件，回到“手机海报.psd”文件。

16 按 Ctrl+T 组合键执行自由变换命令，调整小手机至合适大小和位置，如图 10-35 和图 10-36 所示。

图 10-33 文字效果

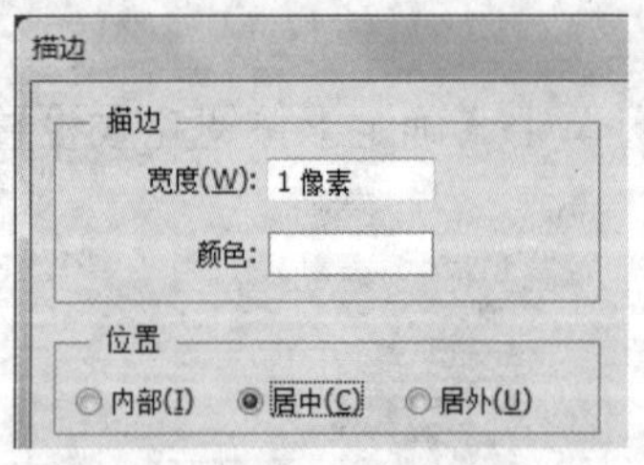

图 10-34 描边

图 10-35 右上框位置

图 10-36 右上框效果

3. 蝴蝶和星点（通道、色阶、滤镜、画笔设置）

01 执行【文件】|【打开】命令，打开“第 10 章素材”文件夹中的“蝴蝶.jpg”文件。

02 进入【通道】面板，复制“红”通道为“红 副本”通道。

03 在“红 副本”通道按 Ctrl+I 组合键执行反相命令。

04 按 Ctrl+L 组合键执行色阶命令，设置参数（100，5，150），调整输入色阶，如图 10-37 所示。

05 回到【图层】面板，新建图层“蝴蝶”。

06 执行【选择】|【载入选区】命令，如图 10-38 所示。

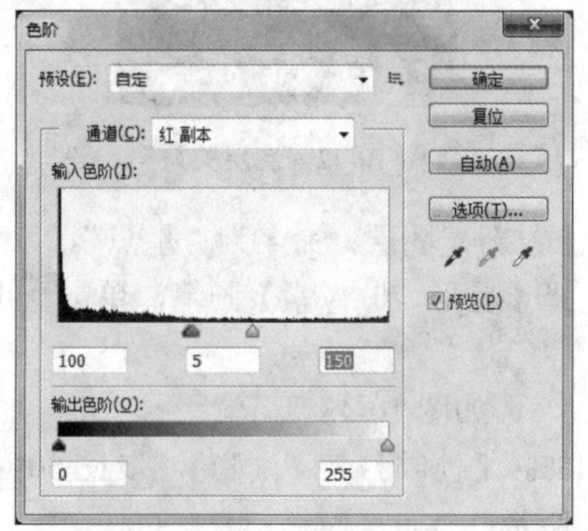

图 10-37　调整色阶

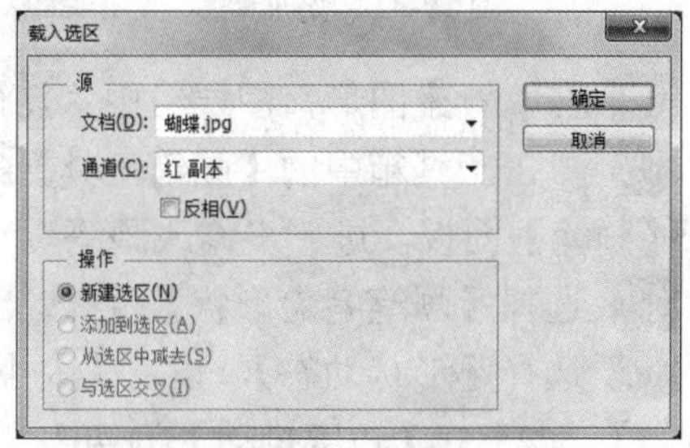

图 10-38　载入选区

07 为选区填充白色。

08 复制“蝴蝶”图层至“手机海报.psd”文件，回到“手机海报.psd”文件。

09 为“蝴蝶”图层设置【外发光】样式，其中【不透明度】调整为 35%，发光颜色调整为白色；【扩展】为 9%，【大小】为 63 像素，【外发光】样式局部属性如图 10-39 所示。

10 为了让蝴蝶显得自然一些，可以应用【高斯模糊】滤镜。执行【滤镜】|【模糊】|【高斯模糊】命令，设置高斯模糊半径 0.3 像素，如图 10-40 所示。

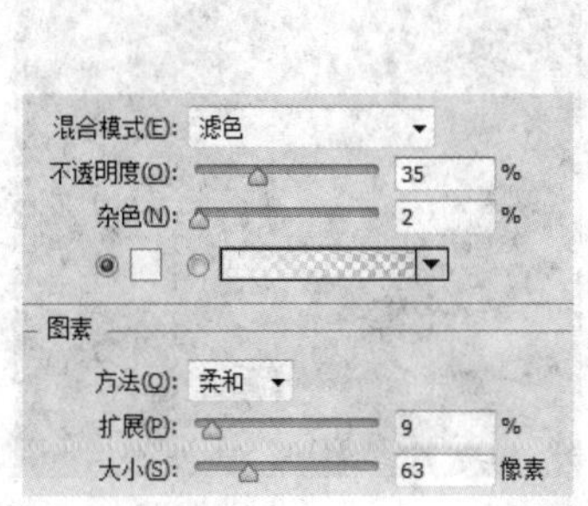

图 10-39　【外发光】样式设置

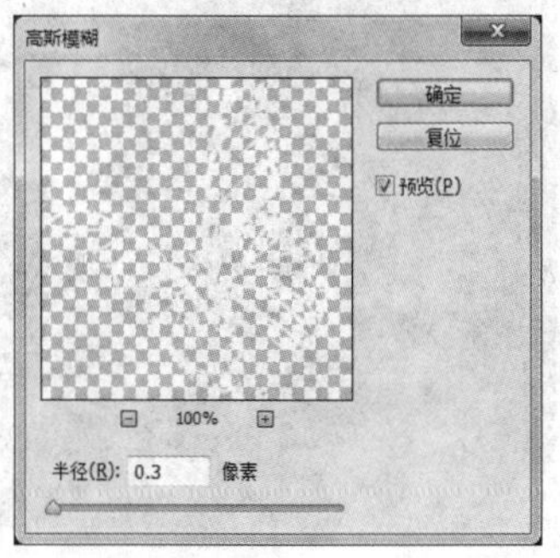

图 10-40　高斯模糊

11 调整“蝴蝶”图层至“手机”图层下方，拖移至合适位置。

12 由“蝴蝶”图层创建图层组“蝴蝶”，复制“蝴蝶”图层 4 次，分别调整大小及旋转方向，排列至合适位置，如图 10-41 所示。

13 拖移“蝴蝶”图层组至“背景图形”图层组，图层分布情况如图 10-42 所示。

图 10-41　添加蝴蝶

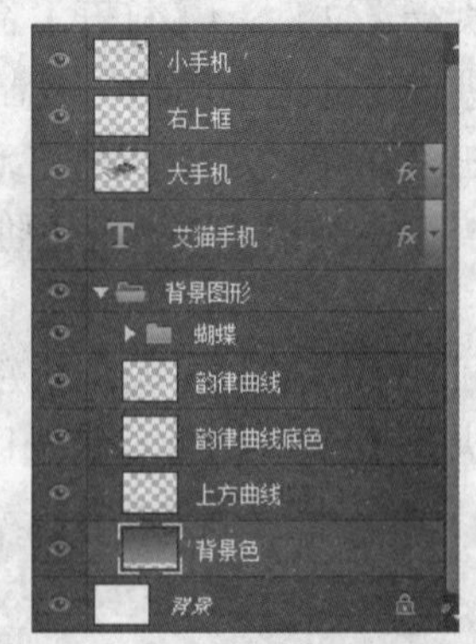

图 10-42　图层关系

14 在“背景图形”图层组中“韵律图层”的上方新建图层，命名为“星点”。

15 单击工具箱中的【画笔工具】按钮，选择【星形 70 像素】画笔，单击按钮打开【画笔】面板，进一步修改画笔。

16 选择【画笔笔尖形状】，修改【间距】为 26%，如图 10-43 所示。

17 选择【形状动态】，设置【大小抖动】为 45%；【控制】为【渐隐】，步长 50；【最小直径】为 25%；【角度抖动】为 40%，如图 10-44 所示。

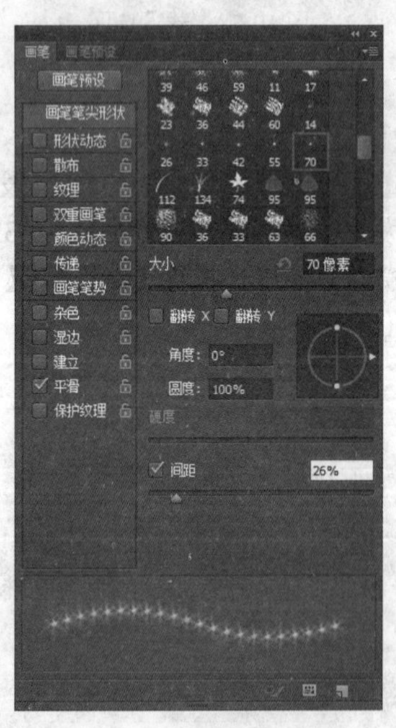

图 10-43　画笔笔尖形状

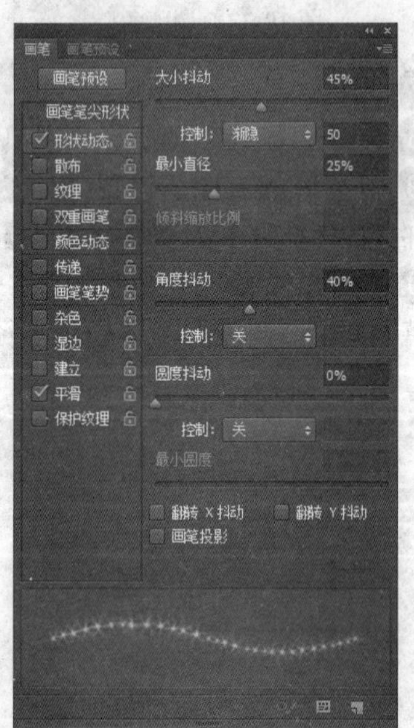

图 10-44　形状动态

18 选择【散布】，设置【散布】为 269%；【数量】为 2，【数量抖动】为 10%，【控制】为【渐隐】，步长 20，如图 10-45 所示。这样就完成了画笔的设置。

19 在手机右上方位置绘制一些星点。

20 修改画笔大小为 22 像素，继续绘制较小的星点，效果如图 10-46 所示。

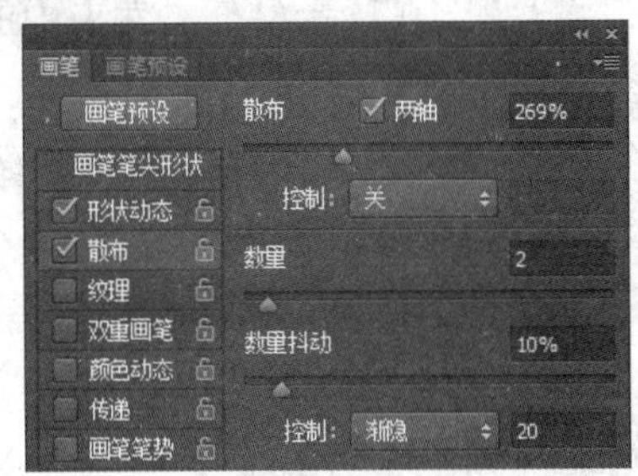

图 10-45　散布

图 10-46　完成星点绘制

4. 下方内容（文字设置，图层混合模式）

01 执行【文件】|【打开】命令，打开“第 10 章素材”文件夹中的“功能图.psd”文件。

02 将“功能图.psd”中的“功能图”图层和“功能图（右）”图层复制到“手机海报.psd”文件，回到“手机海报.psd”文件。

03 选择【移动式具】，分别将两个功能图拖动至合适位置，如图 10-47 所示。

04 同时选择两个功能图图层，单击【垂直居中对齐】按钮。

05 设置两个功能图图层的混合方式为【正片叠底】，效果如图 10-48 所示。

图 10-47　添加功能图

图 10-48 【正片叠底】效果

06 执行【文件】|【打开】命令，打开“第 10 章素材”文件夹中的“艾猫.jpg”文件和“4G.jpg”，拖移至“下方”图层组中。

07 按 Ctrl+T 组合键执行自由变换命令，调整 logo 及 4G 图标的大小，并移动至下方背景白色部分的合适位置，如图 10-49 所示。

图 10-49　放置 logo

08 选择工具箱中的【横排文字工具】T，在 4G 图标的右边输入文字“支持 4G 网络”

09 设置文字颜色为灰色 RGB（120,120,120），仿粗体，中文字体为“黑体”，大小为16点，英文字体为“Calibri”。

10 在画面下方的白色区域绘制一个矩形文本区，将“第10章素材”文件夹中的“宣传文字.txt”中的所有文本复制到该文本区。

11 设置文字颜色为灰色 RGB（120,120,120），仿粗体，中文字体为“黑体”，大小为16点，如图10-50所示。

图10-50　宣传文字及爪印

招贴最终效果如图10-51所示。

图10-51　最终效果

10.2　广告招贴的设计法则

招贴是户外广告的主要形式，也是最古老的广告形式之一。作为具有悠久历史的广告形式，招贴设计有它明显的特点，而人们在长期的应用中也总结出一些设计法则。

任务要求

通过具体的广告招贴实例——“禁酒驾”，了解广告招贴设计的特点、设计原则及Photoshop在广告招贴设计中的具体应用。

知识点与技能

1. 广告招贴的特点

（1）醒目

由于广告招贴要张贴在热闹的公共场所，周围环境比较复杂，为了吸引匆匆而过的行人，首先要做到的就是醒目。因此，大尺寸的画面、突出的主题、对比强烈的色彩、简洁明快的设计，可以让人在很远的地方就一目了然，这就是广告招贴最明显的特点。图 10-52 所示是英国 Slim-Fast 代餐奶昔进入俄罗斯市场的广告招贴，大面积的蓝色冷静又不乏感性，传统的俄罗斯套娃形象不仅向产品欲推广的国家示好，而且巧妙地融入了产品瘦身功能的宣传，画面设计简洁，主题突出，很好达到了吸引眼球的效果。

（2）艺术表现力丰富

单纯的醒目只能吸引人看第一眼，就像街头常见的一些红色或蓝色的大字标语，并不能达到广告的最终目的。所以现代广告招贴往往应用形式多样的艺术手段，以丰富的艺术表现力来诠释主题。许多名家投身广告招贴制作，留下诸多佳作，涌现出很多经典的作品，给人留下深刻的印象。图 10-53 所示是以中国水墨风闻名的香港著名设计师靳埭强的公益招贴《关心未来》。

图 10-52　奶昔广告

图 10-53　关心未来

2. 广告招贴的设计法则

（1）新奇

大胆新奇的构思，夸张、幽默、个性化的表现，能够使作品在第一时间紧紧抓住人们的眼球。图 10-54 所示的水族馆户外广告，大胆的创意十分引人注目。

（2）简洁

招贴是“瞬间的视觉艺术”，简洁明快的构图，单纯的形式感更易于让人们在短暂的时间内了解一定的信息。图 10-55 所示的法国酸奶广告构图简洁，画面干净，主题明确。

图 10-54　水族馆户外广告

图 10-55　酸奶广告

（3）对比

招贴需要在远距离实现强烈的视觉传达效果，因此，可以采用平面设计中的多种对比手法，如色彩对比、大小对比、虚实对比等方法来实现。图 10-56 所示的能量饮品广告，大虎鲸与小船形成对比，场景的惊险与钓鱼者的镇定自若亦形成对比，单色的背景与彩色的船和主角形成色彩对比，诸多对比给人留下深刻的印象。

（4）直接

由于广告招贴需要在短时间内准确传达信息，必须直截了当地表达出主题。所以不少广告招贴采用直接展示产品的方式。图 10-57 所示的果汁饮料广告，画面中心位置大面积展示产品及其宣传主题，有效实现了迅速、准确的目的。

图 10-56　能量饮品广告

图 10-57　果汁广告

任务分析

“禁酒驾”公益招贴采用与黄色小汽车对比强烈的深蓝渐变色为背景，点缀红色的酒，用夸张的手法表现饮酒对开车的危害，配上白色醒目的警示语，以期达到广而告之的目的。

在技法上，主要运用图层效果、路径工具等进行处理。实例素材如图 10-58～图 10-60 所示，效果如图 10-61 所示。

图 10-58　素材：小汽车

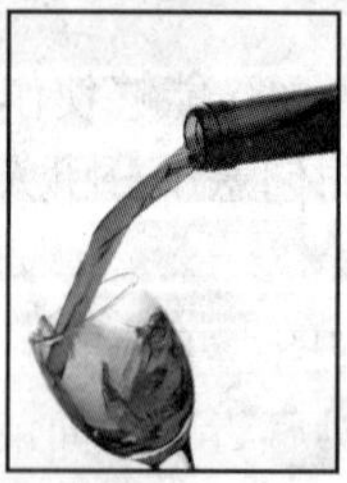

图 10-59　素材：酒

图 10-60　素材：酒瓶

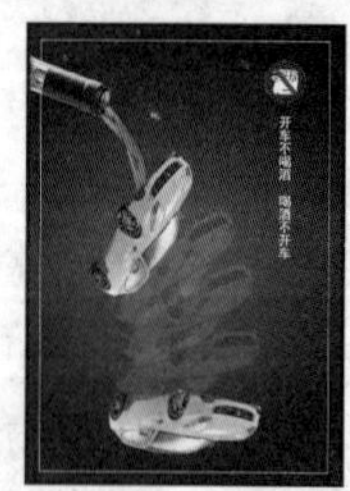

图 10-61　完成作品效果图

任务实施

1. 背景部分（渐变填充）

01 新建 A4 尺寸文件分别分辨率 150 像素/英寸，名称为“禁酒驾”。

02 更改前景色和背景色分别为 RGB（55,100,203）（4,25,61）。

03 单击工具箱中的【渐变工具】按钮，选择【径向渐变】模式，由画面中心向外拖动，填充渐变色，如图 10-62 所示。

2. 酒和酒瓶（变形、蒙版、橡皮擦工具）

01 执行【文件】|【打开】命令，打开 “第 10 章素材”文件夹中的“酒瓶.jpg”“酒.jpg”文件。

02 在“酒瓶.jpg”中选取酒瓶部分图像，使用快捷键 Ctrl+J 复制图像生成新图层，命名为“酒瓶”。

03 在“酒.jpg”中选取除白色背景及酒杯外的酒瓶及酒图形，复制至“酒瓶.jpg”，置于“酒瓶”图层的下方，命名为“酒”。

04 用白色填充背景，图层分布如图 10-63 所示。

图 10-62　渐变填充

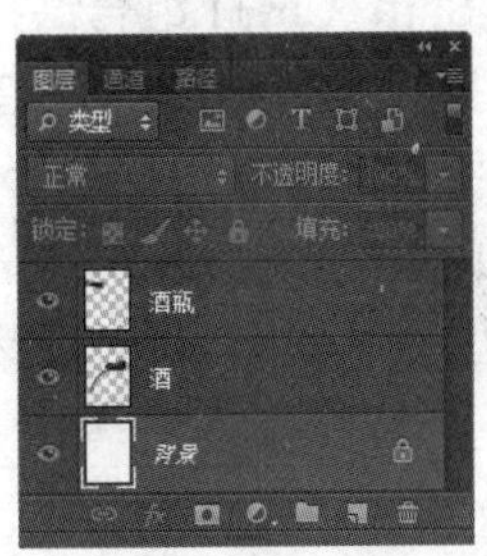

图 10-63　图层分布

05 选择“酒瓶”图层，调整图层的不透明度为 60%，便于观察。

06 选择“酒”图层，执行【编辑】|【变换】|【水平翻转】命令。

07 按 Ctrl+T 组合键执行自由变换命令，调整“酒”图层大小和位置直至其酒瓶部分的与“酒瓶”图层中的酒瓶（主要是瓶口部分）大小相同，如图 10-64 所示。

08 选择“酒瓶”图层，执行【编辑】|【变换】|【变形】命令，调整瓶口部，分使之与“酒”图层中的瓶口吻合，如图 10-65 所示。

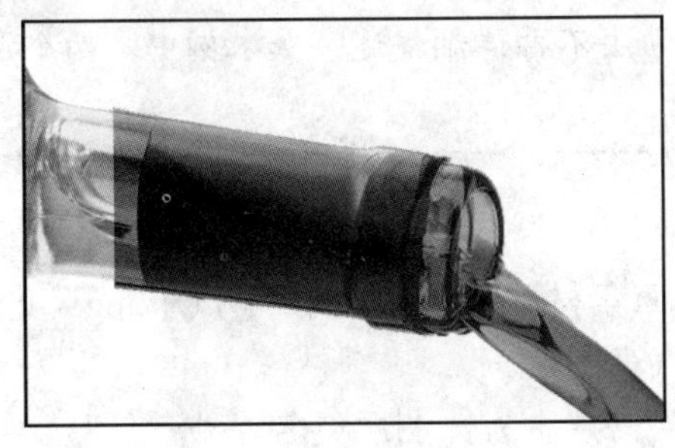

图 10-64　调整酒瓶大小

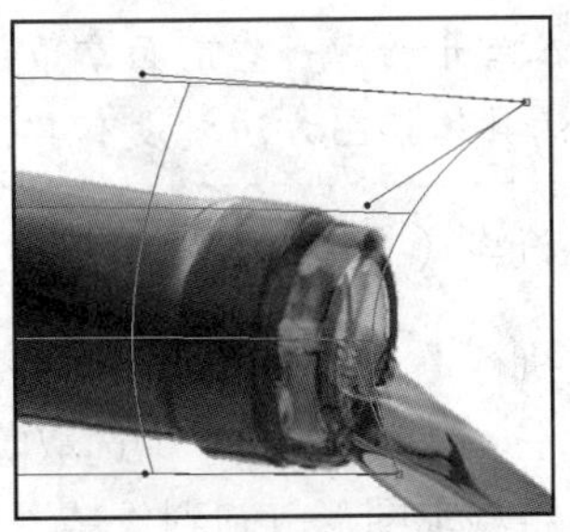

图 10-65　瓶口变形

09 为“酒瓶”图层添加蒙版，如图 10-66 所示。

10 单击工具箱中的【画笔工具】按钮，以黑色涂抹瓶口部分，露出“酒”图层中的瓶口部分（注意衔接部分），如图 10-67 所示。

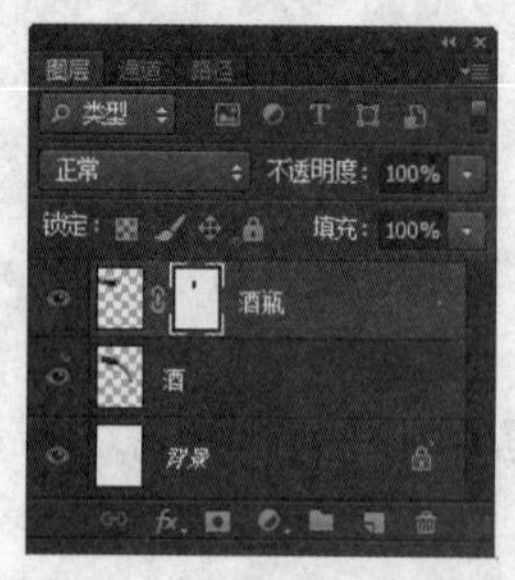

图 10-66　添加图层蒙版

图 10-67　酒瓶口的衔接

11 调整“酒瓶”图层的不透明度为 100%。

12 按住键盘上的 Ctrl 键，同时单击“酒瓶”图层缩略图，载入图层选区。

13 按 Shift+Ctrl+I 组合键执行反向命令，如图 10-68 所示。

14 选择“酒”图层，单击工具箱中的【橡皮擦工具】按钮，擦除瓶口以下多余部分。

15 合并“酒瓶”图层和“酒”图层，复制到“禁酒驾.psd”文件。

16 回到“禁酒驾.psd”，按 Ctrl+T 组合键执行自由变换命令，旋转图形，调整到画面左上角合适位置，如图 10-69 所示。

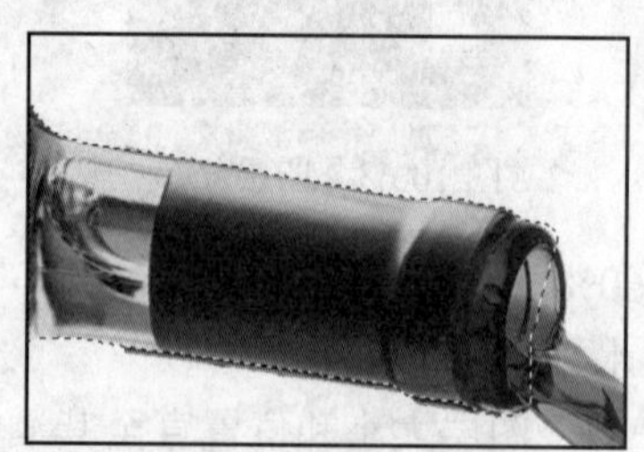
图 10-68　选择多余区域

图 10-69　调整图形方向和位置

提示

从本章开始，一些前面章节讲过的基本操作方法不再详细描述。如本例中，两个酒瓶素材的具体抠图方法就没有具体描述。

3. 小汽车（自由变换、图层不透明度）

01 执行【文件】|【打开】命令，打开“第 10 章素材”文件夹中的“小汽车.jpg”文件。

02 在“小汽车.jpg”中选取除白色背景外的汽车图形。

03 将汽车图形复制到“禁酒驾.psd”的“酒”图层上方，图层更名为“汽车”。

04 执行自由变换命令，等比例缩小并旋转汽车，移动至合适位置，如图 10-70 所示。

05 由“汽车”图层创建图层组“汽车”，复制“汽车”图层 4 次，分别旋转方向并排列至合适位置，修改中间 3 个图层的不透明度为 20%，如图 10-71 所示。

06 图层分布情况如图 10-72 所示。

图 10-70　添加汽车

图 10-71　更多汽车

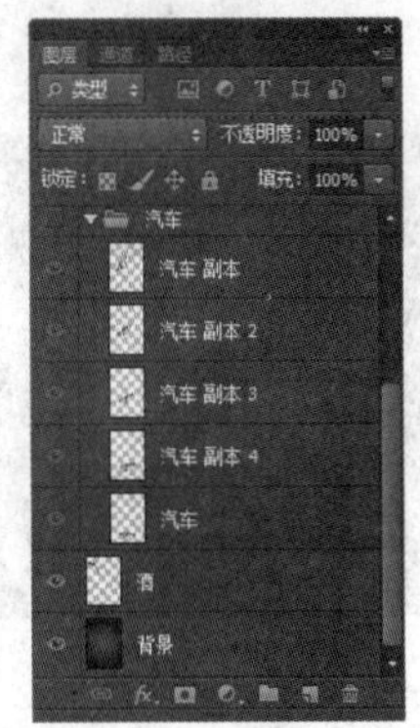

图 10-72　图层分布

4. 文字及描边（矩形工具）

01 选择工具箱中的【横排文字工具】，在画面的右上角输入文字“酒”，字体为“文鼎淹水体”，大小为 54 点，文字颜色为白色。

02 右击工具箱中的【矩形工具】 按钮，选择【自定形状工具】。

03 在选项栏左边选择【像素】模式，【形状】选择【“禁止”标记】形状，如图 10-73 所示。

像素　模式：正常　不透明度：100%　消除锯齿　形状：　对齐边缘

图 10-73　【自定形状工具】属性

04 在“酒”文字图层的上方新建图层“禁止符号”，更改前景色为红色 RGB（255,0,0），绘制一个红色的禁止标记，修改图层不透明度为 80%。

05 设置【描边】图层样式，设置描边颜色为纯白色 RGB（255,255,255），大小为 1 像素，禁酒标志效果如图 10-74 所示。

06 选择工具箱中的【直排文字工具】，在禁酒标记的下方输入文字“开车不喝酒 喝酒不开车”，文字颜色为纯白色，字体为“黑体”，大小为 24 点。

07 同时选择“酒”文字、“禁止标记”和“开车不喝酒”图层，单击工具箱中的【移动工具】，在选项栏单击【水平居中对齐】按钮，使文字和禁酒标记对齐，效果如图 10-75 所示。

08 在背景图层和“酒”图层之间新建一个图层“边框”。

09 单击工具箱中的【矩形选框工具】按钮，选择距离画面四边约 40 像素的位置。

10 执行【编辑】|【描边】命令，设置宽度为 3 像素，颜色为纯白色。

本例操作完成，效果如图 10-76 所示。

图 10-74　禁酒标志

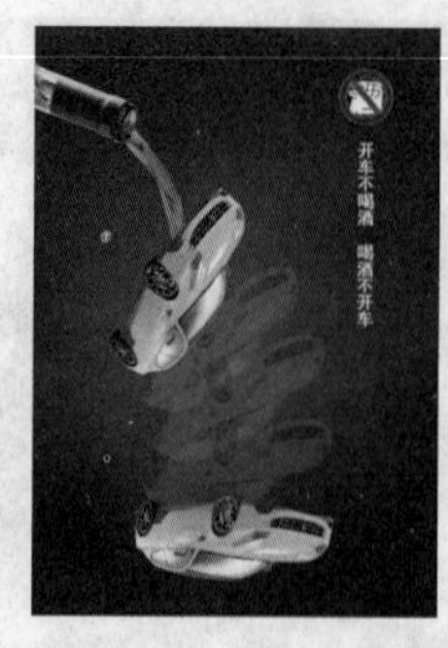

图 10-75　对齐文字

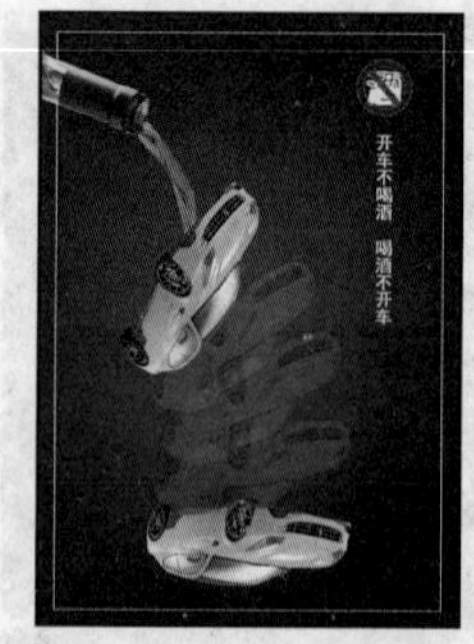

图 10-76　最终效果

提示

- “第 10 章”文件夹中包含了本章各实例中运用的一些特殊字体，可以选择安装到自己的电脑上。
- 字体安装的方法：单击按钮，选择【控制面板】，在【控制面板】中选择【字体】，打开【字体】文件夹，将所需的字体文件复制到该文件夹中即可。

10.3　广告招贴常见表现手法

根据广告招贴的目的和特征，人们常常采用一些行之有效的手法来表达主题。本节将讨论这些表现手法及其应用。

任务要求

通过具体实例——“名家书画展”广告招贴的制作，了解广告招贴设计中的表现手法以及 Photoshop 在广告招贴设计中的具体应用。

知识点与技能

广告招贴主要有如下几种常见表现手法：

1. 直接法

直接法是运用最为广泛的一种表现手法，它将产品或主题直接如实地展示，充分运用摄影、绘画等技巧的写实表现能力，精细地刻画和渲染产品的质感，给人以真实感。图 10-77 所示为某餐厅美食广告，其强烈的真实感令人垂涎欲滴。

2. 对比法

对比法也是一种常见的表现手法，通过将反差很大的要素同时放在画面中进行对比，给人以深刻印象。图 10-78 的大众货车广告，货箱组成的巨大金刚与小小的货车产生强烈的对比。

3. 夸张法

夸张法追求新奇变化，通过夸大对象的品质和特性中的某个方面，第一时间抓住眼球。如图 10-78 中被夸张的巨大金刚。

图 10-77　美食广告

图 10-78　大众货车广告

4. 联想法

联想法是运用丰富的想象力，从一种事物联想到另一种相关的事物，突破一般惯性思维，令人久久回味。图 10-79 所示的杀虫剂广告，连大众的“甲壳虫”都被喷翻了，想象力非常丰富。

5. 偶像法

偶像法也是很常见的表现手法。选择大众喜爱的偶像，借助名人偶像的感召力，树立产品的形象。如图 10-80 所示的 OLAY 玉兰油广告。

图 10-79　杀虫剂广告

图 10-80　OLAY 广告

6. 其他表现手法

此外，还有幻觉法、系列法等手法。目的只有一个，就是吸引大众的注意力，达到广而告之的效果。

任务分析

“名家书画展”广告招贴采用一些中国古典元素，如古朴的棕黄色、王羲之书法作品、古画以及大面积的毛笔笔刷效果，表达书画的传统含义。在构图上，笔刷的灵动与书法的严谨形成对比，达到一种平衡。

在技法上，主要运用蒙版、通道、映射以及滤镜等进行处理。实例素材如图 10-81～

图 10-84 所示，效果如图 10-85 所示。

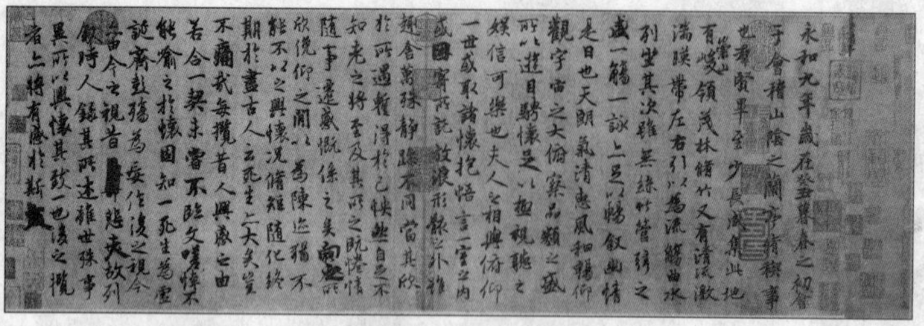

图 10-81　素材：王羲之《兰亭序》

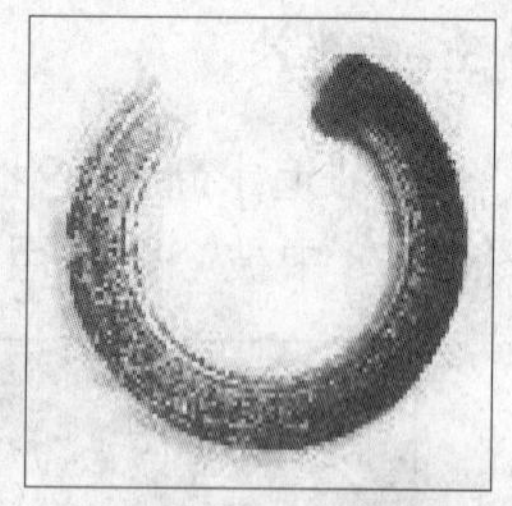

图 10-82　素材：笔触一

图 10-83　素材：古画

图 10-84　素材：笔触二

图 10-85　完成作品

任务实施

1. 背景部分（自由变换、渐变映射、图层蒙版、图层不透明度）

01 新建 A4 尺寸文件，分辨率 150 像素/英寸，名称为“名家书画展”。

02 执行【图像】|【图像旋转】|【90 度（顺时针）】命令，旋转图像为横向。

03 填充背景，颜色为 RGB（240,216,169）。

04 执行【文件】|【打开】命令，打开“第 10 章素材”文件夹中的“王羲之《兰亭序》.jpg”文件。

05 单击工具箱中的【矩形选框工具】按钮，选取图像素材，如图 10-86 所示。

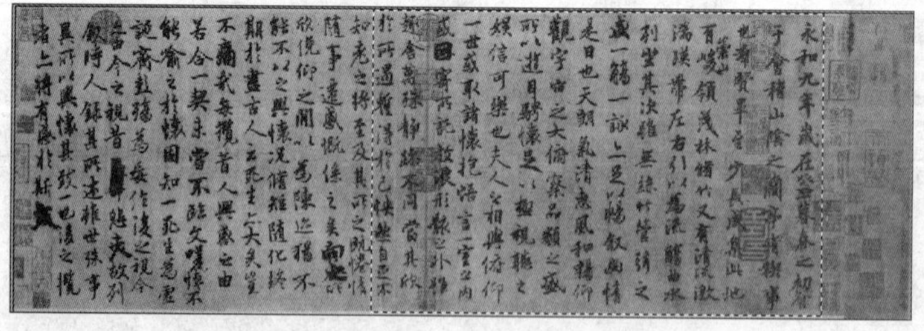

图 10-86　选择局部

06 单击【移动工具】，将选取的图像移入背景中，更改图层名为“书法”，按住 Shift 键，对其进行保持比例的自由变换，使其与背景等宽，如图 10-87 所示。

07 更改前景色、背景色分别为 RGB（144,101,29）、RGB（240,216,169）。

08 执行【图像】|【调整】|【渐变映射】命令，更改图层颜色，如图 10-88 所示。

图 10-87　自由变换

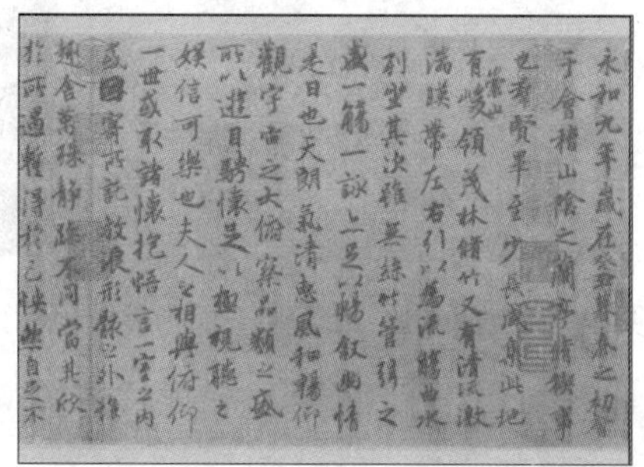

图 10-88　渐变映射

09 单击【图层】面板中的【添加图层蒙版】按钮。

10 单击工具箱中的【渐变工具】按钮，选择【对称渐变】模式，由画面中心向下拖动，使图层的上下边缘模糊，如图 10-89 所示。

11 调整图层不透明度为 20%，如图 10-90 所示。

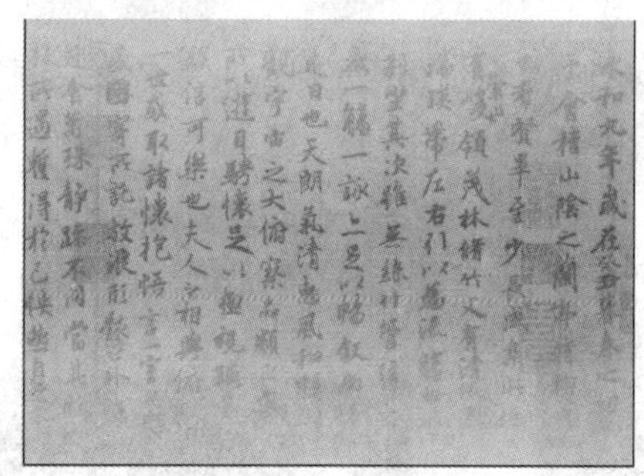

图 10-89　添加蒙版

图 10-90　调整不透明度

2. 古画的处理（自由变换、渐变映射、图层蒙版）

01 执行【文件】|【打开】命令，打开“第 10 章素材”文件夹中的“古画.jpg”文件。

02 拖至“书法”图层上方，执行自由变换命令，按住 Shift 键，对其进行保持比例的自由变换，使其水平和垂直方向都放大至原图的 108%，如图 10-91 所示。

03 执行【图像】|【调整】|【渐变映射】命令，更改图层颜色。

04 单击【图层】面板中的【添加图层蒙版】按钮，添加蒙版。

05 单击工具箱中的【画笔工具】按钮，选择柔边笔触，调整画笔大小为 400 像素，如图 10-92 所示。

06 调整前景色为黑色，用【画笔工具】涂抹“古画”图层边缘，使其与画面很好融合，如图 10-93 所示。

图 10-91　放大原图比例

图 10-92　画笔笔触

图 10-93　古画融合效果

提示

- 在图片处理中，为了不破坏图片，常常要使用图层蒙版。在图层蒙版中，黑色的部分不会显示，白色部分完全显示，灰色部分则呈半透明状态。
- 本例中，如果用画笔涂抹不小心出错，可以更改前景色为白色，调整画笔尺寸进行修复。

3. 文字的处理（文字设置、通道、滤镜、毛笔效果）

01 选择工具箱中的【横排文字工具】T，在两个不同的图层分别输入“名家书画”和“展”。文字颜色为黑色，具体设置如图 10-94 和图 10-95 所示。

02 按住 Ctrl 键单击“展”图层缩览图，载入“展”图层选区。

03 打开【通道】面板，新建 Alpha1 通道，填充白色，如图 10-96 所示。

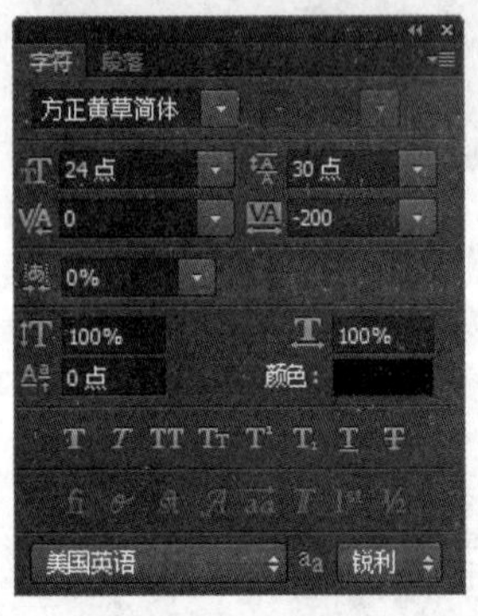

图 10-94　文字设置

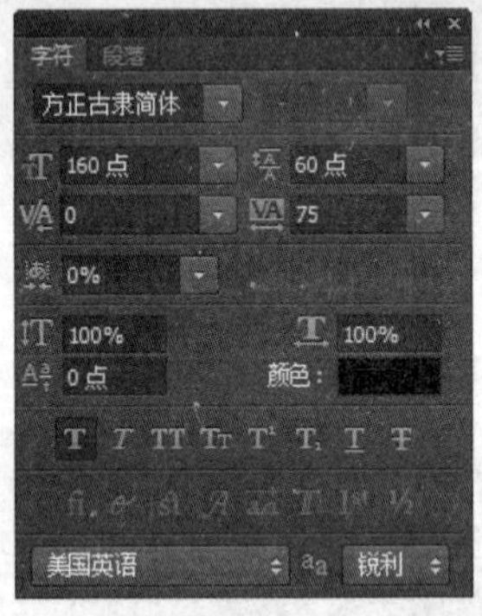

图 10-95　“展”字设置

图 10-96　新建 Alpha1 通道

04 执行【滤镜】|【滤镜库】命令，在【滤镜库】对话框中选择【画笔描边】滤镜组中的【喷溅】滤镜组，并设置【喷色半径】为 6、【平滑度】为 8，如图 10-97 所示。

05 在【滤镜库】对话框中选择【素描】滤镜组中的【撕边】滤镜，并设置【图像平衡】为 35、【平滑度】为 15、【对比度】为 16，如图 10-98 所示。

06 按住 Ctrl 键单击“Alpha1”通道，载入选区。

07 回到【图层】面板，单击文字“展”图层前面的可见性指示图标，使之不可见。

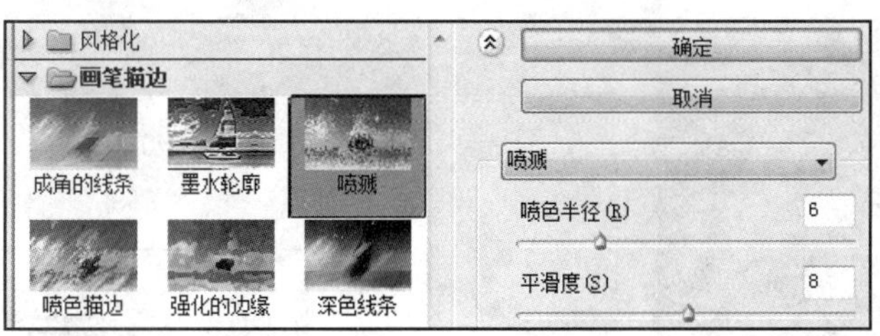

图 10-97　设置【喷溅】滤镜

08 新建图层“展”，填充黑色，得到有毛笔效果的“展”字，如图 10-99 所示。

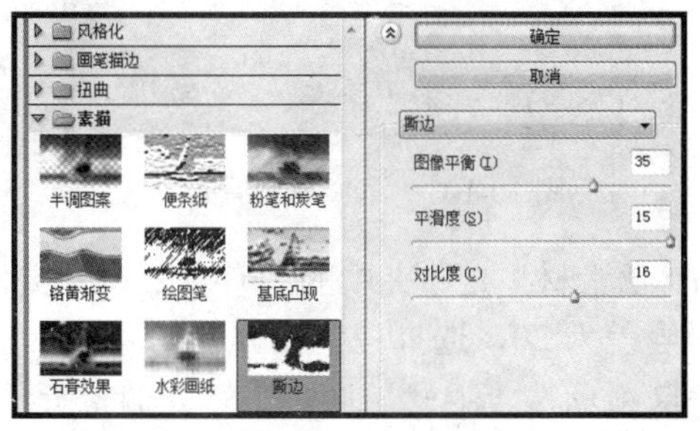

图 10-98　设置【撕边】滤镜

图 10-99　处理后效果

09 参照步骤 1~8 制作印章效果的“名家画展”，注意要适当调整滤镜参数，其中红色为 RGB（168,1,1），字体为“方正隶二繁体”，效果如图 10-100 所示。文字效果如图 10-101 所示。

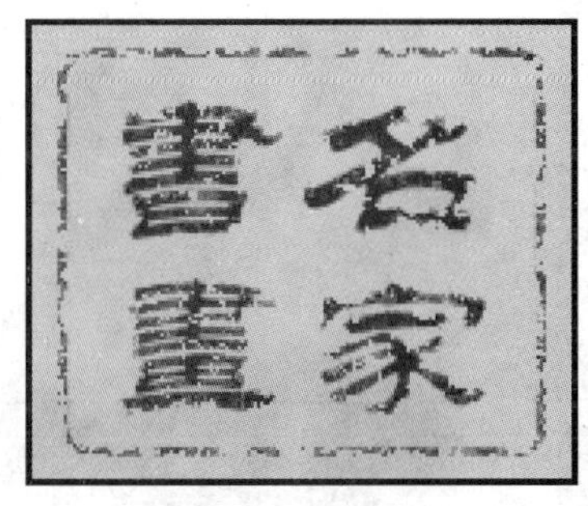

图 10-100　印章效果

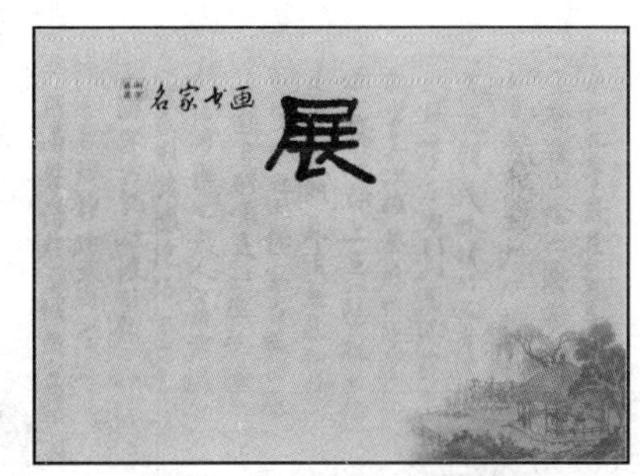

图 10-101　文字效果

4. 笔刷的处理（渐变映射、布局）

01 执行【文件】|【打开】命令，打开“第 10 章素材”文件夹中的“笔触 1.jpg”文件。

02 选择工具箱中的【魔棒工具】，设置容差为 20，选择白色部分。

03 执行【选择】|【反向】命令，然后将选区拖动至“古画”图层上方，调整大小和位置，新图层名为“圆”，如图 10-102 所示。

04 修改前景色为 RGB（180,126,49），执行【图像】|【调整】|【渐变映射】命令，效果如图 10-103 所示。

图 10-102　图层分布　　图 10-103　添加渐变后的效果

05 执行【文件】|【打开】命令，打开“第 10 章素材”文件夹中的“笔触 2.jpg”文件。

06 选择工具箱中的【魔棒工具】，设置容差为 20，选择白色部分。

07 执行【选择】|【反向】命令，然后将选区拖动至“书法”图层上方，调整大小和位置，新图层命名为“笔刷”，执行【图像】|【调整】|【渐变映射】命令，效果如图 10-104 所示。

08 添加展览的文字内容（黑体）及底部的矩形线条，调整好位置（图层排列参照图 10-105），就完成了这张广告招贴的制作，如图 10-106 所示。

图 10-104　添加笔刷后的效果

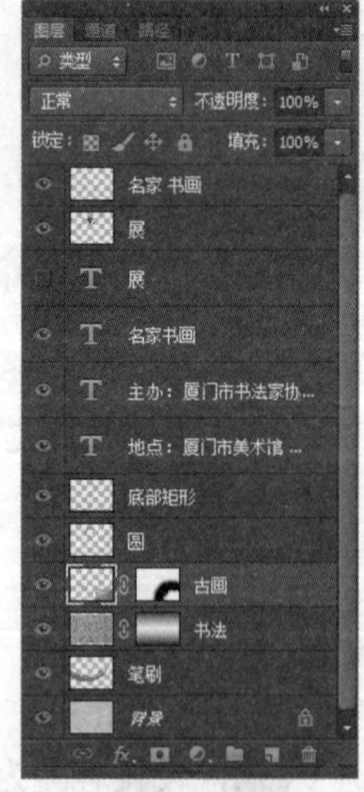

图 10-105　图层分布

图 10-106　最终效果

10.4　广告招贴设计中的形式美法则

作为一种典型的平面设计形式，广告招贴设计不仅要遵循其设计法则，还必须包含平面设计至关重要的形式美。

任务要求

通过具体实例——“变形金刚电影海报”的制作，了解形式美法则在设计中的应用以及相关 Photoshop 实用技法。

知识点与技能

形式美的法则是人类在创造美的形式、过程中对美的形式规律的经验总结和抽象概括。主要包括：变化与统一、对称与均衡、对比与调和、节奏与韵律。

1. 变化与统一

强调突出各自的特点，丰富多样，是变化；而在变化中要有主次之分，局部要服从整体，就是统一。只有变化没有统一就会松散、软弱，混乱。反之，只有统一而没有变化，则显得呆板而无生气，没有创新和发展。变化与统一运用得好，就能使画面既生动又优美，是形式美的最高层次。如图 10-107 所示的花瓶，用虚幻的花瓶联系色彩丰富大小不一的点。

2. 对称与均衡

对称的形态最符合人们的视觉习惯，给人以自然、安定、均匀、协调、整齐、完美的朴素美感。均衡又叫平衡，在平面设计中是指根据图像的形态、大小、轻重、色彩等的分布状况作用于视觉判断的平衡。对称和均衡都是达到画面平衡的手法。如图 10-108 所示的招贴，画面左右对称，给人以自然宁静的感觉。

图 10-107　变化与统一

图 10-108　对称与均衡

3. 对比与调和

对比关系主要通过色调的明暗、冷暖，形状的大小粗细、长短、方圆，距离的远近疏密等多方面的因素来实现。调和是指强调不同的造型要素的共性，达到协调的目的。如图 10-109 所示的药物广告，在人物面部采用单色与彩色对比，令人印象深刻。

4. 节奏与韵律

节奏是指造型要素有规律的重复。韵律是指节奏的反复连续就形成韵律。如图 10-110 所示的大众高尔夫广告，大小成比例的图案形成节奏感。

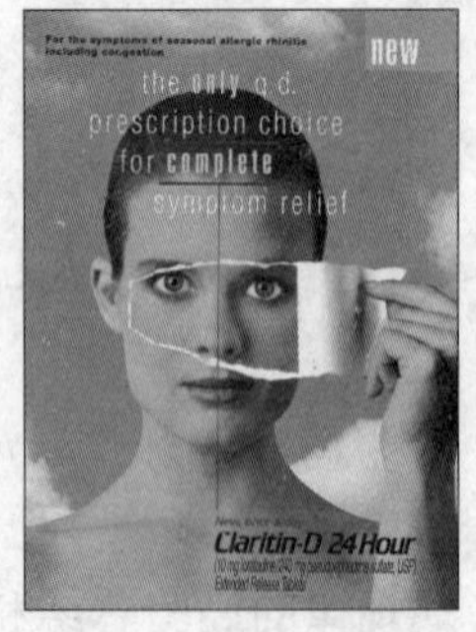

图 10-109　对比与调和

图 10-110　节奏与韵律

任务分析

电影《变形金刚》的海报，采用黑色及深蓝冷色背景，点缀暖色亮丽的火光，突出人物，片名制作成金属效果，与主题相呼应。

在技法上，主要运用图层效果、路径工具、滤镜等进行处理。实例素材如图 10-111～图 10-113 所示，效果如图 10-114 所示。

图 10-111　素材：城市

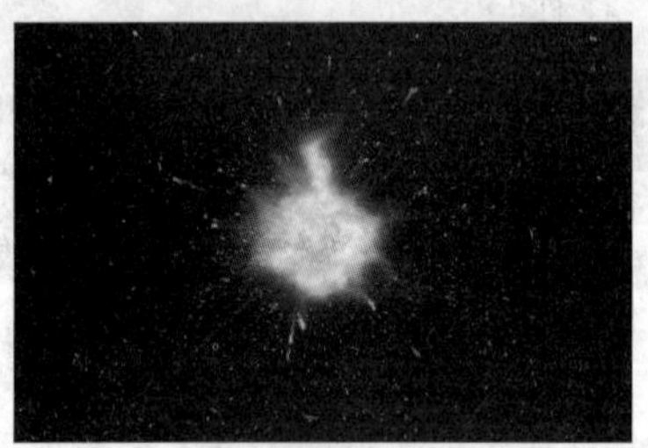

图 10-112　素材：火

图 10-113　素材：擎天柱

图 10-114　完成作品效果图

任务实施

1. 背景部分（渐变填充、图层蒙版、色相/饱和度）

01 新建 A4 尺寸文件，分辨率 150 像素/英寸，名称为“变形金刚”。

02 填充背景为黑色。

03 执行【文件】|【打开】命令，打开“第 10 章素材”文件夹中的“城市.jpg”文件。

04 执行【图像】|【调整】|【色相/饱和度】命令，选中【着色】复选框，设置【色相】为 238、【饱和度】为 56、【明度】为-59，如图 10-115 所示。

05 拖动“城市.jpg”背景层至“变形金刚.psd”的背景层上方，图层更名为“城市”。

06 执行自由变换命令，等比例放大至水平方向与背景等宽。

07 单击【图层】面板中的【添加图层蒙版】 按钮。

08 单击工具箱中的【渐变工具】 按钮，选择【对称渐变】模式，由画面中心向下拖动，使图层的上下边缘模糊。

09 更改图层混合模式为【滤色】，调整图层不透明度为 50%，效果如图 10-116 所示。

图 10-115　设置色相/饱和度

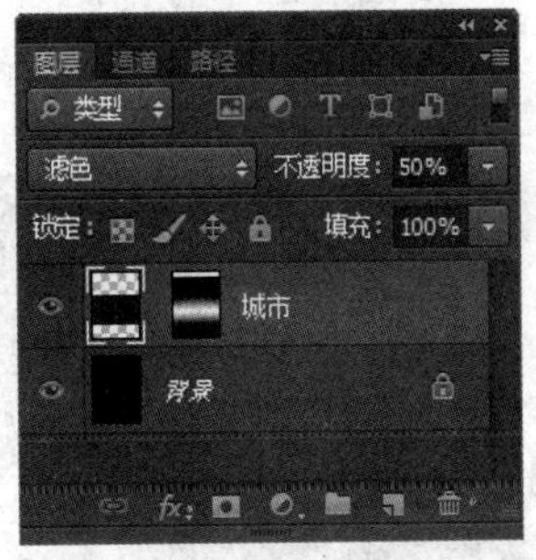

图 10-116　图层设置

2. 擎天柱与火（图层蒙版、光照效果）

01 执行【文件】|【打开】命令，打开“第 10 章素材”文件夹中的“火光.jpg”文件。

02 拖动至【城市】图层上方，图层更名为“火”。

03 执行自由变换命令，等比例放大至 183%。

04 更改图层混合模式为【滤色】，效果如图 10-117 所示。

05 执行【文件】|【打开】命令，打开“第 10 章素材”文件夹中的“擎天柱.jpg”文件。

06 拖动至“火”图层上方，图层更名为“擎天柱”。

07 执行自由变换命令，等比例放大至 145%。

08 执行【图像】|【调整】|【亮度/对比度】命令，设置【亮度】为-110，如图 10-118 所示。

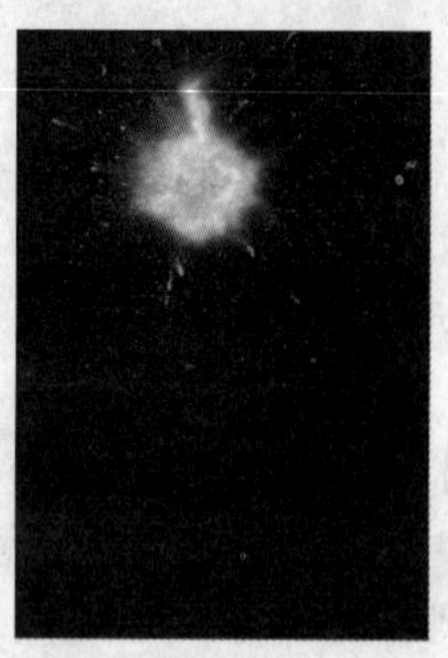

图 10-117　添加火光

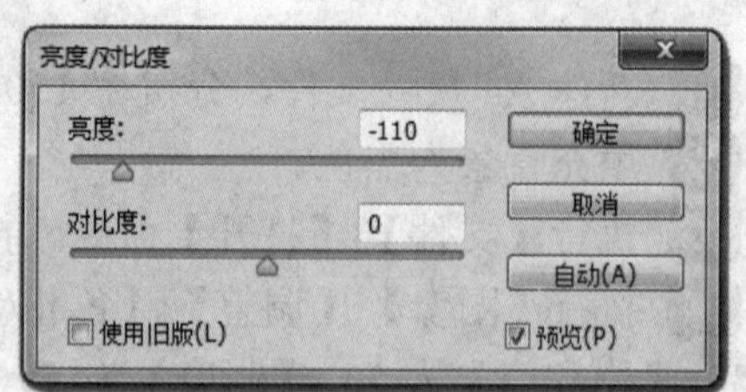

图 10-118　设置亮度

09 执行【滤镜】|【渲染】|【光照效果】命令，设置【光照类型】为【点光】，强度 36，光照位置及范围如图 10-119 所示。

10 单击【图层】面板中的【添加图层蒙版】按钮。

11 单击工具箱中的【渐变工具】按钮，选择【线性渐变】模式，由擎天柱的小腿处向下拖动，使图层的下方渐隐，效果如图 10-120 所示。

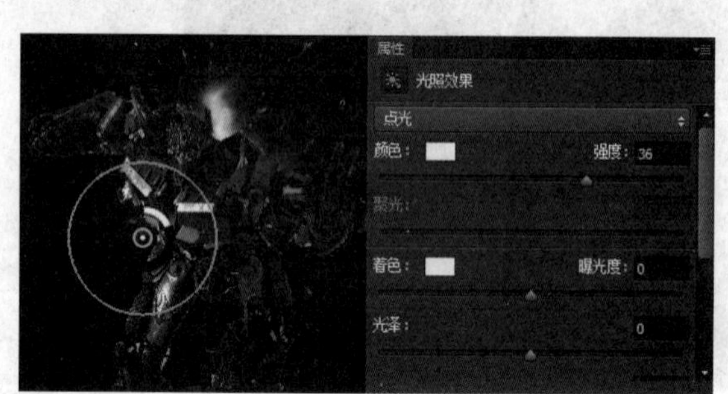

图 10-119　光照效果

图 10-120　添加擎天柱

3. 文字（云彩、杂色、路径、图层样式）

01 新建文件，大小 960×400 像素，分辨率 150 像素/英寸。

02 更改前景色、背景色分别为 RGB（112,130,139）、RGB（12,23,36）。

03 执行【滤镜】|【渲染】|【云彩】命令。

04 按 Ctrl+F 组合键重复【云彩】命令几次，选择合适的图案。

05 执行【滤镜】|【杂色】|【添加杂色】命令，【数量】设置为 5%，【分布】为【高斯分布】，选中【单色】复选框，如图 10-121 所示，效果如图 10-122 所示。

06 选择工具箱中的【横排文字蒙版工具】，输入“变形金刚”，字体为“方正粗倩简体”，字号为 100，具体设置如图 10-123 所示。

07 进入【路径】面板，单击【从选区生成工作路径】按钮。

08 选择“工作路径”，分别修改“形”字和“刚”字使笔画拉长，并形成尖角，如

图 10-124 所示。

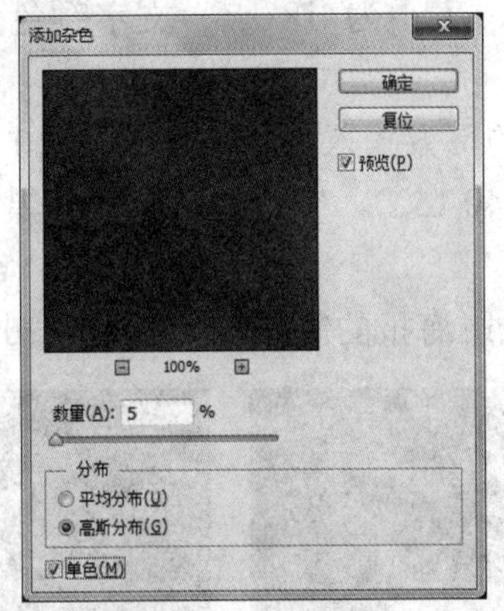

图 10-121　添加杂色

图 10-122　云彩+杂色效果

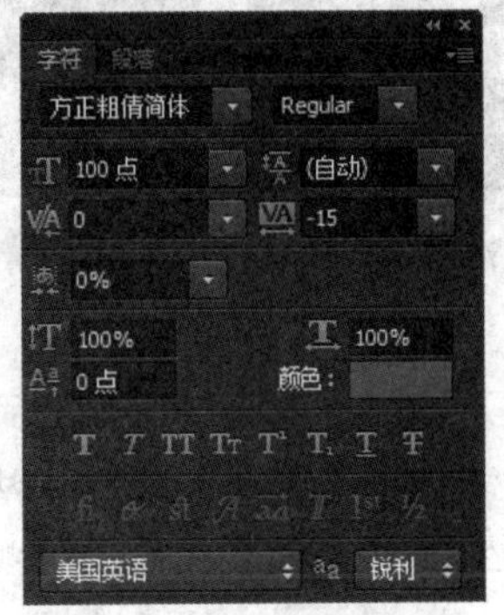

图 10-123　文字设置

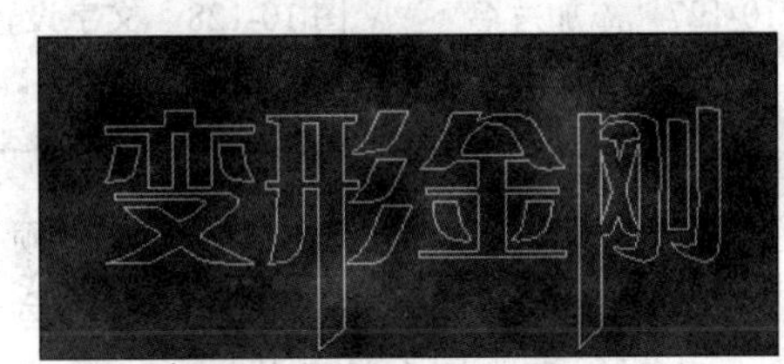

图 10-124　修改路径

09 单击【路径】面板中的【将路径作为选区载入】按钮。

10 单击工具箱中的【移动工具】，拖动选区至“擎天柱”图层上方，图层更名为“变形金刚”。

11 执行【滤镜】|【滤镜库】命令，在【滤镜库】对话框中选择【画笔描边】组中的【喷溅】滤镜，并设置【喷色半径】为 11、【平滑度】为 8，如图 10-125 所示。

12 设置【斜面和浮雕】图层样式，设置【深度】为 321%，【大小】4 像素，如图 10-126 所示。

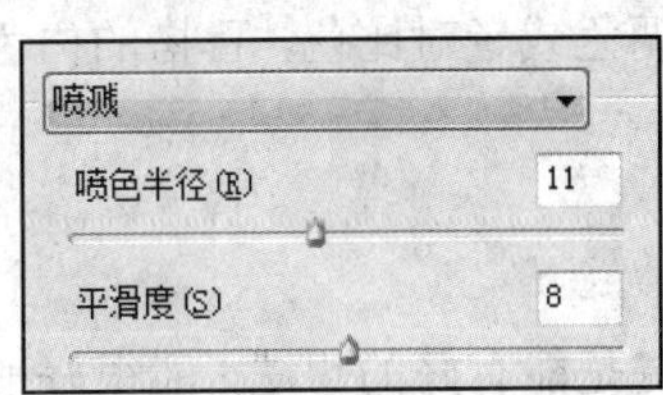

图 10-125　【喷溅】滤镜设置

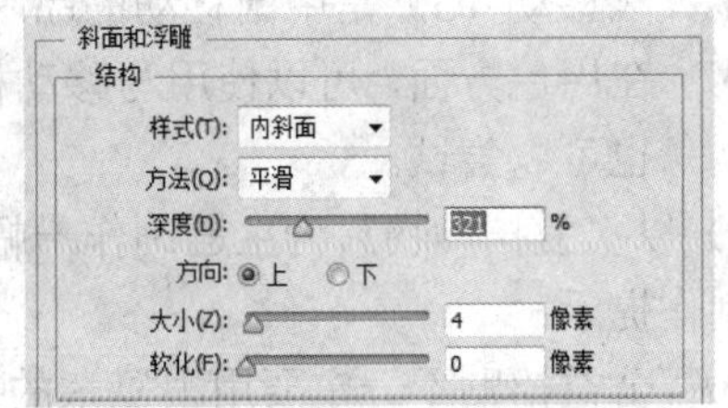

图 10-126　【斜面和浮雕】样式设置

13 将设置好的文字拖动至合适位置，效果如图 10-127 所示。

14 选择工具箱中的【横排文字工具】T，输入“擎天柱重振雄风”，字体为“方正粗倩简体”（也可根据自己电脑中的字库另选合适字体），大小为 18 点，文字颜色为 RGB（123,140,152），如图 10-128 所示。

15 选择工具箱中的【横排文字工具】T，在画面的下方输入影片信息（“第 10 章素材”文件夹中的“影片信息.txt”），文字颜色为 RGB（123,140,152），字体为“微软雅黑”，大小为“8 点”，如图 10-129 所示。

16 调整好文字的位置，就完成了《变形金刚》电影海报的制作，如图 10-130 所示。

图 10-127 添加片名

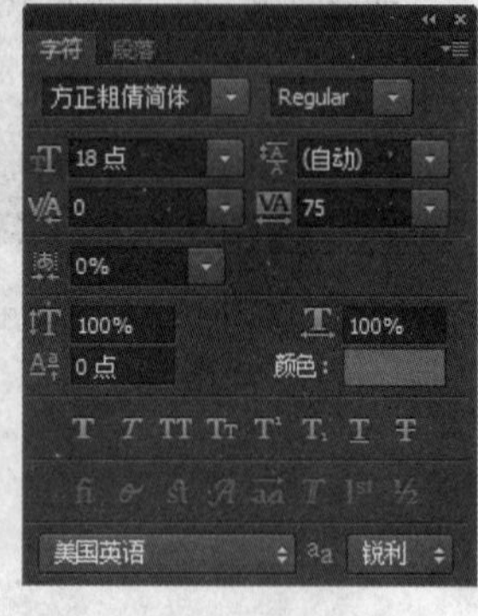

图 10-128 文字设置

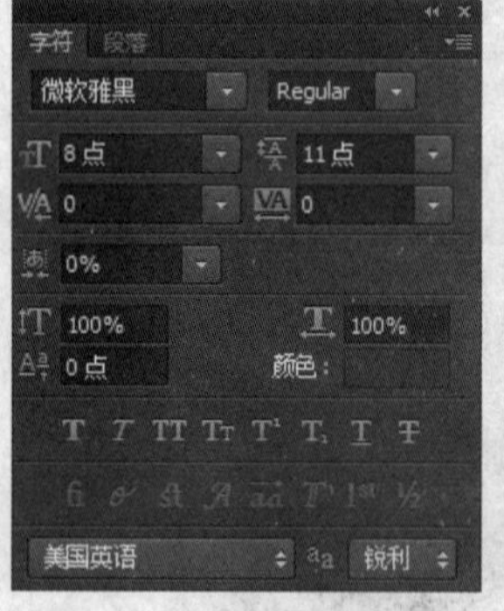

图 10-129 添加影片信息

图 10-130 完成效果

课外拓展

通过本章各实例的学习，我们回顾了一些常用工具的使用及素材的处理方法，学习了一些特效的制作方法及基本的构图方法。读者在日常生活中多观察身边的一些广告招贴，思考一下它们采用了什么方法来表现主题。

实 践 探 索

1）以《移动 4G》为主题制作一幅广告招贴（素材见“第 10 章素材”文件夹）。

制作提示：

- 《移动 4G》是中国移动的品牌，有它专门的标志，设计时一定要突出这个主题。
- 在用色方面，可以使用与移动标志主色调的协调色或者对比色，百搭的白色和灰色也可以尝试。

2）以《爱护动物》为主题制作一幅公益招贴。

制作提示：

- 公益招贴不一定要用很复杂的技法来制作，关键是能有好的想法，能很好地表达公益主题。
- 以世界自然基金会的保护动物公益招贴为例，图 10-131 所示是老虎漫长的进化过程，最后居然成为人类穿的皮衣，令人痛惜。不用片言只语就表达了一切；图 10-132 所示是人的一只手，运用 Photoshop 技术与斑马图案融合，构成令人印象深刻的画面，巧妙地表达了“Give a hand to wildlife(为野生动物伸出一只援手)”的主题。

图 10-131　WWF 公益招贴一

图 10-132　WWF 公益招贴二

3）以《水墨世界》为主题制作一幅水墨画展的广告招贴。

制作提示：

- 水墨画是中国传统艺术，在设计上可以突出中国风，可采用书法笔触、水墨画图片等素材。
- 在用色方面，要配合水墨的红、黑、白进行设计。
- 图 10-133 所示是香港著名设计师靳埭强的画展招贴《水墨的年代》，展示浓浓的中国风。

4）以《钢铁侠》为主题制作电影海报。

制作提示：

- 钢铁侠在很多方面与变形金刚很相似，用色及片名文字的制作可以模仿《变形金刚》的做法。
- 图 10-134 所示《钢铁侠》电影海报可以作为参考。

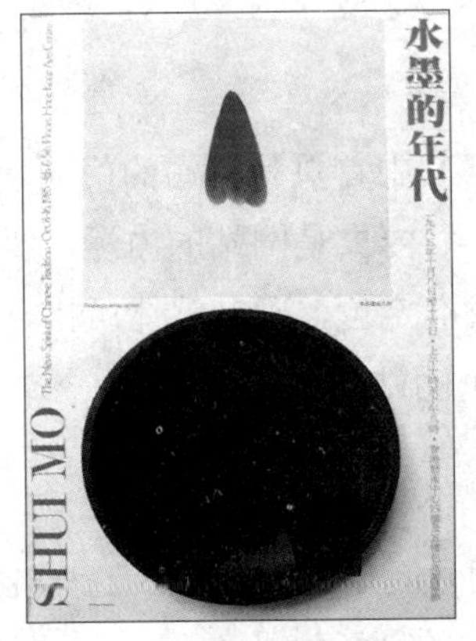

图 10-133　《水墨的年代》招贴

图 10-134　《钢铁侠》海报

第 11 章　Photoshop 在网页设计中的应用

随着 Internet 的发展，人们越来越重视网页的设计，网页设计日益精美。作为平面设计的利器，Photoshop 也日益成为网页设计不可或缺的工具。

本章相关素材在“配套资源”→“第 11 章”→“素材文件”中。

11.1　网页设计的基础知识

网站是 Internet 宣传和反映企业形象和文化的重要窗口，是网络上表达个人信息的重要途径。在浩如烟海的网络信息中，一个好的网站除了要有丰富的内涵来保持它旺盛的生命力，还要具备在第一时间吸引人们去访问它的魅力。因此，网站设计的重要性尤其突出。

任务要求

了解网站设计的基本流程、基本元素以及常见布局，初步了解网页设计的相关知识；通过“放眼世界”摄影专题网站界面的设计，学习 Photoshop 在网页设计方面的具体应用。

知识点与技能

网站的设计在外观上通常包括首页和内页两个部分，其中首页是网站的门面，代表着网站的形象，常用精练的图像语言来表现形象，引人入胜；而内页是网站的内涵，要以内容取胜。因此，要设计一个网站，首先要对形象进行分析，找准定位，确定整体风格，其次要明确网站内容，设计清晰的导航，使人能够轻松地访问整个网站的各个部分。

1. 网页设计的基本流程

虽然不同的网站在内容、规模、功能等方面各不相同，但是它们在设计上都经过了基本相同的步骤，即网站需求分析、网站整体风格定位和网站的创意设计。

（1）网站需求分析

需求分析是网站设计的第一步，一个网站要展示怎样的企业或个人形象，要向用户传达怎样的信息和理念，要如何与用户进行交流，这些都是网站设计首先要考虑的问题。

（2）网站整体风格的定位

需要先确定网站的类型，针对不同的类型进行风格定位。例如，门户类网站要尽可能包含更多的内容，包罗万象，如图 11-1 所示；娱乐类网站要随意而轻松，如图 11-2 所示；艺术类网站则是最生动、最与众不同，独树一帜的；儿童类的网站要充满童趣，快乐而单纯，如图 11-3 所示；饮食类的网站则充满精致的美食图片，令人垂涎欲滴，如图 11-4 所示。

（3）网站的创意设计

在确定网页的风格和内容之后，就可以在不偏离大方向的前提下进行创意设计，尽可能让网站更引人注目。

图 11-1 门户类网站：腾讯

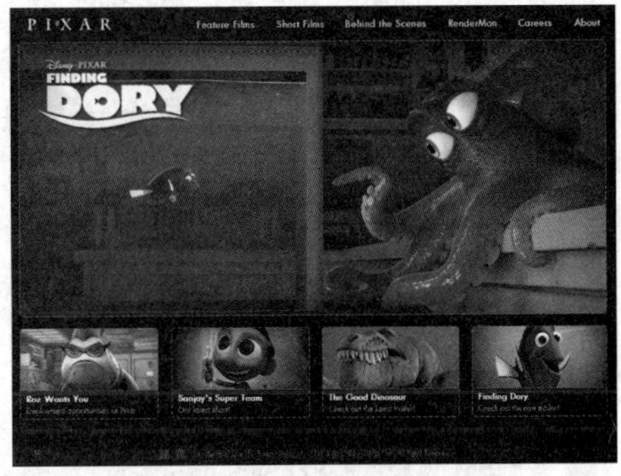

图 11-2 娱乐类网站：Pixar

图 11-3 儿童类网站：反斗城

图 11-4 饮食类网站：麦当劳

2. 网页设计的主要元素

文本和图片是网页设计的两大元素，处理好这两者之间的关系是网页设计成功的关键。一般而言，首页设计图形图像元素多于文字元素，而内页则文字元素更多些。如图 11-5 所示的香港海洋公园网站的首页，占据画面大部分面积的图片加上寥寥数字的导航信息构成了首页的全部内容；而图 11-6 所示香港海洋公园网站介绍自然保护的内页，文字内容相对较多。随着网速的提高和多媒体技术的进步，动画及视音频元素越来越多地应用于网页设计中。如图 11-7 所示迪士尼公司的网站，画面正中就用于视频播放。

图 11-5　香港海洋公园网站首页

图 11-6　香港海洋公园网站内页

图 11-7　Disney 网站

3. 常见网页布局类型

常见的网页布局主要有：环绕型、“匡”字型、框架型和封面型。

（1）环绕型

环绕型布局是最常见的布局之一，很多网站都喜欢用这种类型，如图 11-8 所示香港大学网站。环绕型布局最上面是网站的标志及横幅广告条，接下来一般纵向分几个部分，最下面是网站的一些基本信息，如联系方式、版权声明等。

（2）“匡”字型

“匡”字型布局与环绕型很相似，不同的是中间部分只分两列，左边一列较窄，一般用于导航，右边很宽，用于显示主要内容，如图 11-9 所示。

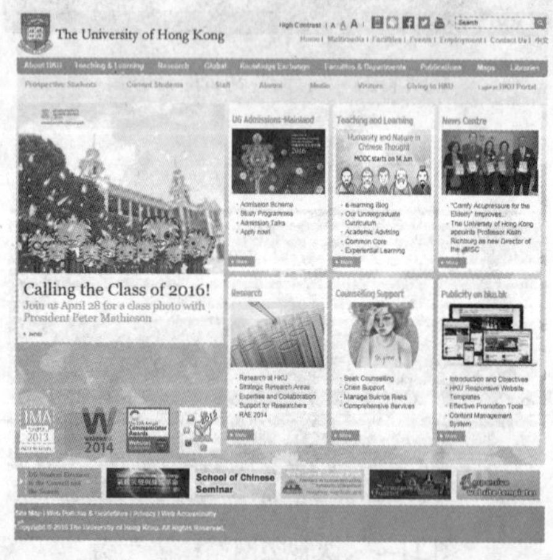

图 11-8　环绕型

图 11-9　“匡”字型

（3）水平分割型

随着技术的进步，越来越多的网站开始采用大幅精美的图片，大面积的动画和视频也渐成时尚。很多网站运用水平分割型布局，以最大的宽度展示图片或动画。如图 11-10 所示的必胜客网站，用整个宽度展示产品。

（4）封面型

封面型布局是当今很多网站首页常用的布局，用设计精美的图片或动画占据画面绝大部分。如图 11-11 所示为故宫博物院网站，精美的图片、浓浓的中国风的首页。

图 11-10　水平分割型

图 11-11　封面型

任务分析

“放眼世界”摄影专题网站以摄影作品为主题，为了更好地展示五彩斑斓的摄影作品，网站以非常接近黑色的深灰色为背景，标题栏采用蓝色渐变，导航包括 5 部分：主页、摄影作品、摄影名家、摄影器材、联系我们。

在技法上，主要运用图层效果、路径工具等进行处理。实例素材如图 11-12～图 11-14 所示。完成的作品效果图如图 11-15 所示。

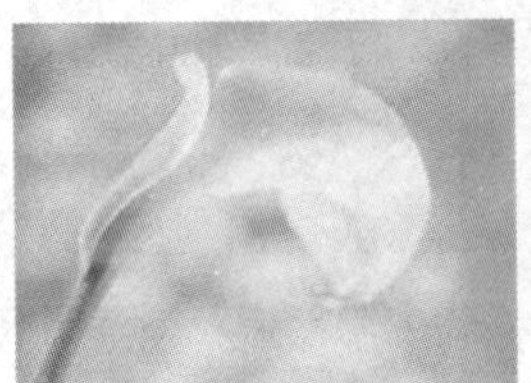

图 11-12　图片素材一

图 11-13　图片素材二

图 11-14　相机素材

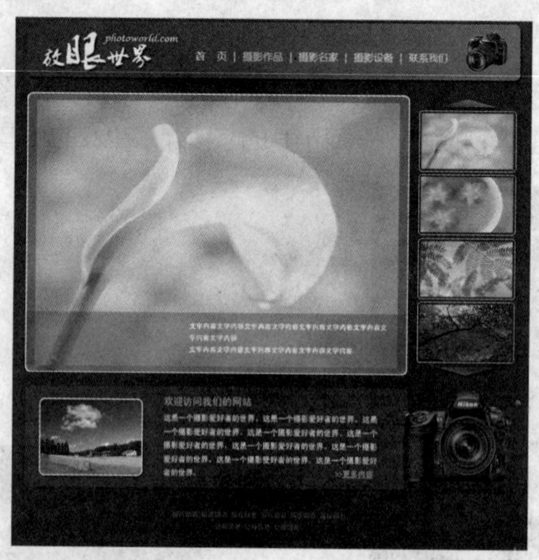

图 11-15　完成作品效果图

任务实施

1. 背景部分

01 新建文件，宽度 955 像素，高度 950 像素，分辨率 72 像素/英寸，名称为“放眼世界”，如图 11-16 所示。

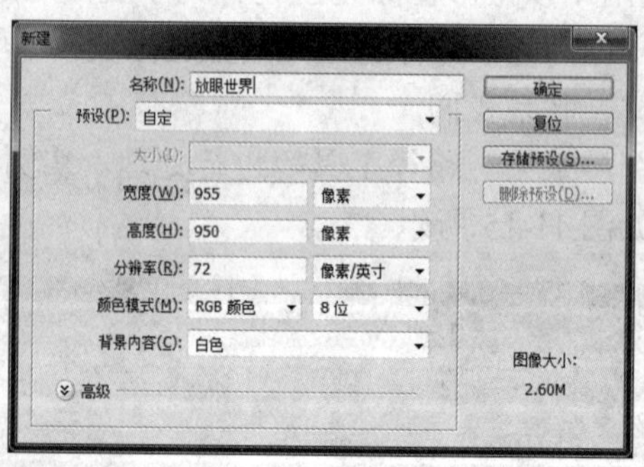

图 11-16 【新建】对话框

提示

网页的尺寸与屏幕分辨率密切相关，为方便用户浏览，一般情况下，网页的宽度比屏幕宽度略少，长度则不限。以 1024 × 768 为例，网页宽度一般设为 955 像素，也有一些网页采用更宽的 1005 像素左右，以在保证方便用户浏览的前提下，最大限度展示网页内容。

02 填充深灰色背景色 RGB（47,47,47）。

2. 标题（圆角矩形、路径相减、图层效果、渐变叠加）

01 右单击工具箱中的【矩形工具】按钮，选择【圆角矩形工具】。

02 在选项栏中选择【路径】模式，设置【半径】为 10 像素，如图 11-17 所示。

图 11-17 【圆角矩形工具】选项栏

03 在画面上方绘制圆角矩形。

04 在【路径】面板中单击【将路径作为选区载入】按钮。

05 在【图层】面板中单击【创建新组】按钮，新建图层组“标题”。

06 在【图层】面板中选择“标题”图层组，单击【创建新图层】按钮，新建图层“标题背景”。

07 修改前景色和背景色为 RGB（0,74,121）、RGB（0,159,217）。

08 单击工具箱中的【渐变工具】按钮，选择【线性渐变】模式，从左上到右下拖动，填充从深蓝到蓝色的渐变。

09 设置【投影】图层样式，效果如图 11-18 所示。

10 选择工具箱中的【横排文字工具】，输入“放眼世界”，字体为“华文行楷”，文字颜色为纯白色，文字大小为 45 点（其中“眼”字为 85 点），字间距-100%，具体设置如图 11-19 所示。

图 11-18　标题背景

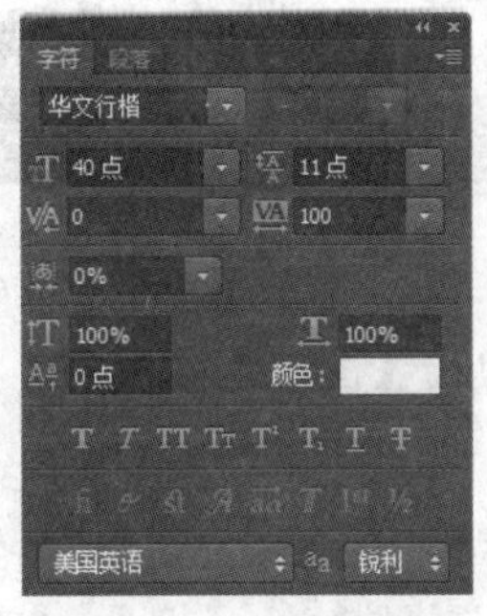

图 11-19　文字设置

11 设置【投影】图层样式。

12 单击工具箱中的【横排文字工具】，新建图层，输入“photoworld.com”，选择合适的斜体英文字体，文字颜色仍为纯白色，文字大小为 16 点，字间距 0，具体设置如图 11-20 所示。

至此，完成了网站标志的设计。效果如图 11-21 所示。

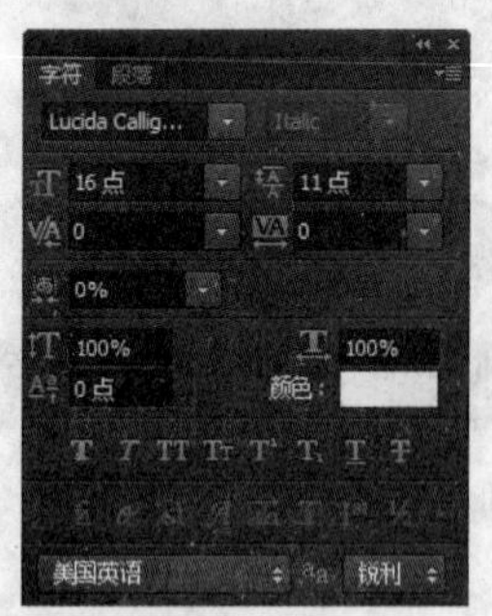

图 11-20 英文文字设置

图 11-21 网站 Logo

13 新建文字图层，输入导航条的文字“首页｜摄影作品｜摄影名家｜摄影设备｜联系我们”。字体为“微软雅黑”、18 点、纯白色，其中被选中部分为黄色 RGB（243,204,64），导航条文字效果如图 11-22 所示。

首 页 | 摄影作品 | 摄影名家 | 摄影设备 | 联系我们

图 11-22 导航条文字

14 执行【文件】|【打开】命令，打开“第 11 章素材”文件夹中的“相机 1.jpg”文件。

15 在“相机 1.jpg”中选取相机图形。

16 将相机图形拖动至文字图层上方，图层更名为“小相机”。

17 执行自由变换命令，调整水平和垂直方向都为 20%，移动至合适位置。这样就完成了标题部分的设计，如图 11-23 所示。

图 11-23 标题部分效果图

18 单击【图层】面板中“标题”图层组 标题 左边的白色小箭头，折叠图层组。

提示

- 在 Photoshop 中，为了更好地管理图层，常常使用图层组，使各个图层之间的关系更清晰，方便修改。
- 本例中，标题部分、左侧的大图、右侧的小图及下方内容分别用不同的图层组来管理。

3. 左侧大图（自由变换、描边）

01 进入【图层】面板，单击【创建新组】按钮，新建图层组“左侧大图”。

02 执行【文件】|【打开】命令，打开“第 11 章素材”文件夹中的“图片 1.jpg”文件。

03 将“图片 1.jpg”拖动至“左侧大图”图层组中，更改图层名为“花”。

04 执行自由变换命令，调整水平和垂直方向都为 83%。

05 复制“花”图层为“花 副本”。

06 选择“花 副本”图层，执行自由变换命令，调整水平和垂直方向都为 95%。

07 选择“花”图层，修改图层不透明度为 50%。

08 选择“花 副本”图层，按住 Ctrl 键单击“花”图层，载入“花”图层选区。

09 执行【编辑】|【描边】命令，设置宽度为 2 像素，纯白色，效果如图 11-24 所示。

10 在“花 副本”图层上方新建“文字背景”图层，单击工具箱中的【矩形选框工具】按钮，在图片的下方绘制一个矩形区域，填充暗灰色 RGB（68,68,68），调整图层不透明度为 35%。

11 单击工具箱中的【横排文字工具】，输入网页需要的文字，设置字体为“黑体”，文字颜色仍为纯白色，文字大小为 12 点，效果如图 11-25 所示。

12 单击【图层】面板中“左侧大图”图层组左边的白小箭头，折叠图层组。

图 11-24　添加图片

图 11-25　添加文字内容

4. 右侧小图（图层分布对齐、描边、多边形）

01 进入【图层】面板，单击【创建新组】按钮，新建图层组“右侧小图”。

02 执行【文件】|【打开】命令，打开“第 11 章素材”文件夹中的“图片 1.jpg”文件。

03 将“图片 1.jpg”拖动至“右侧小图”图层组中，更改图层名为“图片 1”。

04 执行自由变换命令，分别调整水平方向为 20%，垂直方向为 16%，拖移至大图的右边。

05 按住 Ctrl 键，单击“图片 1”图层缩览图，载入“图片 1”图层选区。

06 执行【选择】|【变换选区】命令，调整水平和垂直方向都为 105%。

07 执行【编辑】|【描边】命令，设置宽度为 1 像素，纯白色，效果如图 11-26 所示。

08 重复步骤 2~7，分别将“图片 2.jpg”“图片 3.jpg”和“图片 4.jpg”缩小，更改图层名称和描边。

09 分别调整“图片 1”图层和“图片 4”图层，将图层拖移至大图右侧合适位置。

10 按住【Shift】键，单击“图片 1”图层和“图片 4”图层，选择 4 个图层。

11 单击【移动工具】，在选项栏中分别单击【左对齐】按钮和【垂直居中分布】按钮，使 4 张小图片有序对齐，如图 11-27 所示。

图 11-26　小图处理

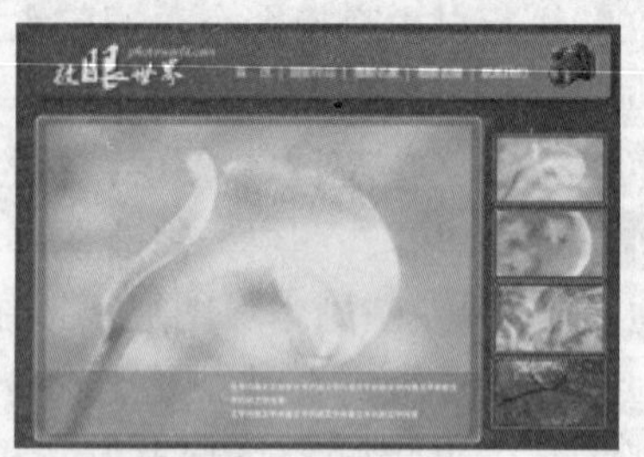

图 11-27　图片分布对齐

12 右击工具箱中的【矩形工具】按钮，选择【多边形工具】。

13 在属性栏中选择【路径】模式，边数设为 3，如图 11-28 所示。

路径　建立：选区…　蒙版　形状　边：3

图 11-28　【多边形工具】属性

14 进入【路径】面板，单击【将路径作为选区载入】按钮。

15 新建“向上箭头”图层。

16 单击工具箱中的【渐变工具】按钮，选择【线性渐变】模式，从左下到右上拖动，填充从深蓝到蓝色的渐变。

17 设置【投影】图层样式，如图 11-29 所示。

18 复制“向上箭头”图层，更名为“向下箭头”图层。

19 执行【编辑】|【变换】|【垂直翻转】命令，拖移至合适位置。

20 按住 Shift 键，单击“图片 1”图层和“向下箭头”图层，选择 6 个图层。

21 单击【移动工具】，在属性栏中单击【左对齐】按钮使两个箭头与 4 张小图片对齐，如图 11-30 所示。

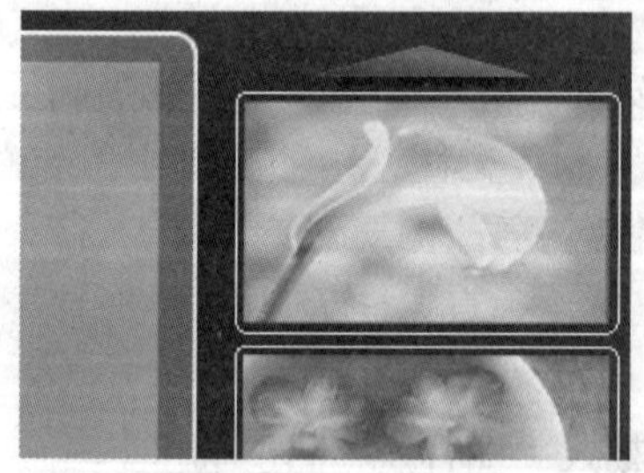

图 11-29　向上箭头

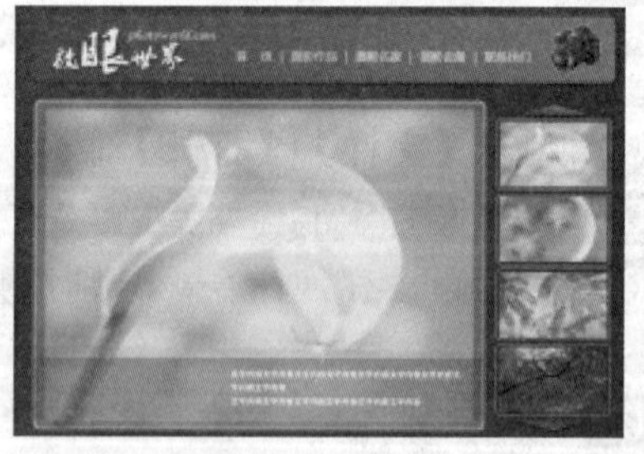

图 11-30　箭头对齐

22 单击【图层】面板中“右侧小图”图层组左边的白色小箭头，折叠图层组。

5. 下方（圆角图片、倒影制作）

01 进入【图层】面板，单击【创建新组】按钮，新建图层组“下方”。

02 新建图层“下方背景”。

03 单击工具箱中的【矩形选框工具】按钮，在大图的下方绘制一个矩形区域，填充纯白色，调整图层不透明度为 10%。

04 执行【文件】|【打开】命令，打开“第 11 章素材”文件夹中的“图片 5.jpg”文件。

05 将“图片 5.jpg”拖移至“下方”图层组中，更改图层名为“图片 5”。

06 执行自由变换命令，调整水平方向和垂直方向都为 30%，拖动至下方背景框的左侧。

07 右击工具箱中的【矩形工具】按钮，选择【圆角矩形工具】，在属性栏中选择【路径】模式。

08 绘制一个与图片 5 尺寸相同圆角矩形。

09 进入【路径】面板，单击【将路径作为选区载入】按钮。

10 执行【选择】|【反向】命令，按 Delete 删除键删除图层 5 的四边直角，使图片 5 的形状变成圆角矩形，如图 11-31 所示。

11 设置【投影】和【描边】图层样式。其中【投影】样式采用默认设置。

12 单击【描边】，设置颜色为纯白色，大小为 2 像素，如图 11-32 所示。

图 11-31 圆角图片

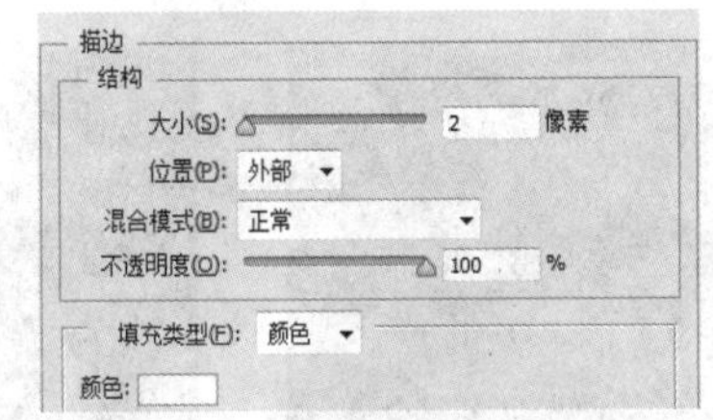

图 11-32 描边设置

13 单击工具箱中的【横排文字工具】，在图片右侧输入网页需要的文字，设置字体为“黑体”，标题文字为黄色 RGB（240,215,110），大小 18 点；正文为纯白色，大小 12 点，最后一行的“更多内容”也为黄色，大小 12 点，添加下划线，效果如图 11-33 所示。

14 执行【文件】|【打开】命令，打开 “第 11 章素材”文件夹中的“相机.jpg”文件。

15 在“相机.jpg”中选取相机图形。

16 将相机图形拖动至文字图层上方，图层更名为“相机”。

17 执行自由变换命令，调整水平和垂直方向都为 27%，移动至合适位置，如图 11-34 所示。

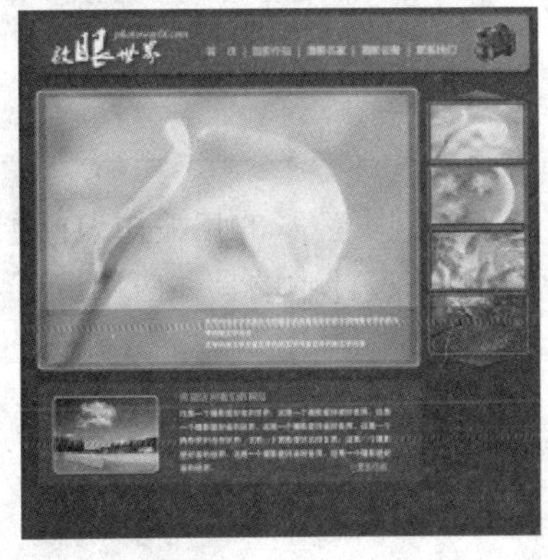

图 11-33 添加文字

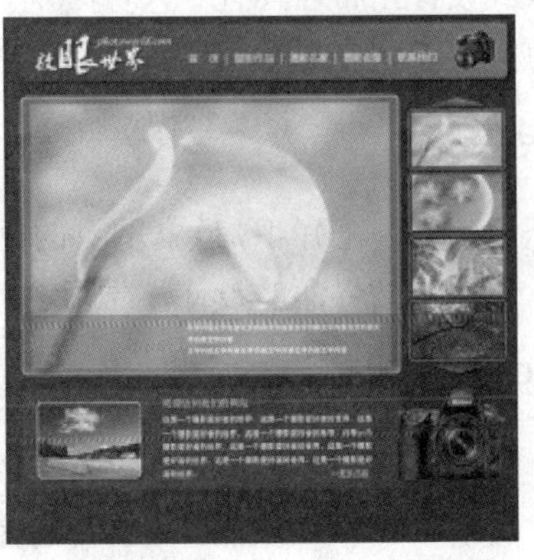

图 11-34 添加相机

18 复制“相机”图层。

19 选择“相机 副本”图层，执行【编辑】|【变换】|【垂直翻转】命令。

20 向下拖动“相机 副本”图层至合适位置，如图 11-35 所示。

21 单击【图层】面板上的【添加图层蒙版】按钮。

22 单击工具箱中的【渐变工具】 按钮，在属性栏中选择【线性渐变】模式，由相机的底部向下拖动，使相机下方逐渐模糊。

23 调整图层不透明度为 42%，效果如图 11-36 所示。

24 单击工具箱中的【横排文字工具】，在画面下方输入网页版权等信息，设置字体为“黑体”，大小 12 点，颜色为灰色 RGB（102,102,102）。

至此，就完成了“放眼世界”网页的设计，效果如图 11-37 所示。

图 11-35 复制相机

图 11-36 相机倒影效果

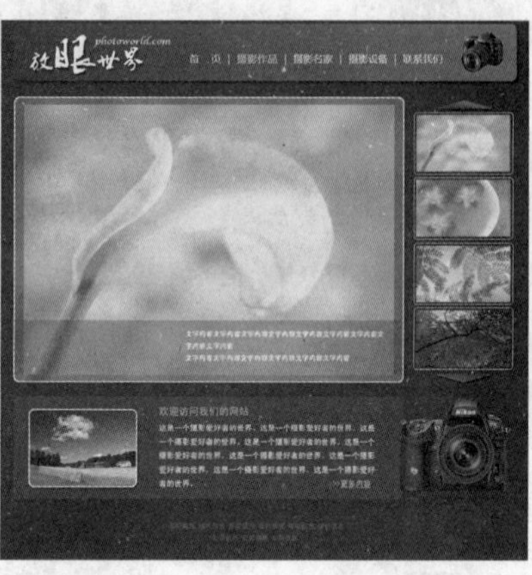

图 11-37 最终效果图

11.2 网页色彩的应用

好的设计能更好地传达信息，表现主题。成功的网页设计不仅拥有丰富引人的内容、合理的版式设计，而且具有令人赏心悦目的色彩应用。色彩应用并不是颜色越多越好，而是要正确协调，表现主题。

任务要求

介绍色彩基础知识，欣赏网页的色彩应用实例，初步了解网页色彩的相关知识；通过“绿家园”环保网站界面的设计，学习 Photoshop 软件在网页色彩设计中的具体应用。

知识点与技能

1. 色彩的基础知识

自然界中的颜色可以分为无彩色和彩色两大类。无彩色指黑色、白色和各种深浅不一的

灰色，而其他所有颜色均属于彩色。任何色彩都具备 3 个基本性质：色相、明度和纯度。

（1）色相

色相是色彩的相貌，是颜色的基本特征。自然界中的红、橙、黄、绿、青、蓝、紫构成了色彩体系中的基本色相。图 11-38 所示为色相条。

图 11-38　色相条

（2）明度

明度也叫亮度，即色彩的明暗程度，体现颜色的深浅。色彩较明亮时明度就高，色彩较灰暗时明度较低。

（3）纯度

纯度也叫饱和度，就是指色彩的鲜艳程度，体现颜色的纯洁度。

2. 色彩的情感因素

色彩是有性格的，人们看到不同的颜色就会有不同的联想。色彩本身并无冷暖的温度变化，但是人的视觉对色彩却有着不同的冷暖感觉。

（1）暖色调

人们见到红色、橙色、黄色、红紫色、橘红色等颜色后，马上联想到火焰、太阳等物像，感觉到温暖、热烈等信息。采用暖色调给人以一种可爱温馨的感觉。

暖色具有向外辐射和扩张的视觉效果，以暖色调建立起来的画面也很鲜艳夺目，散发出一种照耀四方的活力与生机。

如图 11-39 所示的芭比娃娃网站，用温馨的粉色体现女孩特点；如图 11-40 所示的立顿网站，则应用了让人食欲倍增的橙黄色，色彩的应用与立顿的主题十分贴切。

图 11-39　芭比娃娃网站

图 11-40　立顿网站

（2）冷色调

人们见到草绿、蓝绿、天蓝、深蓝等色后，很容易联想到草地、太空、冰雪、海洋等物像，产生广阔、寒冷、理智、平静等感觉。冷色具有收缩、退远的视觉效果。

如图 11-41 所示的 Intel 公司网站，采用蓝色与白色结合，兼具理性与浪漫，体现 IT 行业的特点；如图 11-42 所示的丹麦嘉士伯啤酒网站，采用富有活力的绿色，既反映产品的主色调，又传达了新鲜与自然的意境。

图 11-41　Intel 网站首页

图 11-42　丹麦啤酒网站

3. 网页的色彩搭配

网页的色彩应用除了要选择合适的色调之外，更重要的是要把握好色彩的对比与调和。对比能够使主体更加醒目，整个页面更加活跃；而调和则达到使画面协调统一，符合人们的审美观念。

（1）色彩对比

色彩的对比包括明度的对比、纯度的对比及色相的对比。在网页设计中，人们常采用对比色来进行搭配。如图 11-43 所示的伟嘉猫粮网站，在大面积的紫色主调中搭配雅致的淡黄色，运用紫色与黄色的对比色来构建画面，使整个页面给人感觉既温馨甜蜜又活泼可爱，很好地诠释了网站的主题。

（2）色彩调和

色彩的调和包括明度、纯度色相的调和。在实际应用中，人们常采用深浅不同的同一色系进行搭配。如图 11-44 所示的芬达网站，在橙色主调中通过明度、纯度的微小变化产生微妙节奏感，使画面既协调美观又不失单调，令网页更加引人注目。

图 11-43　伟嘉猫粮网站

图 11-44　芬达网站

任务分析

“绿家园”是一个环保主题的网站，因此选择了绿色作为网页的基调，对比纯白的文字背景，用深浅不一的同色调绿色构成网页上的导航条、栏目标题等，使整个网页既具有统一的展现环保主题、体现健康向上的绿色基调，又可以达到一种协调。点缀以标题的水墨竹子和熊猫，使画面更有活力。

在技法上，主要运用图层效果、路径工具等进行处理。图 11-45～图 11-48 为本例所用素材，图 11-49 所示为网页效果。

图 11-45　素材：树叶

图 11-46　素材：熊猫

图 11-47　图片素材一

图 11-48　图片素材二

图 11-49　完成作品效果图

任务实施

1. 背景及标题部分（渐变编辑、图层混合模式、色阶）

01 新建文件，宽度 955 像素，高度 950 像素，分辨率 72 像素/英寸，名称为“绿家园”。

02 修改前景色和背景色分别为 RGB（60,151,12）、RGB（207,230,148）。

03 单击工具箱中的【渐变工具】按钮，在选项栏中单击渐变条，进入【渐变编辑器】。

04 将最右端的浅绿色色标向左拖动至 50%位置，在 100%位置增加一个纯白色色标，完成设置后单击【确定】按钮，如图 11-50 所示。

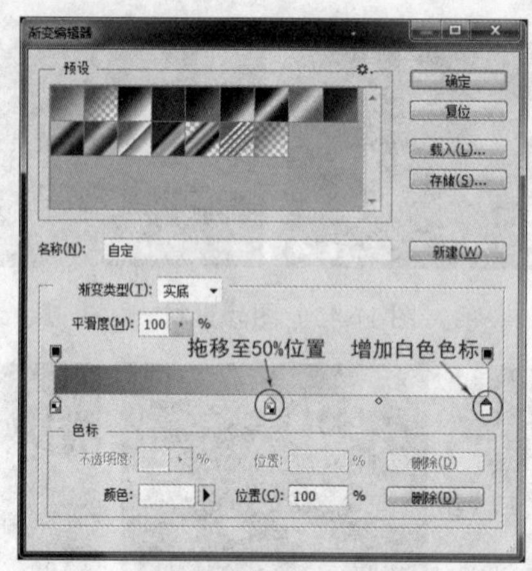

图 11-50 编辑渐变

05 选择【线性渐变】模式，从上到下拖动鼠标，填充设置好的渐变。

06 单击工具箱中的【矩形选框工具】按钮，在图片的下方绘制一个矩形区域，填充前景色，如图 11-51 所示。

07 进入【图层】面板，单击【创建新组】按钮，新建图层组“背景”。

08 执行【文件】|【打开】命令，打开 “第 11 章素材”文件夹中的“树叶.jpg”文件。

09 将树叶图形拖移至“背景”图层组中，移动至合适位置，更改图层混合模式为“变亮”，图层更名为“树叶”，如图 11-52 所示。

图 11-51 渐变填充

图 11-52 添加树叶

10 单击【图层】面板中的【添加图层蒙版】按钮。

11 单击工具箱中的【渐变工具】按钮，在选项栏中单击渐变条，进入【渐变编辑器】。

12 将左端的黑色色标向右拖动至 60%位置，将右端的白色色标向左拖动至 85%位置，在 0%位置增加一个灰色色标 RGB（204, 204, 204），如图 11-53 所示，完成设置后单击【确定】按钮。

13 选择【线性渐变】模式，从左到右拖动，填充设置好的渐变，添加蒙版后的“树叶”图层效果如图 11-54 所示。

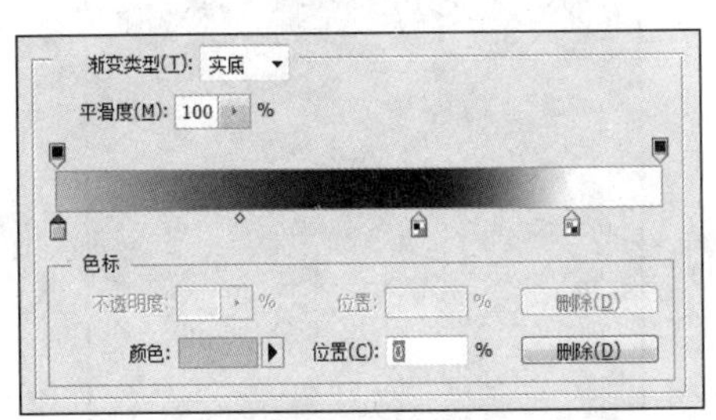

图 11-53　设置渐变

图 11-54　添加蒙版

14 单击工具箱中的【横排文字工具】，新建图层，在画面下方绿色矩形条的中心位置输入版权信息及单位信息，文字为“黑体”、11 点，文字颜色为纯白色（图 11-55）。

15 进入【图层】面板，单击【创建新组】按钮，新建图层组“标题”。

16 执行【文件】|【打开】命令，打开 “第 11 章素材”文件夹中的“熊猫.jpg”文件。

17 按 Ctrl+L 组合键执行【色阶】命令，调整【输入色阶】为（0，1.00，200），如图 11-56 所示，图形的背景变成纯白色。

图 11-55　添加文字

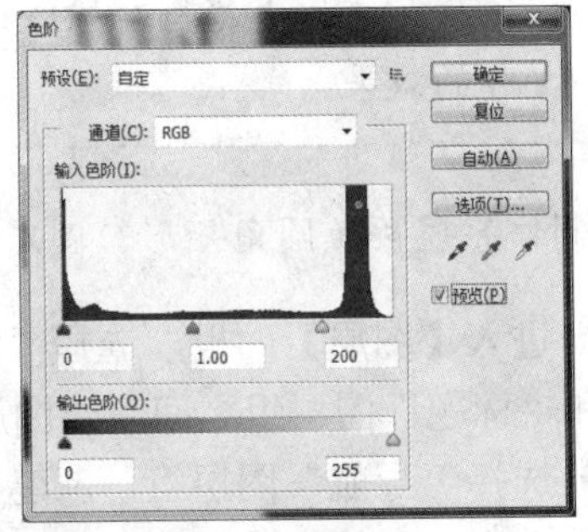

图 11-56　色阶调整

18 在“熊猫.jpg”中选取竹子部分图形，拖动至“标题”图层组。

19 执行【编辑】|【变换】|【水平翻转】命令，拖移图形至画面左上角，更改图层混合模式为【正片叠底】，竹子就融合到背景中了，如图 11-57 所示。

20 选择工具箱中的【横排文字工具】，输入“绿家园”，字体为“黑体”，文字颜色为纯白色，文字大小为 48 点，设置其中“绿”字为“华文行楷”、120 点。

21 设置【投影】图层样式。

22 单击工具箱中的【横排文字工具】，新建图层，输入“http://greenhome.com”，选择合适的斜体英文字体，文字颜色仍为纯白色，文字大小为 18 点。

23 单击工具箱中的【画笔工具】，选择【柔角 300 像素】笔触。

24 选择“背景”图层组，选择“树叶”图层中的蒙版，用【画笔工具】在标题文字的背景部分单击，去除背景的树叶图案，并对背景中较繁杂的部分进行处理。

至此，完成了网站的背景及标题设计，效果如图 11-58 所示。

图 11-57　添加竹子

图 11-58　背景处理

提示

- 在素材处理中，常常会遇到图片的色彩与标题文字发生冲突的问题，一般可以采用添加图层蒙版的方法，用协调的背景色与画面融合，达到两全其美的效果。
- 本例中，由于树叶图片的颜色深浅变化大，会影响标题文字的效果。因此，在设计中采用图层蒙版的方法，先用线性渐变进行大方向的深浅调整。在增加文字后，再用大笔刷对蒙版进一步修改，达到既突出标题，又能留下树叶精彩部分的效果。

2. 制作导航条（圆角矩形、图层分布对齐、内阴影）

01 进入【图层】面板，选择“背景”图层组，单击【创建新组】按钮，在“背景”图层组和“标题”图层组之间新建图层组“导航”。

02 选择“导航”图层组，新建图层“矩形”。

03 右击工具箱中的【矩形工具】按钮，选择【圆角矩形工具】，在属性栏中选择【像素】模式，设置半径为 5 像素。

04 修改前景色为浅绿色 RGB（207,230,148），在标题文字的下方绘制圆角矩形。

05 复制“矩形”图层 4 次。

06 按住【Shift】键，单击“矩形”图层和“矩形 副本 4”图层，选择 4 个图层。

07 单击【移动工具】，在属性栏中分别单击【顶对齐】按钮和【水平居中分布】按钮，使 5 张小图片有序对齐，如图 11-59 所示。

图 11-59 添加导航条背景

08 单击工具箱中的【横排文字工具】，输入各菜单项名称：“首页　　环保新闻　　熊猫视点　　动物保护　　地球村”，文字颜色为绿色 RGB（60,151,12），文字为“黑体”、18 点。

09 选择“矩形”图层，设置图层样式，选择【内阴影】，设置【不透明度】为 50%，【距离】3 像素，【大小】1 像素，如图 11-60 所示。

10 设置完成后，“首页”背后的矩形有凹下的效果，如图 11-61 所示。

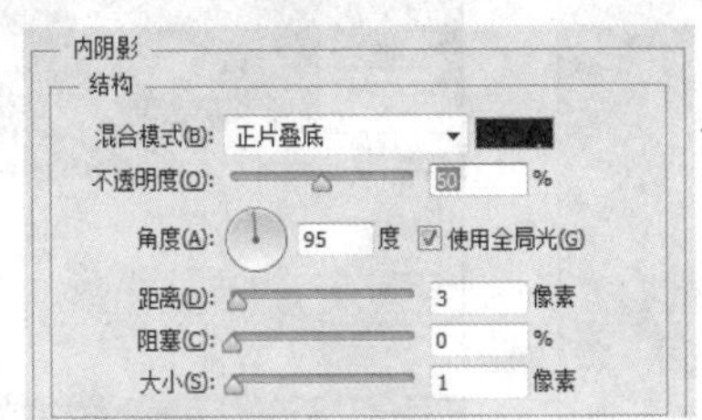

图 11-60 内阴影设置

图 11-61 内阴影效果

至此就完成了导航条的设计，如图 11-62 所示。

图 11-62 导航条

3. 环保新闻（圆角矩形、文字工具）

01 进入【图层】面板，选择“背景”图层组，单击【创建新组】按钮，在“背景”图层组和“导航”图层组之间新建图层组“环保新闻”。

02 选择“环保新闻”图层组，新建图层“新闻背景”。

03 单击工具箱中的【圆角矩形工具】按钮，在选项栏中选择【像素】模式，设置半径为 5 像素。

04 修改前景色为纯白色，在画面的左边绘制圆角矩形。

05 按住 Ctrl 键的同时单击“新闻背景”图层缩览图，载入图层选区。

06 执行【编辑】|【描边】命令，设置宽度为 1 像素，颜色为绿色 RGB（60,151,12）。

07 单击工具箱中的【矩形选框工具】按钮，在选项栏中选择【从选区减去】模式，从刚才的选区中减去下面部分，留下小标题底色部分选区，如图 11-63 所示。

08 修改前景色和背景色分别为 RGB（60,151,12）、RGB（207,230,148）。

09 单击工具箱中的【渐变工具】按钮，单击选项栏中渐变条右边的白色小箭头，在【渐变】拾色器中单击左上角的【从前景色到背景色】，单击【确定】按钮。

10 新建图层“小标题底色”，从左到右拖动，填充从绿色到浅绿色的渐变。

11 单击工具箱中的【横排文字工具】，输入小标题“环保新闻”，设置文字颜色为纯白色，字体为“方正粗倩简体”，文字大小 18 点，字间距 50。

12 为文字图层设置【投影】图层样式，效果如图 11-64 所示。

13 单击工具箱中的【横排文字工具】，输入栏目内容，设置字体为“黑体”，大小 12 点，其中绿色文字 RGB（60,151,12），灰色文字 RGB（195,195,195），最后一行的“更多内容”增加下划线效果，如图 11-65 所示。

图 11-63　小标题底色选框

图 11-64　小标题

图 11-65　栏目内容

4. 熊猫视点（钢笔工具、曲线绘制）

01 进入【图层】面板，选择“背景”图层组，单击【创建新组】按钮，在“背景”图层组和“环保新闻”图层组之间新建图层组“熊猫视点”。

图 11-66　右上背景

02 选择“熊猫视点”图层组，新建图层“熊猫背景”。

03 单击工具箱中的【圆角矩形工具】按钮，在选项栏中选择【像素】模式，设置半径为 5 像素。

04 修改前景色为纯白色，在导航条下方绘制圆角矩形。

05 按住 Ctrl 键的同时单击“右上背景”图层，载入图层选区。

06 执行【编辑】|【描边】命令，设置宽度为 1 像素，颜色为绿色 RGB（60,151,12），效果如图 11-66 所示。

07 单击工具箱中的【钢笔工具】，在选项栏中选择【路径】模式，在画面中绘制图 11-67 所示的闭合曲线。

图 11-67　绘制闭合曲线路径

08 进入【路径】面板，单击【将路径作为选区载入】按钮。

09 进入【图层】面板，新建图层“曲线”。

10 修改前景色为 RGB（60,151,12），填充前景色，并调整图层不透明度为 20%，效果如图 11-68 所示。

图 11-68　填充曲线

11 复制“曲线”图层，得到“曲线 副本”图层。执行自由变换命令，拖动中心点至曲线左边的起点位置（见图 11-69），逆时针旋转 1°，得到叠加曲线。

12 按 Ctrl+E 组合键，合并“曲线”和“曲线 副本”两个图层。

图 11-69　移动中心点

13 单击【图层】面板中的【添加图层蒙版】按钮；

14 修改前景色和背景色分别为 RGB（255,255,255）、RGB（51,51,51）；

15 单击工具箱中的【渐变工具】按钮，选择【线性渐变】模式，从左到右拖动，使曲线从左到右渐隐，效果如图 11-70 所示。

图 11-70　曲线渐隐

16 按住 Ctrl 键的同时单击“熊猫背景”图层，载入图层选区。

17 单击工具箱中的【矩形选框工具】按钮，在选项栏中选择【从选区减去】模式，从刚才的选区中减去下面部分，留下栏目标题底色部分选区。

18 修改前景色和背景色分别为 RGB（60,151,12）、RGB（207,230,148）

19 新建图层“熊猫标题”，选择【线性渐变】模式，从左到右拖动，填充从绿色到浅绿色的渐变，效果如图 11-71 所示。

20 在【窗口】菜单中选择“熊猫.jpg”，切换到“熊猫.jpg”图片文件。

21 在“熊猫.jpg”文件中选取其中熊猫部分图形，拖动至“熊猫标题”图层上方。

22 执行自由变换命令，等比例缩小至 50%，拖动到栏目的左上角合适的位置。

23 单击工具箱中的【横排文字工具】T，在熊猫的右侧输入小标题“熊猫视点”，设置文字颜色为纯白色，字体为“方正粗倩简体”，文字大小 18 点，字间距 50。

24 为文字图层设置【投影】图层样式，效果如图 11-72 所示。

图 11-71　栏目标题背景图

图 11-72　添加熊猫和栏目标题

25 执行【文件】|【打开】命令，打开“第 11 章素材”文件夹中的“自然 1.jpg”文件。

26 将“自然 1.jpg”拖动至“熊猫视点”文字图层上方，更改图层名为“自然 1”。

27 执行自由变换命令，等比例缩小至 13%，拖动至熊猫下方。

28 设置【投影】图层样式，设置【扩展】为 4、【大小】为 13 像素，如图 11-73 所示。

29 选择【描边】样式，设置【大小】为 6 像素，颜色为纯白色，如图 11-74 所示。

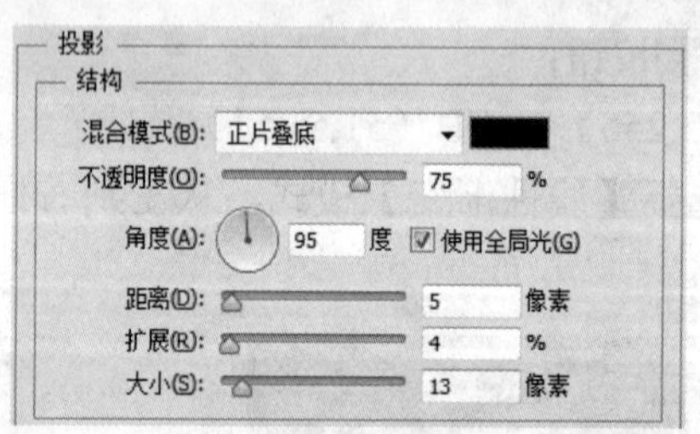

图 11-73　投影设置

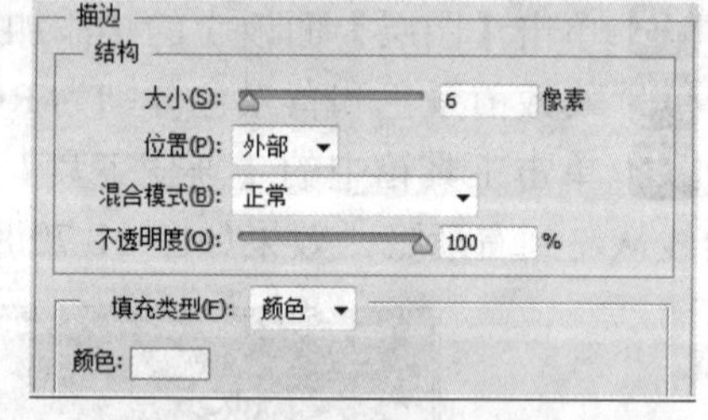

图 11-74　描边设置

30 执行【文件】|【打开】命令，打开“第 11 章素材”文件夹中的“自然 2.jpg”文件。

31 将“自然 2.jpg”拖动至“自然 1”图层上方，更改图层名为“自然 2”。

32 执行自由变换命令，等比例缩小至 13%，拖动至“自然 1”图层下方。

33 按照步骤 28、29 设置与“自然 1”图层相同的图层样式。

34 按住 Shift 键，单击“自然 1”图层和“自然 2”图层，同时选择两个图层。

35 单击【移动工具】，在选项栏中单击【左对齐】按钮，使两张图片对齐。

36 单击工具箱中的【横排文字工具】，输入栏目内容，设置字体为“黑体”，大小 12 点，其中绿色文字 RGB（60,151,12），灰色文字 RGB（195,195,195），为最后一行的“更多内容”增加下划线效果，如图 11-75 所示。

图 11-75 完成右上栏目

5. 动物保护（图层对齐分布、图像大小）

01 进入【图层】面板，选择“背景”图层组，单击【创建新组】按钮，在“背景”图层组和“熊猫视点”图层组之间新建图层组“动物保护”。

02 选择“动物保护”图层组，新建图层“动物背景”。

03 右击工具箱中的【矩形工具】按钮，选择【圆角矩形工具】，在选项栏中选择【像素】模式，设置半径为 5 像素。

04 修改前景色为纯白色，在画面的左边绘制圆角矩形。

05 按住 Ctrl 键的同时单击“动物背景”图层缩览图，载入图层选区；

06 执行【编辑】|【描边】命令，设置宽度为 1 像素，颜色为绿色 RGB（60,151,12）。效果如图 11-76 所示。

07 单击工具箱中的【矩形选框工具】按钮，在选项栏中选择【从选区减去】模式，从刚才的选区中减去右边部分，留下左边栏目标题底色部分选区。

08 新建图层“右中标题”，从上到下拖动，填充从绿色到浅绿色的渐变。

09 选择工具箱中的【直排文字工具】，输入小标题“动物保护”，设置文字颜色为纯白色，字体为“方正粗倩简体”，文字大小 18 点，字间距 50。

10 为文字图层设置【投影】样式，效果如图 11-77 所示。

图 11-76 右中背景

图 11-77 右中栏目名称

11 单击工具箱中的【矩形选框工具】按钮，在右中栏目中选择矩形区域，新建“底板”图层，填充浅绿背景色 RGB（207,230,148）。

12 复制“底板”图层 4 次。

13 按住 Shift 键，单击“底板”图层和“底板 副本 4”图层，选择 5 个图层。

14 单击【移动工具】，在选项栏中分别单击【顶对齐】按钮和【水平居中分布】

按钮，使 5 个底板有序对齐，如图 11-78 所示。

图 11-78　图片底板

15 执行【文件】|【打开】命令，打开“第 11 章素材”文件夹中的“眼.jpg”。
16 执行【图像】|【图像大小】命令，修改图像大小为 110×90 像素。
17 将“眼.jpg”拖动至“底板 副本 4”上方，更改图层名为“眼”。
18 设置【投影】图层样式，设置距离为 3，如图 11-79 所示。
19 选择【描边】样式，设置颜色为纯白色，效果如图 11-80 所示。

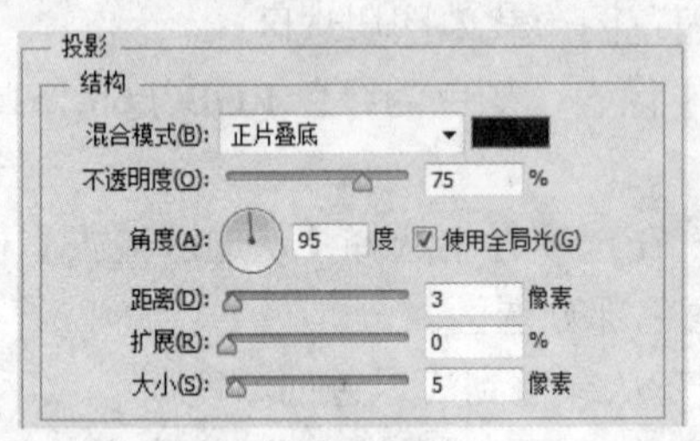

图 11-79　投影设置

图 11-80　图片的图层样式

20 按照步骤 15～19，用相同方法分别将 “鸟.jpg”“狮.jpg”“蛙.jpg”“龟.jpg”4 张图进行处理并拖动至右中栏目中，效果如图 11-81 所示。

图 11-81　添加图片

21 单击工具箱中的【横排文字工具】，输入图片说明，设置字体为“黑体”，大小 12 点，文字颜色为绿色 RGB（60,151,12）。

至此就完成了“动物保护”栏目的制作，效果如图 11-82 所示。

图 11-82　“动物保护”栏目

6. 地球村

按照上述方法制作“地球村”栏目，使用的图片为“自然 3.jpg”。

这样就完成了“绿家园”环保网页的制作，完成效果如图 11-83 所示（见彩图 17）。

图 11-83　完成效果图

11.3　网页的切片及切片设置

用 Photoshop 设计好网页，接下来就该进行网页切片了。本节将讨论使用网页切片功能及设置网页切片的基本方法。

任务要求

通过“爱丽丝梦游仙境”电影广告网页切片的制作，学习如何制作网页及设置网页切片。

知识点与技能

早期的 Photoshop 版本都要通过 Photoshop 附带的软件 Image Ready 来制作网页和动画，从 Photoshop CS3 开始，网页和动画的相关功能都集成在软件内部，更方便用户使用。

1. 切片工具

（1）使用【切片工具】创建切片

在工具箱中右击【裁剪工具】按钮，选择【切片工具】（见图 11-84），然后在选项栏中选择合适的样式，就可以在画面中拖动切片工具进行切片。

Photoshop 的【切片工具】有 3 种样式：正常、固定长宽比和固定大小。

- 【正常】:【切片工具】的默认模式，通过鼠标拖动出的矩形区域确定切片。
- 【固定长宽比】:设置长宽比例固定的切片。例如，要创建一个宽度是高度 4 倍的切片，就要设置【宽度】为 4、【高度】为 1，如图 11-85 所示。

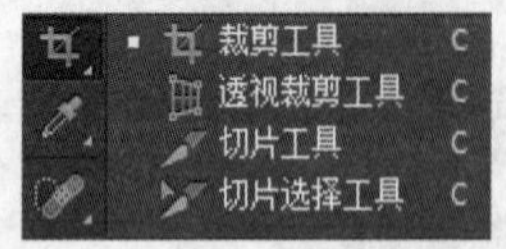

图 11-84

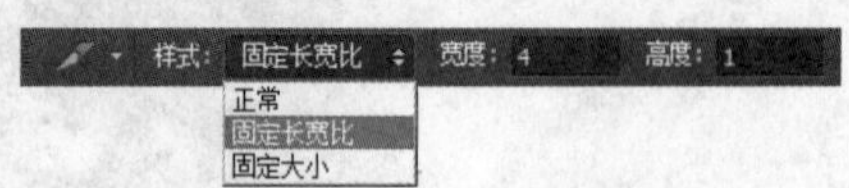

图 11-85　固定长宽比

- 【固定大小】:设置大小固定的切片。在【宽度】和【高度】文本框中输入切片具体的宽度和高度值。

（2）从参考线创建切片

首先在要进行切片的图片上创建参考线，确定切片的区域。在工具箱中单击【切片工具】按钮，然后在选项栏中单击【基于参考的切片】按钮。

图 11-86　切片的控制手柄

2. 切片选择工具

（1）移动切片和调整切片大小

在工具箱中右击【裁剪工具】按钮，选择【切片工具】，单击需要移动的切片，切片的四周会出现控制手柄（见图 11-86），用鼠标拖动切片即可移动，拖动控制手柄则可以调整切片大小。

（2）【切片选择工具】选项栏（图 11-87）

图 11-87 【切片选择工具】选项栏

【切片选择工具】选项栏包括以下属性:

- 切片层按钮：可以调整切片层次。
- 【划分】:对选定的切片进行水平或垂直方向的划分。可在【划分切片】对话框中进行设置，如图 11-88 所示。

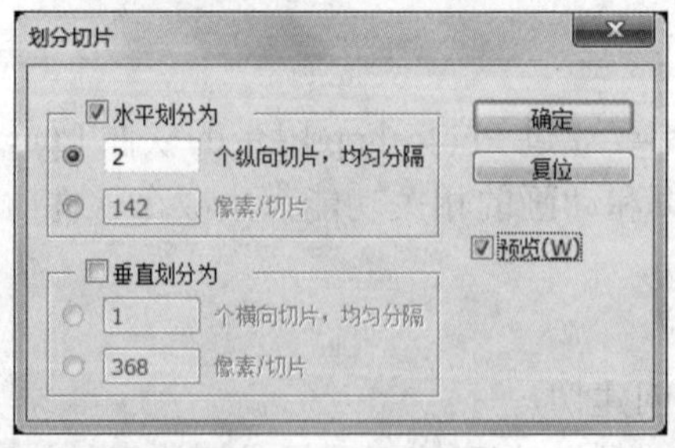

图 11-88　切片划分

- 对齐与分布：可以对选定的多个切片进行对齐和分布的设置。

- 显示/隐藏自动切片：单击 隐藏自动切片 按钮，可以显示/隐藏由 Photoshop 自动生成的切片，方便用户查看切片。

3. 切片选项

单击【切片选择工具】选项栏中的【为当前切片设置选项】按钮，可打开【切片选项】对话框，设置相关选项，如图 11-89 所示。

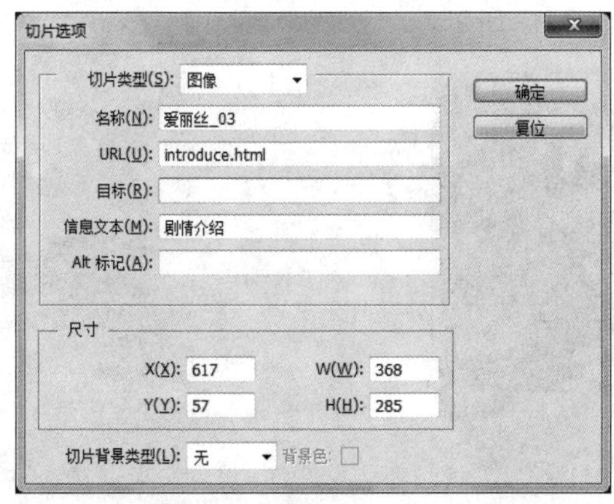

图 11-89 切片选项

（1）切片类型

切片类型主要包括【图像】和【无图像】两种。其中，【图像】是默认的切片类型，得到的切片包含图像数据；而【无图像】类型得到的切片为纯色或 HTML 文本。

（2）URL

为切片指定可以使切片区域成为有链接的热区，当用户单击该热区时，可以链接到指定 URL。

（3）尺寸

指定切片的尺寸及其显示的位置。

（4）切片背景类型

该选项可以为【无图像】类型的切片设置背景颜色。一般情况下，【图像】类型的切片背景类型为【无】。

4. 存储为 Web 网页

一般情况下，可以预先在指定位置创建一个文件夹存放制作好的 Web 网页文件。

执行【文件】|【存储为 Web 所用格式】命令，打开【存储为 Web 所用格式】对话框，可以先进行优化设置，然后单击【储存】按钮保存到指定文件夹。

（1）【存储为 Web 所用格式】对话框

包括：原稿、优化、双联和四联 4 个选项卡。

- 【原稿】：图片在 Photoshop 中的显示效果。
- 【优化】：正在进行的优化设置的效果。

- 【双联】：原稿与当前优化的效果比较。
- 【四联】：原稿与 3 种不同的优化效果同时比较。

在每一张优化的图片下方分别显示其大小、同一传输速率下所需的下载时间、仿色设置、调板设置和颜色设置，方便用户选择，以及在速度和图片质量之间权衡。

例如，图 11-90 所示为 GIF 格式，其文件大小为 74.47KB，在 56.6kbps 传输速率下需要 14 秒下载时间；其优化设置为：100%仿色，“可选择”调板，256 色。在对话框右侧可以设置具体的优化项目，如图 11-91 所示。

图 11-90　GIF 格式优化的情况

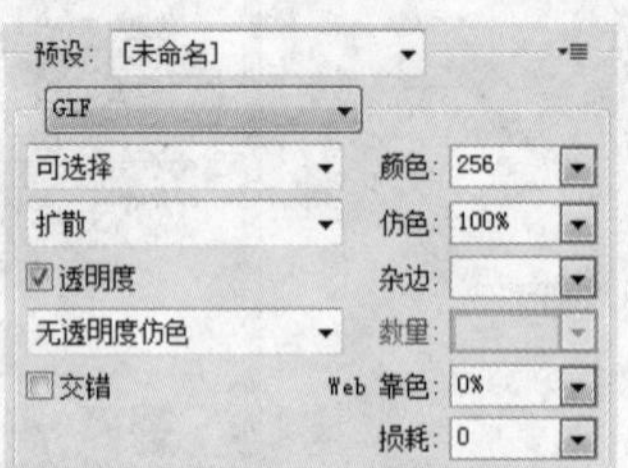

图 11-91　GIF 格式优化的情况

例如，将上例中的图片预设为【JPEG 高】，在【四联】选项卡中可以看到其下载时间只要 7 秒，图片质量比 256 色的 GIF 格式还要高，如图 11-92 所示。

（2）【将优化结果存储为】对话框

优化完成后就可以单击【存储】按钮保存网页，并在对话框中指定保存的位置和文件名，如图 11-93 所示。

图 11-92　预设为【JPEG 高】

图 11-93　保存优化结果

任务分析

“爱丽丝梦游仙境”电影广告网页主要是通过画面下方的几张小图链接到其他子页，如

图 11-94 所示。因此，在切片的制作上，对几张小图进行切片，并将其对应的大图分别制作成子页，最后完成网页制作。

在实际操作中，可以从容易的做起，先把几张大图制作成网页，取好文件名，再来制作主页。

图 11-94　要切片的 PSD 文件

任务实施

1. 制作大图对应的子页（优化、保存）

01 执行【文件】|【打开】命令，打开“第 11 章素材”文件夹中的“alice1.jpg”文件。

02 执行【文件】|【存储为 Web 所用格式】命令，优化设置为【JPEG 高】，如图 11-95 所示。

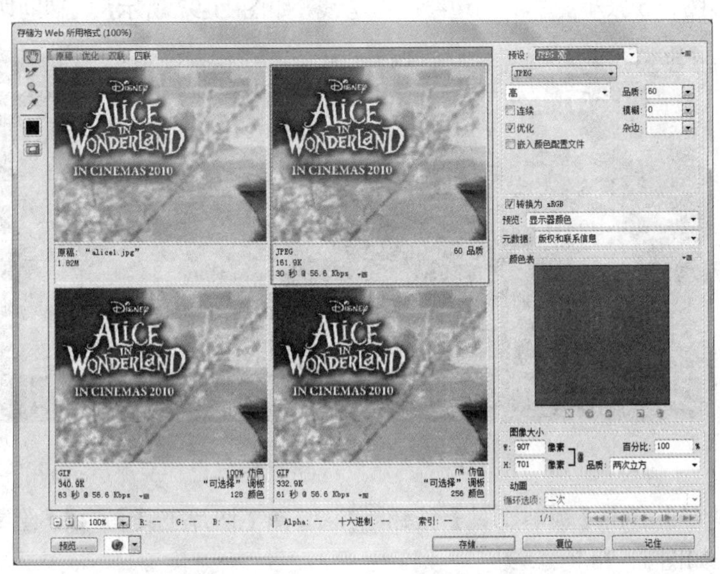

图 11-95　保存优化结果

03 单击【存储】按钮，在【将优化结果存储为】对话框中选择指定的文件夹“爱丽丝”，文件名为 alice1.html，如图 11-96 所示。

图 11-96　保存优化结果

04 重复步骤 1～3，分别将 alice2.jpg、alice3.jpg、alice4.jpg 和 alice5.jpg 保存为网页文件 alice2.html、alice3.html、alice4.html 和 alice5.html。

2. 主页的切片（切片工具、切片选项）

01 执行【文件】|【打开】命令，打开“第 11 章素材”文件夹中的“爱丽丝.psd”文件。

02 按 Ctrl+R 组合键，显示标尺。

03 沿着大图和 5 张小图片的四边绘制参考线，如图 11-97 所示，以辅助切片的准确绘制。

图 11-97　绘制参考线

04 在工具箱中右击【裁剪工具】按钮，选择【切片工具】，绘制大图及 5 张小图对应的切片，如图 11-98 所示。

05 在工具箱中单击【切片选择工具】按钮，双击大图对应的切片，进行切片选项设置。设置大图的 URL 为 alice1.html，如图 11-99 所示，5 张小图对应的 URL 分别为

alice1.html、alice2.html、alice3. html、alice4. html 和 alice5. html。

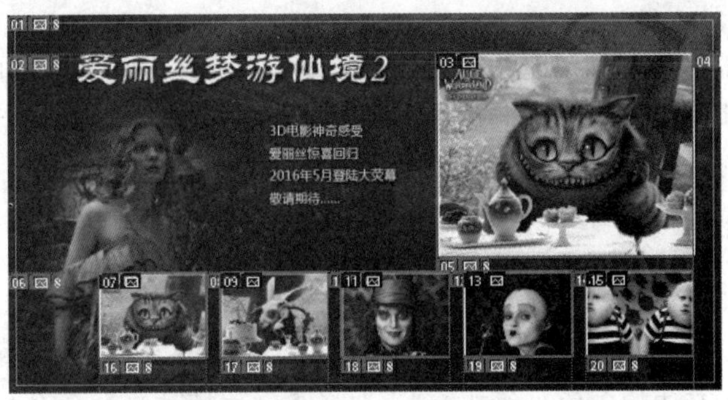

图 11-98　绘制切片

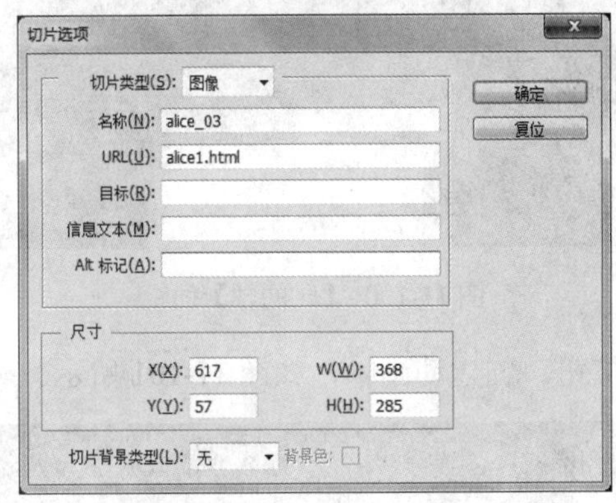

图 11-99　切片选项

06 执行【文件】|【存储为 Web 所用格式】命令，优化设置为【JPEG 高】。

07 单击【存储】按钮，在【将优化结果存储为】对话框中选择指定的文件夹“爱丽丝”，文件名为：index.html。

08 进入“爱丽丝”文件夹，运行 index.html，浏览网页效果。

11.4　网页 GIF 动画制作

在网页设计中，常常会用到很多小巧精练的 GIF 动态图片。本节将学习如何运用 Photoshop 的动画功能来制作 GIF 动画。

任务要求

通过“爱丽丝梦游仙境”GIF 小动画的制作，学习用 Photoshop 制作网页 GIF 动画的有关知识。

知识点与技能

动画是人眼在短时间内看到连续播放的静止画面时，因为视觉残留而形成的错觉。在动画制作中，这些连续播放的静止画面被称为帧。一般情况下，当动画播放每秒超过 24 帧画面时，人眼感觉到的就是连贯的动作。

1. 动画帧的编辑

（1）创建动画帧

执行【窗口】|【时间轴】命令，调用【时间轴】面板。在【时间轴】面板中单击【创建视频时间轴】按钮右边的白色小箭头，选择【创建帧动画】命令，如图 11-100 所示。

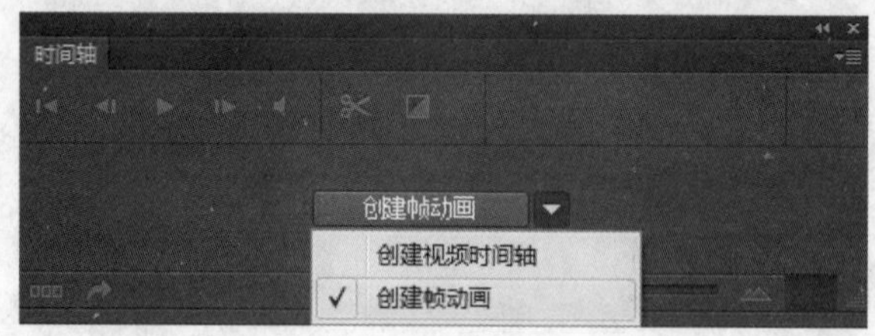

图 11-100 【时间轴】面板

单击【创建帧动画】按钮，创建动画帧，如图 11-101 所示。

图 11-101 创建帧动画

（2）添加帧

在【时间轴】面板中单击【复制所选帧】按钮，当前选择的帧后面就出现一个与当前帧相同的帧，如图 11-102 所示。

图 11-102 添加帧

（3）选择帧

在【时间轴】面板中单击所要选择的帧，即可选择帧进行编辑。按住 Shift 键，可以选择多个连续的帧；按住 Ctrl 键，可以选择多个不连续的帧。

（4）删除帧

在【时间轴】面板选择所要删除的帧，单击【删除所选帧】按钮，或者拖动至【删除所选帧】按钮上即可删除选定的帧。

要删除整个动画，可以单击【时间轴】面板右上角的弹出菜单按钮，选择【删除动画】命令。

（5）设置过渡动画帧

单击【时间轴】面板中的【过渡动画帧】按钮，将弹出【过渡】对话框（见图 11-103），系统可以自动添加两个现有帧之间的一系列过渡帧。

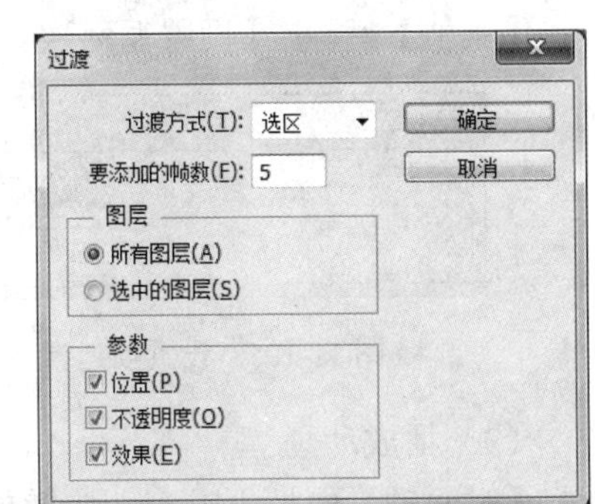

图 11-103 【过渡】对话框

1)【过渡方式】：过渡方式有 3 种，即【选区】【上一帧】和【下一帧】。如果选择的是两个连续的帧，则该选项只能是【选区】，如果选择一个帧，那么可以选择该帧之前还是之后。

2)【要添加的帧数】：设置两个帧之间要添加的过渡帧数。

3)【图层】：可以选择改变所有图层或者仅仅选中的图层。

4)【参数】：可以在起始帧和结束帧之间均匀地改变图层中的图像在新生成的帧中的位置、不透明度或者图层效果。

2. 动画设置

（1）设置帧延迟

在【时间轴】面板中，每一帧的下方都显示该帧的延迟时间。如果要更改延迟时间，可以单击时间右边的白色小箭头，从下拉菜单（见图 11-104）中选择合适的延迟时间。如果没有合适的时间，则可以在下拉菜单中选择【其他】命令，在【设置帧延迟】对话框（见图 11-105）中进行精确的设置。

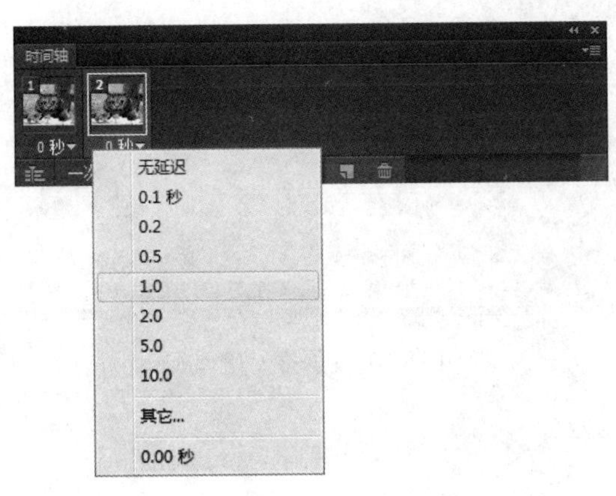

图 11-104　帧延迟设置

（2）设置动画循环方式

单击【时间轴面板】左下角的一次按钮，可以设置动画在播放时的循环方式，包括【一次】【3 次】【永远】和【其他】4 个选项。

【一次】、【3 次】：动画播放一次或 3 次后停留在最后一帧。

【永远】：动画播放循环往复，永不停止。

【其他】：弹出【设置循环次数】对话框（见图 11-106），设置具体的播放次数。

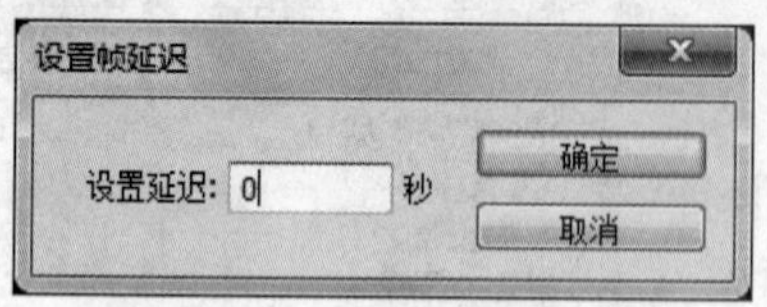

图 11-105 设置帧延迟

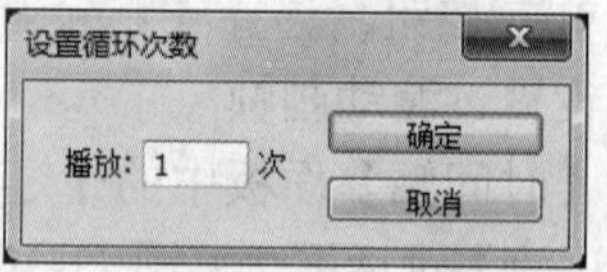

图 11-106 设置循环次数

（3）播放动画

【时间轴】面板下方有一排播放动画按钮，可以预览动画播放的情况。其中，为选择第一帧按钮，为选择上一帧按钮，为选择下一帧按钮，为播放，单击后该按钮变为停止。

3. 存储为 GIF 动画

执行【文件】|【存储为 Web 所用格式】命令，打开【存储为 Web 所用格式】对话框，可以先进行优化设置，然后单击【存储】按钮保存到指定文件夹。

在对话框中将【格式】设置为【仅限图像】，并指定保存的位置和文件名即可，如图 11-107 所示。

图 11-107 保存 GIF 动画

任务分析

“爱丽丝梦游仙境” GIF 小动画（图 11-108）的构思是这样的：先出现由大到小的“爱丽丝”3 个字，然后出现完整的“爱丽丝梦游仙境”片名，接下来逐一出现各个角色，最后回到片名。

其中片名文字的出现、片名与角色图片出现之间采用过渡效果，各个角色的出现采用每张图片停留 2 秒的方式。

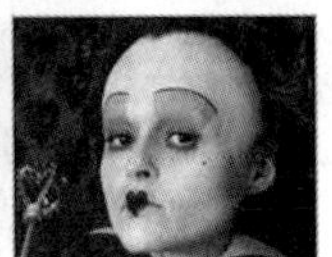

图 11-108　GIF 小动画

任务实施

1. 初步制作动画

01 执行【文件】|【打开】命令，打开“第 11 章素材”文件夹中的“GIF 动画.psd”文件。

02 执行【窗口】|【时间轴】命令，调用【时间轴】面板。在【时间轴】面板中单击创建视频时间轴按钮右边的白色小箭头，选择【创建帧动画】命令。

03 单击【创建帧动画】按钮，创建动画帧。

04 单击【时间轴】面板右上角的弹出菜单按钮，在菜单中选择【从图层建立帧】命令。【时间轴】面板中出现自动生成的动画，如图 11-109 所示。

图 11-109　从图层建立帧

05 删除第 1 帧动画。

06 单击【时间轴】面板右上角的弹出菜单按钮，在菜单中选择【选择全部帧】命令。

07 单击任意帧时间右边的白色小箭头，从下拉菜单中选择【2.0】，全部帧的延迟时间都变成 2 秒，如图 11-110 所示。

图 11-110　设置延迟时间

2. 设置过渡帧

01 单击第 1 帧，在【图层】面板中单击背景图层左边的【指示图层可见性】按钮，使文字有背景。

02 单击第 2 帧，用相同方法添加文字背景，效果如图 11-111 所示。

图 11-111　设置文字帧背景

03 选择第 2 帧，单击【时间轴】面板右下角的【复制所选帧】按钮。

04 选择第 1 帧和第 2 帧，单击【时间轴】面板上的【过渡动画帧】按钮，在【过渡】对话框中设置【要添加的帧数】为 5，如图 11-112 所示。【时间轴】面板中的两帧之间增加了 5 个过渡帧，如图 11-113 所示。

05 按住 Shift 键，选择第 1～7 帧，更改所有延迟时间为 0.2 秒。

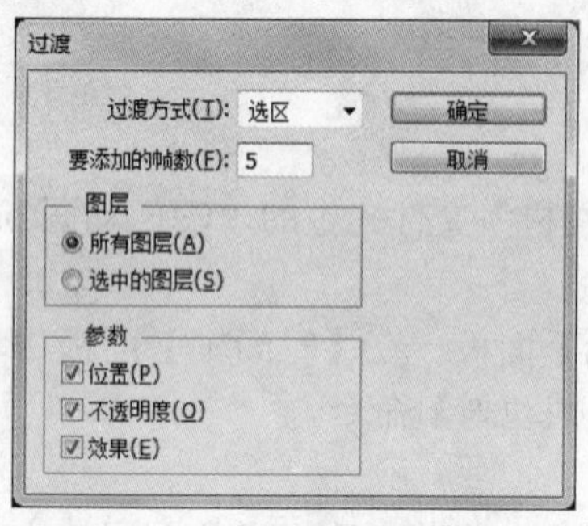

图 11-112 【过渡】对话框

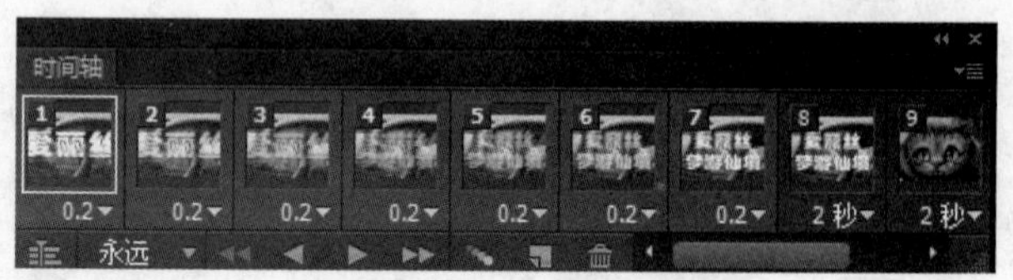

图 11-113 设置帧间过渡

06 重复步骤 3～5，分别设置各帧之间的过渡，完成动画的制作。

07 单击【播放】按钮播放动画。

3. 存储为 GIF 动画

01 执行【文件】|【存储为 Web 所用格式】命令，打开【存储为 Web 所用格式】对话框，然后单击【存储】按钮。

02 在对话框中将【格式】设置为【仅限图像】，文件名为 alice.gif。

课外拓展

通过本章各实例的学习，欣赏了一些优秀网站的设计，学习了用 Photoshop 进行网站设计的基本方法和网页切片及动画的制作方法。读者在浏览比较好的网页时，思考一下它是如何布局、如何用色的，如果要用切片，应该怎样切片，哪些小动画是 GIF 动画。

实践探索

以“巴西奥运会”为主题设计网站首页，并进行切片，其中包含一幅 GIF 动画。

制作提示：

- 网站导航包括奥运巨星、参赛队介绍、场馆介绍、比赛日程和奥运会历史 5 个部分。
- 首页设计一定要包含网站的名称和导航。
- 用色方面可以考虑本次奥运会的特色，辅助同类色或对比色进行设计。
- GIF 小动画可以制作的范围很广。例如，参赛国国旗、文字宣传、明星图片或者场馆图片等都可以是动画制作的素材。

参 考 文 献

贾婷婷．2015．Photoshop CC 图像处理[M]．北京：电子工业出版社．

李金明．2014．中文版 Photoshop CC 完全自学教程[M]．北京：人民邮电出版社．

施朝蓉．2015．图形图像处理 Photoshop CC[M]．北京：高等教育出版社．

徐丽．2012．Photoshop CS5 广告设计[M]．北京：化学工业出版社．

郑国强．2011．计算机图形图像处理[M]．北京：高等教育出版社．